Konstruktionsbücher

Herausgeber Professor Dr.-Ing. E.-A. Cornelius, Hamburg

2

Kräfte in den Triebwerken schnellaufender Kolbenkraftmaschinen

ihr Gleichgang und Massenausgleich

Von

Dr.-Ing. G. H. Neugebauer

Maschinenfabrik Augsburg-Nürnberg AG.
Werk Nürnberg

Zweite verbesserte Auflage

Mit 104 Abbildungen

Springer-Verlag Berlin Heidelberg GmbH 1952

ISBN 978-3-662-22071-9   ISBN 978-3-662-22070-2 (eBook)
DOI 10.1007/978-3-662-22070-2

Vorwort zur zweiten Auflage.

Das vorliegende Konstruktionsbuch — im Jahre 1939 verfaßt — verdankt seine Entstehung dem Wunsch vieler Studierender und Konstrukteure in der Praxis, einen kurzen, leicht faßlichen und preiswerten Leitfaden über die Dynamik der Kolbenmaschine zu erhalten.

In dem vorgegebenen, eng begrenzten Rahmen war es nicht möglich, die Drehschwingungsberechnung der Kurbelwelle oder Festigkeitsrechnungen der Triebwerksteile mit aufzunehmen, es sei hier auf die Einzeldarstellungen dieser Gebiete von K. HAUG und MICKEL-SOMMER-WIEGAND[1] in der gleichen Buchreihe verwiesen.

Die einzelnen Kapitel der Neuauflage wurden zum Teil neu bearbeitet und durch Zahlentafeln ergänzt, die Erfahrungswerte dem heutigen Stand der technischen Entwicklung angepaßt.

Das elegante Verfahren von WITTENBAUER zur Ermittlung des Schwungradgewichtes bzw. des Ungleichförmigkeitsgrades wurde gekürzt in die Neuauflage übernommen, da es — wenn auch zeitraubender in der Ausführung — das Verständnis der Dynamik einer Kolbenkraftmaschine in besonderem Maße fördert.

Der Verfasser dankt für alle Anregungen, insbesondere auch dem Springer-Verlag für die mustergültige Ausstattung; er hofft, durch die noch knappere und übersichtlichere Darstellung eine schnelle und mühelose Unterrichtung des Lesers gefördert zu haben.

---

[1] Vorläufig vergriffen.

Nürnberg, im Januar 1952.   G. H. Neugebauer.

Inhaltsverzeichnis.

1. Allgemeine Richtlinien für die Wahl und Berechnung der Hauptabmessungen des Triebwerks.

Bezeichnungen.

B_{gst} Brennstoffgesamtverbrauch pro Stunde [kg/h].

B_g Brennstoffverbrauch [kg/PSeh].

b_e Spezifischer Brennstoffverbrauch [g/PSeh].

c_v Spezifische Wärme bei konstantem Volumen [kcal/kg °C].

c_p Spezifische Wärme bei konstantem Druck [kcal/kg °C].

c_m mittlere Kolbengeschwindigkeit [m/sec].

D Zylinderdurchmesser [cm].

F Zylinderfläche [cm²].

H_u unterer Heizwert [kcal/kg].

i Zylinderzahl.

$\varkappa$ Verhältnis der spezifischen Wärmen.

M_d Drehmoment [mkg].

n Umdrehungszahl [U/min].

N_e effektive Leistung [PS].

N_i indizierte Leistung [PS].

N_0 Leistung der verlustlosen Maschine [PS].

p Druck [kg/cm² oder kg/m²].

$p_{mi}(p_{me})$ mittlerer indizierter (effektiver) Druck [kg/cm²].

Q Wärmemenge [kcal].

s Hub [m].

T Temperatur [°K].

v spez. Volumen [m³/kg].

V_h Hubvolumen [dm³].

V_c Volumen des Verdichtungsraumes [dm³].

η Wirkungsgrad.

ε Verdichtungsverhältnis.

ϱ Volldruckverhältnis.

λ Druckverhältnis.

1.1 Einführung.

Bei der Neugestaltung einer schnellaufenden Kolbenkraftmaschine, für welche z.B. die Nutzleistung und die Drehzahl als Ausgangswerte vorgeschrieben werden, ist eine Reihe von Gesichtspunkten zu beachten, deren wichtigste im folgenden kurz zusammengefaßt werden.

Allen Erwägungen muß der Grundsatz vorangestellt werden, nach dem ökonomischen Prinzip zu gestalten, d.h. mit dem geringsten Aufwand an Kosten und Energie einen Höchstwert an Nutzleistung zu erzielen. Dies gilt hinsichtlich der Herstellungs-, Betriebs- und Instandhaltungskosten.

Es ist immer anzustreben, mit möglichst wenigen Typen einen möglichst großen Leistungsbereich zu überdecken; dieser Grundsatz ist sowohl auf Kraft-, als auch auf Arbeitsmaschinen anzuwenden. Bei Kraftmaschinen ist bei

gleichem mittlerem Druck

gleicher Bohrung

konstantem Hubverhältnis

die Zahl der Zylinder zu variieren und die Regel zu beachten, möglichst viele gleiche Einzelteile und gleiche Abmessungen zu verwenden, die mit möglichst geringem Aufwand an Werkzeugen, Vorrichtungen und Lehren herstellbar sind. Unter Umständen kann es zweckmäßig oder notwendig sein, einem Zylinderdurchmesser mehrere Hübe zuzuordnen, wenn die auszuführende Drehzahl mit dem in seinen Abmessungen festgelegten Modell nicht erreicht werden kann. Werden die Hauptabmessungen einer Kolbenkraftmaschine bei gleicher Kolbengeschwindigkeit und gleichem Arbeitsdruck verändert, so wachsen die Gaskräfte mit dem Quadrat des Zylinderdurchmessers, die Massenkräfte proportional dem Kurbelradius, dem Quadrat der Drehzahl und verhältig der Zunahme der Triebwerksgewichte entsprechend der Vergrößerung des Durchmessers. Die Leistungen nehmen, obige Bedingungen vorausgesetzt, mit dem Quadrat des Zylinderdurchmessers zu.

1.2 Arbeitsverfahren, thermischer Wirkungsgrad.

Alle Zustandsänderungen verlaufen nach der allgemeinen Zustandsgleichung für Gase

$$p \cdot v = R \cdot T. \tag{1}$$

(Für Dampfmaschinen sind die Zustandsänderungen für Dämpfe maßgebend.)

Gleichraumverfahren (Otto-Verfahren).

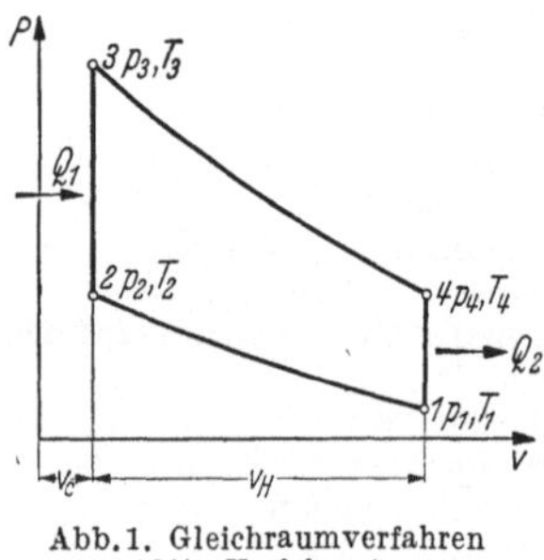

Abb. 1. Gleichraumverfahren (Otto-Verfahren).

Der ideale Kreisprozeß verläuft nach zwei Linien gleichen Volumens und zwei Adiabaten (Abb. 1).

1···2 Adiabatische Verdichtung $T_1 \cdot v_1{}^{k-1} = T_2 \cdot v_2{}^{k-1}$,

2···3 Drucksteigerung durch Zündung $p_3 = p_2 \cdot \dfrac{T_3}{T_2}$,

2···3 Zugeführte Wärmemenge $Q_1 = c_v \cdot (T_3 - T_2)$,

3···4 Adiabatische Ausdehnung $T_3 \cdot v_3{}^{k-1} = T_4 \cdot v_4{}^{k-1}$,

4···1 Abgeführte Wärmemenge $Q_2 = c_v \cdot (T_4 - T_1)$,

4···1 Ausschub bei gleichem Volumen.

Mit $\dfrac{V_1}{V_2} = \varepsilon$ Verdichtungsverhältnis errechnet sich der thermische Wirkungsgrad zu:

$$\eta_{th} = \frac{Q_1 - Q_2}{Q_1} = 1 - \frac{T_1}{T_2} = 1 - \left(\frac{p_1}{p_2}\right)^{\frac{k-1}{k}} = 1 - \left(\frac{v_2}{v_1}\right)^{k-1} = 1 - \frac{1}{\varepsilon^{k-1}} \tag{2}$$

$$\text{wobei } k = \frac{c_p}{c_v}.$$

Der thermische Wirkungsgrad steigt also mit zunehmendem Verdichtungsverhältnis und größer werdendem k.

Die Adiabate ist die Zustandsänderung ohne Wärmezu- oder -Abfuhr, sie wird im Verdichtungs- und Ausdehnungshub immer angestrebt und bei schnellaufenden Kraftmaschinen annähernd erreicht, da die Kühlverluste nicht wesentlich sind.

Gleichdruckverfahren (Diesel-Verfahren).

Der ideale Kreisprozeß verläuft nach zwei Adiabaten, einer Linie gleichen Druckes und einer Linie gleichen Volumens.

1···2 Adiabatische Verdichtung der Luft $T_1 \cdot v_1{}^{k-1} = T_2 \cdot v_2{}^{k-1}$,

2···3 Einspritzung von Kraftstoff in solcher Menge, daß die Verbrennungswärme den Druck im Zylinder konstant hält $T_3 = \dfrac{v_3}{v_2} \cdot T_2$,

2···3 Zugeführte Wärmemenge $Q_1 = c_p \cdot (T_3 - T_2)$,

3···4 Adiabatische Ausdehnung $T_3 v_3{}^{k-1} = T_4 \cdot v_4{}^{k-1}$,

4···1 Wärmeabfuhr über gleichem Volumen,

4···1 Abgeführte Wärmemenge $Q_2 = c_v \cdot (T_4 - T_1)$.

Mit $\dfrac{v_3}{v_2} = \varrho =$ Volldruckverhältnis, errechnet sich der thermische Wirkungsgrad zu:

$$\eta_{th} = 1 - \frac{Q_2}{Q_1} = 1 - \frac{1}{k} \cdot \frac{T_1}{T_2} \cdot \frac{(\varrho^k - 1)}{(\varrho - 1)} = 1 - \frac{1}{k} \cdot \left(\frac{v_2}{v_1}\right)^{k-1} \cdot \frac{\varrho^k - 1}{\varrho - 1} =$$

$$= 1 - \frac{1}{k} \cdot \frac{\varrho^k - 1}{\varepsilon^{k-1} \cdot (\varrho - 1)}. \qquad (3)$$

Die Wärmeausnutzung des Prozesses steigt mit dem Verdichtungsverhältnis und fällt mit größer werdenden Werten von ϱ.

Kombiniertes Gleichdruck-Gleichraumverfahren.

Bei schnellaufenden Dieselmaschinen treten infolge des Zündverzuges und des damit verbundenen Druckanstieges Zwischenformen von Gleichdruck- und Gleichraumkreisläufen auf. Die Zeitdauer des Zündverzuges bei Schnelläufern ist zwar kleiner, doch ist der zurückgelegte Kolbenweg ein größerer. Der Kraftstoff wird vor dem oberen Totpunkt zugeführt, da die Brenngeschwindigkeit des Gemisches

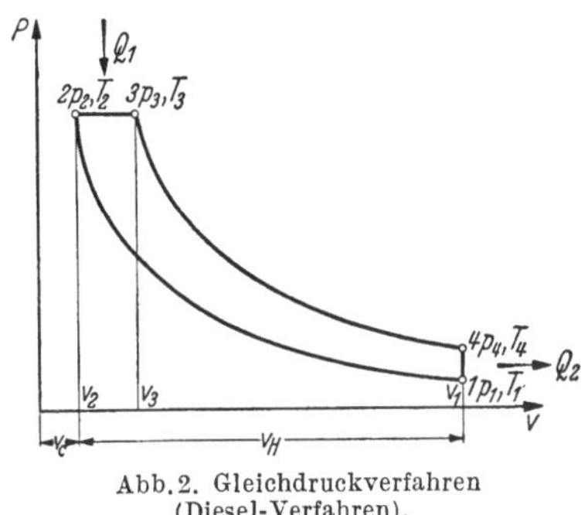

Abb. 2. Gleichdruckverfahren
(Diesel-Verfahren).

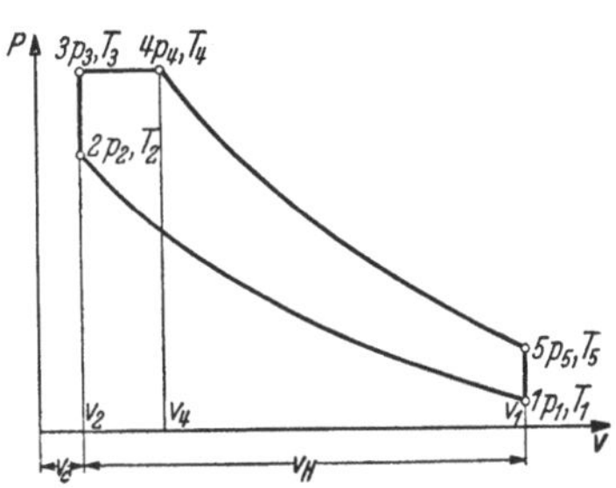

Abb. 3. Verfahren bei schnellaufenden
Dieselmaschinen (Sabathé-Verfahren).

eine kleinere ist, als die Kolbengeschwindigkeit. Abb. 3 zeigt einen solchen Kreisprozeß, der aus zwei Adiabaten, zwei Linien gleichen Volumens und einer Linie gleichen Druckes besteht. Wird das Verhältnis der beiden Drücke $\dfrac{p_3}{p_2} = \lambda$ genannt, so ist der thermische Wirkungsgrad:

$$\eta_{th} = \frac{\varrho^k \cdot \lambda - 1}{\varepsilon^{k-1} \cdot [\lambda - 1 + \lambda \cdot k \cdot (\varrho - 1)]}. \qquad (4)$$

Der Dieselmotor hat von allen Wärmekraftmaschinen den besten thermischen Wirkungsgrad, da die auf der Linie gleichen Druckes zugeführte Wärmemenge besser ausgenützt wird.

Der schnellaufende Dieselmotor beherrscht heute souverän das Gebiet der Nutzkraftfahrzeuge, der Antriebsaggregate für Omnibusse, Triebwagen und kleinere Wasserfahrzeuge, er wurde sogar erfolgreich als Flugmotor eingesetzt. Die immer bessere Beherrschung der Kraftstoffeinspritzung auch bei hohen Drehzahlen läßt erwarten, daß die Dieselmaschine sich auch im Personenkraftwagenbau ausbreiten wird. Erfolgreiche Konstruktionen sind verwirklicht und erprobt worden. Das Leistungsgewicht ausgeführter Personenkraftwagendiesel liegt durchaus im Rahmen derjenigen Leistungsgewichte für etwa gleich starke und vorbildlich gestaltete Ottomotoren.

1.3 Leistung, Drehmoment, Drehzahl, Brennstoffverbrauch.

Die Kenntnis des Zusammenhangs dieser vier Größen ist von grundlegender Bedeutung sowohl für die Gestaltung, als auch für den wirtschaftlichen Betrieb einer Kolbenkraftmaschine. Die Voraussetzungen für die erfolgreiche Konstruktion einer solchen Maschine sind je nach dem Verwendungszweck verschieden.

Es ist zunächst festzulegen, ob die Kraftmaschine

a) als ausgesprochener Höchstleistungsmotor eingesetzt werden soll, z.B. für Flugmotoren, Rennmotoren, Motoren für schnelle Wasserfahrzeuge, wo es in erster Linie auf geringstes Gewicht und sichere Erzielung der Höchstleistung für eine bestimmte Zeitdauer ankommt,

b) oder als elastischer Fahrzeugmotor mit guter Wirtschaftlichkeit für einen mittleren Drehzahlbereich zu gestalten ist,

c) oder ob es in erster Linie auf einen eindeutig wirtschaftlichen Betrieb mit geringem Kraftstoffverbrauch und kleinen Instandhaltungskosten ankommt.

Diese Forderung wird meistens für Nutzkraftfahrzeuge, Triebwagenmotoren und stationäre Maschinen gestellt.

Nach dem Verwendungszweck werden unterschieden:

> ortsfeste Maschinen,
> Schiffsmaschinen,
> Fahrzeugmaschinen,
> Flugmotoren.

Für die ortsfesten Kraftmaschinen zum Antrieb von Arbeitsmaschinen (Pumpen, Kompressoren usw.) oder Stromerzeugern ist das erforderliche Drehmoment in den meisten Fällen nach Erreichen der Betriebsdrehzahl ein konstantes, man hat es in der Hand, durch geeignete Wahl der Getriebeübersetzung den Motor mit der Drehzahl des wirtschaftlichsten Kraftstoffverbrauchs zu betreiben. Für Schiffsmaschinen werden Drehmoment und Drehzahl vom 'Schiffbauer vorgeschrieben.

Bei Fahrzeugmotoren wird möglichst gleiche Leistung über einen weiten Drehzahlbereich gewünscht. Die Nutzleistung bestimmt sich aus dem Gesamtgewicht des Fahrzeugs, der verlangten Höchstgeschwindigkeit in der Ebene, sowie der Steig- bzw. Beschleunigungsleistung.

Bootsmotoren, Kleinwagenmotoren und Triebwagenmaschinen werden meistens mit 75—80% der Höchstleistung gefahren. Flugmotoren werden in der Regel mit 60% der Höchstleistung betrieben, müssen aber beim Start und anschließendem Steigflug mit Sicherheit die Volleistung abgeben können.

1.31 Zusammenhang zwischen Leistung, Drehmoment und Drehzahl.

Die Leistung einer Kolbenkraftmaschine bei einer bestimmten Drehzahl hängt ab vom aufgebrachten Drehmoment und dieses wieder steht in direkter Beziehung zum erzeugten mittleren Arbeitsdruck.

Der Verlauf des Drehmomentes über dem für den Betrieb erforderlichen Drehzahlbereich ist die wichtigste Kennlinie einer Kraftmaschine.

Bei ortsfesten Motoren ist der Betriebsdrehzahlbereich meistens ein kleiner, der Fahrzeugbetrieb hingegen erfordert die Überdeckung eines weiten Drehzahlbereichs.

Es ist immer erwünscht, beim Anfahren einer Kraftmaschine das höchste Drehmoment zur Verfügung zu haben. Die ideale Kraftmaschine gestattet bei jeder Drehzahl die Abnahme der gleichen Leistung, — oder anders ausgedrückt, — bei Abnahme einer bestimmten Leistung soll sich das Drehmoment mit der Drehzahl nach der bekannten Formel

$$M_d = \frac{N_e}{n} \cdot 716,2 \; [\text{mkg}] \qquad (5)$$

verändern.

Werden in einem Schaubild (Abb. 4) mit dem Drehmoment als Ordinate und der Drehzahl als Abszisse die Drehmomentenkurven für jeweils gleiche Leistungen eingetragen, so ergibt sich eine Schar von Hyperbeln. Bei über dem Drehzahlbereich konstantem Drehmoment ist die Leistungslinie eine Gerade durch den Ursprung.

Wird von Formel (5) ausgegangen, so ist das Drehmoment beim Anfahren ein Höchstwert und nimmt mit steigender Drehzahl ab. Der hyperbolische Drehmomentenverlauf wird in idealer Weise von Elektromotoren, Turbinen und Dampfmaschinen erreicht, weshalb diese Art von Kraftmaschinen zum Betrieb von Fahrzeugen vorzüglich geeignet ist.

Verbrennungsmotoren erfüllen diese Forderung des Drehmomentenverlaufs nur sehr unvollkommen, sie gestatten die Abnahme eines Drehmomentes überhaupt erst nach Erreichen einer bestimmten Leerlaufdrehzahl, — sie müssen angeworfen werden. Der Drehmomentenverlauf bei Verbrennungsmotoren hängt von der Art des Verbrennungsverfahrens (Verlauf des effektiven Arbeitsdruckes) und von der konstruktiven Gestaltung ab, d. h. ob die Kraftmaschine als Höchstleistungsmotor oder als solche mit ausgeprägtem wirtschaftlichem Nutzeffekt ausgelegt wurde.

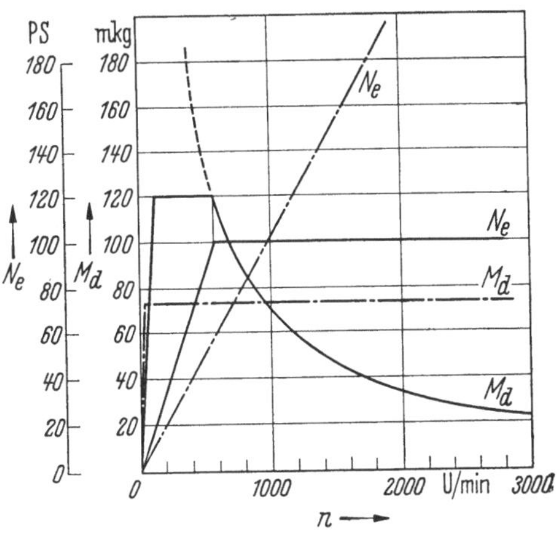

Abb. 4. Zusammenhang zwischen Drehmoment, Leistung und Drehzahl.

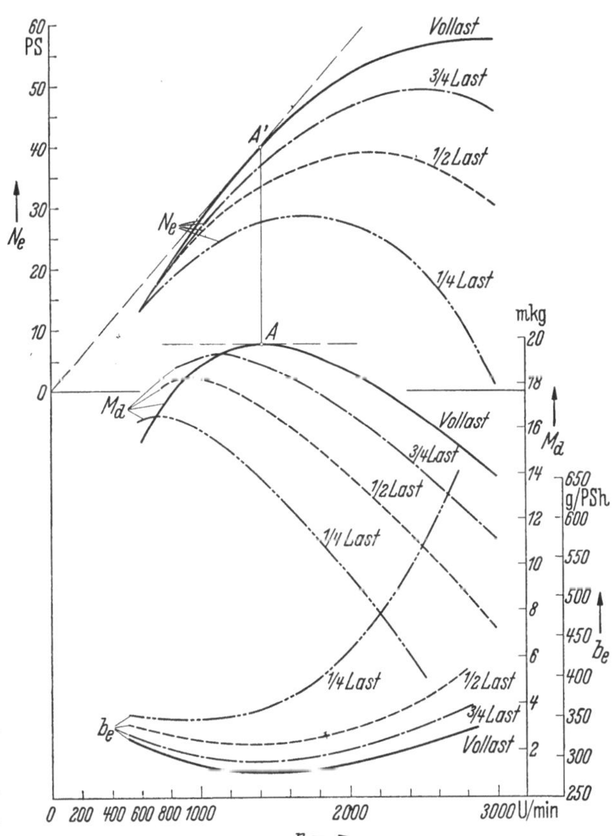

Abb. 5. Leistungs-Drehmoment-Kraftstoffverbrauchskurven bei einem Ottomotor.

Der Verlauf des Drehmomentes für Otto- und Dieselmaschinen ist in den Abb. 5 und 6 gezeigt. Beim Ottomotor steigt das Drehmoment zunächst überproportional bis zu einem Höchstwert an (Punkt A), da das Kraftstoffgemisch mit steigender Drehzahl eine bessere Zusammensetzung erhält und die Wärmeverluste kleiner werden. Im höchsten Punkt wird der Wert für M_d nach Formel (1) errechnet, ein Maximum. Von A aus fällt die Drehmomentenlinie ziemlich steil ab, wegen der mit steigender Drehzahl größer werdenden Strömungswiderstände in der Ansaugleitung, — der damit verbundenen ungenügenden Füllung der Zylinder und der nicht vollständigen, weil zu langsamen Verbrennung bei hohen Drehzahlen.

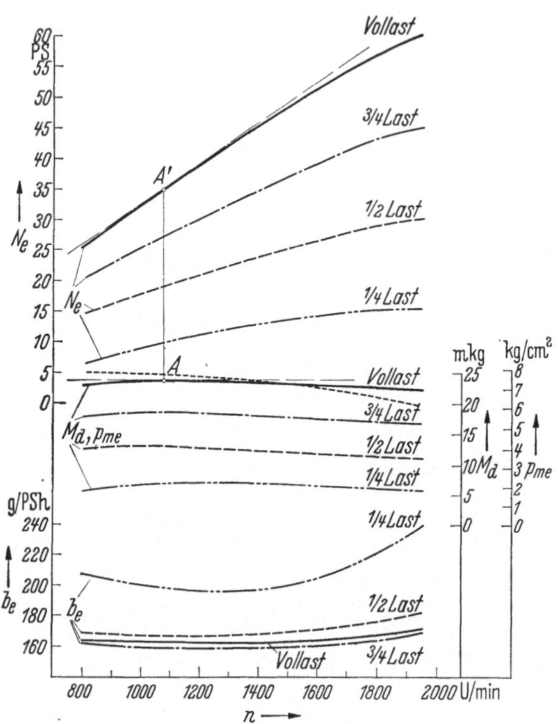

Abb. 6. Leistungs-Drehmoment-Kraftstoffverbrauchskurven bei einem Dieselmotor.

Für den Dieselmotor verläuft die Drehmomentenlinie flacher, d. h. drehzahlunabhängiger, weil — des großen Ansaugquerschnittes und der damit kleineren Luftgeschwindigkeit wegen — keine Drosselungsverluste auftreten, außerdem die Einspritzpumpe bei den verschiedensten Drehzahlen gut regelbar ist. Wird die Kraftstofförderung auf rauchfreie Verbrennung bei Höchstlast eingestellt, so fördert die Einspritzpumpe bei mittleren Drehzahlen weniger Brennstoff als die bessere Füllung des Zylinders mit Luft verwerten könnte. Man kann durch besondere Ausbildung der Pumpenventile bzw. Verwendung von besonderen Regelventilen Abhilfe schaffen und den Mitteldruck erhöhen. Für Fahrzeugmotoren ist ein stetiges Ansteigen des Drehmomentes bis zur unteren Grenze des Betriebsdrehzahlbereiches erwünscht, was durch Verwendung eines sogenannten elastischen Füllungsanschlages am Regler der Einspritzpumpe erreicht wird. (Punktierte Vollastkurve in Abb. 6.) Bei jedem Dieselmotor wird — im Gegensatz zum Ottomotor — stets ein Drehzahlregler verwendet, der die Höchstdrehzahl und die Leerlaufdrehzahl begrenzt. Man kann außerdem Verstellregler verwenden, die eine bestimmte Drehzahl bei verschiedener Belastung zu fahren erlauben.

Wie oben bereits angeführt, paßt sich dem Kraftbedarf des Fahrzeugs bzw. der Arbeitsmaschine am besten der Drehmomentenverlauf der Dampfmaschine an. Das Drehmoment ist abhängig vom Dampfdruck vor dem Zylinder, von der Kondensation und vom Füllungsgrad. Das Drehmoment erreicht beim Anfahren einen Höchstwert und nimmt mit steigender Drehzahl infolge der größeren Drosselverluste und damit verminderter Füllung ab. Teillast kann ohne weiteres durch Verminderung der Füllung gefahren werden. Die Dampfmaschine ist daher außerordentlich elastisch und kann bei Fahrzeugen — im Gegensatz zum Verbrennungsmotor — ohne Kupplung und Getriebe Verwendung finden (ebenso wie der Elektromotor).

Teillastkurven.

Die Teillastkurven interessieren insbesondere bei Fahrzeugmaschinen deshalb, weil die Motoren im Fahrbetrieb selten mit der Höchstlast betrieben werden. Beim Ottomotor zeigen die Drehmomentenkurven mit sinkender Teillast einen immer stärker abfallenden Charakter im Kurventeil der hohen Drehzahlen, da sich die Drosselung in zunehmendem Maße auswirkt.

Die Teillastkurven beim Dieselmotor verlaufen nahezu parallel zur Drehmomentenkurve für die Höchstbelastung.

1.32 Kraftstoffverbrauch.

Der Kraftstoffverbrauch ist ein entscheidendes Merkmal für die Güte eine ausgeführten Konstruktion.

Im allgemeinen wird der Kraftstoffverbrauch um so höher liegen, je niedriger die Belastung der Maschine ist, da das Verhältnis von abgegebener Nutzleistung zur Reibungsleistung mit abnehmender Belastung immer ungünstiger wird.

Der Kraftstoffverbrauch wird ausgedrückt entweder in Litern oder kg je Betriebsstunde bzw. 100 km Fahrstrecke oder als spezifischer Brennstoffverbrauch (b_e) in Gramm je PS-Stunde.

In den Leistungsschaubildern werden die Linien des spezifischen Brennstoffverbrauchs entsprechend den Belastungen eingezeichnet (Abb. 5, 6). Die Mindestwerte des Kraftstoffverbrauchs liegen meistens in der Nähe der Drehzahl für das höchste Drehmoment.

Der Kraftstoffverbrauch ist beim Dieselmotor infolge der höheren Verdichtung (besserer thermischer Wirkungsgrad) niedriger als beim Ottomotor, auch verlaufen die Brennstoffverbrauchskurven über dem Drehzahlbereich flacher, sie sind für die Teillasten untereinander nahezu parallel, was durch die exakte Brennstoffzumessung zu erklären ist. Ottomotoren zeigen bei Teilbelastung ein gegenüber der Vollastverbrauchskurve überproportionales Ansteigen bei höheren Drehzahlen.

Folgende schon bei der Gestaltung zu berücksichtigende Maßnahmen lassen niedrigen Brennstoffverbrauch erwarten:

1. möglichst hohes Verdichtungsverhältnis, dadurch hoher thermischer Wirkungsgrad,

2. günstige Gestaltung der Ansaugquerschnitte, dadurch höherer Füllungsgrad des Zylinders je Hub,

3. Erhöhung des zugeführten Brennstoff- bzw. Luftvolumens durch Aufladung,

4. gleichmäßige und günstige Gemischzusammensetzung, Verhältnis von Brennstoff zu Luft etwa 1:15,

5. möglichst kleine Leerlaufverluste (Wälzlager statt Gleitlager, Schmiermittelauswahl, Verminderung der Lagerdrücke durch möglichst vollständigen Massenausgleich).

1.4 Wahl und Berechnung der Entwurfsgrößen.

1.41 Drehzahl und mittlere Kolbengeschwindigkeit.

Neben dem Drehmoment ist die Drehzahl die zweite grundlegende Bestimmungsgröße einer Kraftmaschine.

Der Verwendungszweck und die Art des zu gestaltenden Motors schreiben meistens den erforderlichen Drehzahlbereich bereits vor. Im Interesse der Raum-

und Gewichtsverminderung werden bei Fahrzeug- und Flugmotoren möglichst
hohe Drehzahlen angestrebt. Die untere Grenze der Drehzahl bei Verbrennungsmotoren ist durch die Ungleichförmigkeit des Drehmomentes sowie bei Vergaser-
maschinen durch die Unregelmäßigkeit der Zündungen infolge Gemischzerfalls in
den Ansaugleitungen gegeben. Jede Verbrennungskraftmaschine soll sich von
dieser Leerlaufdrehzahl ab sofort beschleunigen lassen, auch bei langsamem Lauf
und hoher Belastung soll Klopfen nicht eintreten.

In der heutigen Gestaltungsrichtung — zu einer optimalen Ausnutzung des
Baustoffs und damit geringen Gewichten zu kommen — ist ganz allgemein die
Tendenz erkennbar, die Drehzahl für jeden Verwendungszweck so hoch wie möglich
zu legen. Kolbenkraftmaschinen mit hohen Drehzahlen sind wegen der kleinen
Abmessungen außerdem meistens billiger als Langsamläufer. Bei der Steigerung
der Drehzahl dürfen aber im Hinblick auf die Betriebssicherheit und Lebensdauer
die zur Zeit bestehenden Grenzen nicht außer acht gelassen werden.

Mittlere Kolbengeschwindigkeit.

Als Maß für die Schnelläufigkeit einer Kolbenkraftmaschine wird meistens die
mittlere Kolbengeschwindigkeit c_m angesehen. Sie ist die über dem Doppelhub —
eine Kurbelumdrehung — als gleichmäßig wirkend gedachte Geschwindigkeit des
Kolbens und errechnet sich zu:

$$c_m = \frac{2 \cdot s \cdot n}{60} \ [\text{m/sec}]. \tag{6}$$

Richtlinien für die Wahl der mittleren Kolbengeschwindigkeit s. Zahlentafel 1·

1.42 Wahl der Zylinderzahl.

Wenn das Drehmoment und der Drehzahlbereich — damit die Nutzleistung —
festgelegt sind, muß über die auszuführende Zylinderzahl Klarheit geschaffen
werden.

Für jede Bauart ist eine Zylindergröße von bestimmten Abmessungen die
wirtschaftlichste und betriebssicherste. (Bei geringen Leistungen kommt man
dann zu geringen, bei höheren Leistungen dann zu entsprechend vermehrten
Zylinderzahlen). Da bei schnellaufenden Kolbenkraftmaschinen der günstigste
Zylinderdurchmesser verhältnismäßig klein ist, ergibt sich hieraus — außer bei
Fahrzeugmotoren geringer Leistung — die Tendenz zu zahlreichen Zylindern.

Kraftmaschinen mit hohen Zylinderzahlen haben folgende Vorteile:

a) gleichmäßigeres Drehmoment, kleiner Ungleichförmigkeitsgrad,

b) vollkommener Massenausgleich auf natürlichem Wege auch der Massenkräfte höherer Ordnung, dadurch Erschütterungsfreiheit und Geräuschverminde-
rung,

c) größere Betriebssicherheit durch die geringere Beanspruchung des einzelnen
Zylinders und seiner Teile,

d) bei Schiffsmaschinen ohne Getriebe von 6 Zylindern aufwärts ist Anfahren
aus jeder Stellung möglich.

Allerdings ist insofern eine Einschränkung zu machen, als mit Vergrößerung der
Zylinderzahl auch die Reibungsverluste ansteigen, die den mechanischen Wirkungsgrad des Motors verschlechtern.

1.43 Mittlerer Arbeitsdruck p_{mi} bzw. p_{me}, Indikatordiagramm.

Das Indikatordiagramm ist ein Maß für die in einer Kolbenkraftmaschine geleistete Arbeit. Es stellt gleichzeitig den Verlauf der Gas- bzw. Dampfkräfte auf

den Kolben während einer Arbeitsperiode dar. Die planimetrierte Fläche des Indikatordiagramms ist die während einer Arbeitsperiode geleistete Arbeit der *reibungslos gedachten* Maschine ($N_i =$ indizierte Leistung). Wird das Drehmoment einer ausgeführten Maschine mittels Wasserbremse oder Pendeldynamo bei einer bestimmten Drehzahl gemessen, so kann die vom Schwungrad abgegebene Nutzleistung N_e berechnet werden. Bei gleichzeitigem Indizieren ergibt das Indikatordiagramm die indizierte Leistung N_i, durch Subtraktion beider Werte wird die durch die Reibungswiderstände vernichtete Reibungsleistung erhalten; $N_r = N_i - N_e$.

N_e und N_i ins Verhältnis gesetzt ergeben den mechanischen Wirkungsgrad η; η_m ist ein Maß für die Güte der mechanischen Leistung.

$$\eta_m = \frac{N_e}{N_i}.$$

Wird die Arbeitsfläche des Indikatordiagramms in ein flächengleiches Rechteck verwandelt, so stellt seine Höhe den mittleren indizierten Druck p_{mi} dar (Abb. 7, 8). Das Indikatordiagramm einer Viertaktmaschine ergibt — dem Arbeitsverfahren

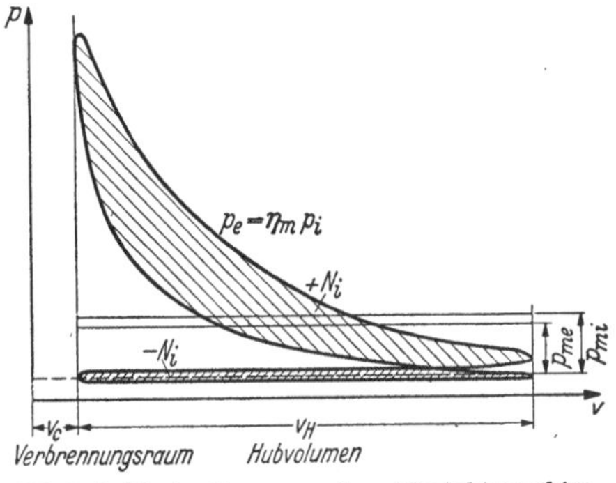

Abb. 7. Indikatordiagramm einer Viertaktmaschine.

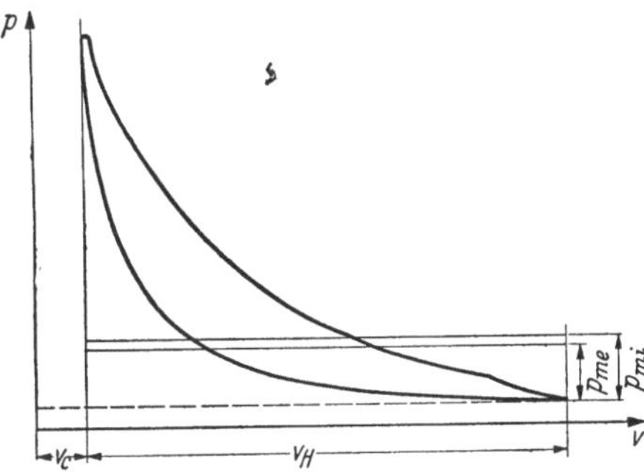

Abb. 8. Indikatordiagramm einer Zweitaktmaschine.

entsprechend — eine positive und eine negative Arbeitsfläche, wobei die positive Fläche der Berechnung zugrunde zu legen ist. Die mittleren Arbeitsdrücke hängen wieder über den mechanischen Wirkungsgrad zusammen:

$$\eta_m = \frac{p_{me}}{p_{mi}}.$$

p_{mi} und p_{me} sind errechnete Größen, die je nach Art und Verwendungszweck der Kraftmaschine verschieden sind. Eine Vorausberechnung bei der Konstruktion ist nicht möglich; erst nach Feststellung dieser Werte an der ausgeführten Maschine läßt sich durch Vergleich mit den Werten anderer Motoren gleicher Art beurteilen, ob die Konstruktion eine erfolgreiche war. Allerdings können p_{me} und η_m, durch gewisse Gestaltungsmaßnahmen — wie z. B. Wahl des Verdichtungsverhältnisses, des Hubverhältnisses, der mittleren Kolbengeschwindigkeit und der Art der Kraftstoffzuführung — in gewissen Grenzen beeinflußt werden. Zahlentafel 1 gibt einen Überblick über die erreichbaren mittleren Arbeitsdrücke bei verschiedenen Ausführungsarten von Kraftmaschinen.

1.44 Berechnung des Hubvolumens.

Werden p_{me} und η_m aus den Erfahrungswerten ähnlicher Kraftmaschinen angenommen, kann das Hubvolumen aus der Leistungsgleichung errechnet werden. Die von den arbeitenden Medien am Kolben geleistete Kraft ($P = F \cdot p_{mi}$) über dem Hub s ergibt die während einer Arbeitsperiode geleistete Arbeit *eines* Zylinders. Die Leistung wird auf die Zeiteinheit bezogen:

$$N_i = P \cdot c_m \text{ [mkg/sec]}$$

oder in PS ausgedrückt:

4-Takt   2-Takt   doppelwirkender 2-Takt

$$N_i = \frac{F \cdot p_{mi} \cdot s}{60 \cdot 75} \cdot \frac{n}{2}, \; (n, \, 2 \cdot n) \text{ [PS]}. \tag{7}$$

F in [cm²], p_{mi} in [kg/cm²], s in [m] einsetzen!

Werden die vom Schwungrad abzugebende Leistung mit N_e, die Zahl der Zylinder mit i und der mittlere Arbeitsdruck mit p_{me} bezeichnet, so lautet die Gleichung für das Hubvolumen:

4-Takt [Liter]
2-Takt
doppelwirk. 2-Takt

$$V_h = \frac{N_e \cdot 60 \cdot 75}{p_{me} \cdot \dfrac{n}{2}, \; (n, \, 2n)} = \frac{N_e}{p_{me} \cdot n} \cdot \begin{matrix} 900 \\ (450) \\ (450) \end{matrix} \text{ [dm³]} \tag{8}$$

4-T   2-T   dw 2-T

$$V_h = i \cdot \frac{D^2 \pi}{4} \cdot s \text{ [Liter]},$$

wobei s, D in [dm] p_{me} in [kg/cm²] einzusetzen sind.

1.45 Hubraumleistung *(siehe Zahlentafel 1)*.

Die Hubraumleistung, auch Literleistung genannt, ist die Kenngröße für die Ausnützungsmöglichkeit einer Kraftmaschine. Man erhält sie, indem die Nutzleistung des ganzen Motors durch den Hubraum der Zylinder dividiert wird.

4-Takt [PS$_e$/Liter].

$$\frac{N_e}{V_h} = p_{me} \cdot n \cdot \frac{1}{900} \text{ [PSe/dm³]}$$

2-Takt   (450) \tag{9}

doppelwirk. 2-Takt   (225)

Je höher die Drehzahl gewählt wird, um so größer ist die Zahl der Arbeitstakte in der Zeiteinheit und um so größer ist die Hubraumleistung. Obere Grenze ist die eben noch zulässige Kolbengeschwindigkeit. Ebenso ergibt kleiner Hubraum bei gleichbleibender Kolbengeschwindigkeit hohe Drehzahl. Wird gleiche Hubraumarbeit angenommen, so gibt z. B. halber Hub halben Hubraum, damit halbe Arbeit, da aber gleiche Kolbengeschwindigkeit gewählt wird, erhält man die doppelte Drehzahl und bei gleicher Leistung doppelte Hubraumleistung, vorausgesetzt, daß p_{me} unverändert bleibt.

1.46 Hubverhältnis s/D.

Nach Berechnung des Hubvolumens V_h sind für die Festlegung von Zylinderdurchmesser D und Hub s folgende Richtlinien zu beachten:

Die mittlere Kolbengeschwindigkeit darf — dem Stande der technischen Entwicklung angepaßt — nicht zu groß werden. Die Wahl des Hubverhältnisses ist nach der Art des Arbeitsverfahrens verschieden:

Bei Ottomotoren wurde s/D in den letzten Jahren immer kleiner gewählt, die üblichen Werte liegen zwischen (1,3—0,8):1.

Für Dieselmotoren wird s/D mit (1,2—1,8):1 ausgeführt. Kurzer Hub ergibt bei gleicher Leistung und Ausnützung der höchsten, mittleren Kolbengeschwindigkeit große Zylinderdurchmesser, damit gute Füllung, große Kolbenkräfte und gedrungenes Triebwerk, geringe Bauhöhe, höhere Drehzahlen und höhere Dreheigenschwingungszahlen des Triebwerks.

Langer Hub ergibt bei gleicher Leistung und Ausnützung der höchsten, mittleren Kolbengeschwindigkeit einen höheren und damit günstigeren Verbrennungsraum, eine längere Pleuelstange, längere Kurbelwangen, damit größere Bauhöhe der Maschine, niedrigere Drehzahl und niedrigere Dreheigenschwingungszahlen des Triebwerks.

1.47 Berechnung des Verdichtungsraumes.

Die günstige Gestaltung des Verbrennungsraumes hat auf die Leistung einen wesentlichen Einfluß. Das Verhältnis von Zylindergesamtinhalt zum Verdichtungsraum wird Verdichtungsverhältnis ε genannt.

$$\varepsilon = \frac{V_h + V_c}{V_c}. \tag{10}$$

Es ist immer anzustreben, ε so groß wie möglich zu machen, vor allem weil mit größerem Verdichtungsverhältnis auch der thermische und volumetrische Wirkungsgrad verbessert werden. Der Grenzwert von ε bestimmt sich aus der Forderung, daß die Höhe des Verbrennungsraumes die Ventilbewegung erlauben muß und daß die Verdichtungstemperatur bei Ottomotoren unter der Selbstzündungsgrenze des Kraftstoffs gehalten werden muß.

Verdichtungstemperatur: $T_2 = T_1 \cdot \varepsilon^{k-1}$ [Grad Kelvin].

Bei Dieselmaschinen kann näherungsweise angenommen werden, daß zu Anfang und Ende der Verdichtung die Zustandsänderung adiabatisch vor sich geht. Der Verdichtungsdruck und damit das Verdichtungsverhältnis müssen mit Sicherheit so hoch sein, daß die Selbstzündungstemperatur des Kraftstoffs erreicht wird. Der Verdichtungs*end*druck errechnet sich wie folgt:

$$p_1 (V_h + V_c)^k = p_2 V_c^k$$

$$p_2 = \left(\frac{V_h + V_c}{V_c}\right)^k \cdot p_1 = \varepsilon^k \cdot p_1 \ [\text{kg/cm}^2], \tag{11}$$

wenn p_1 der Anfangsdruck (1 ata) ist. Wird p_1 mit eingesetzt, so errechnet sich das Verdichtungsverhältnis zu:

$$p_2 = \varepsilon^k$$
$$\log \varepsilon = \frac{1}{k} \log p_2$$
$$V_c = \frac{V_h}{\varepsilon - 1}.$$

Die heute ausgeführten Verdichtungsverhältnisse sind aus Zahlentafel 1 zu entnehmen. Je höher bei Ottomotoren das Verdichtungsverhältnis angenommen wird, um so klopffester müssen die Kraftstoffe sein.

1.48 Verbrennungsdruck.

Der für die Bestimmung der Triebwerkskräfte zugrunde zu legende Verbrennungsdruck hängt im wesentlichen ab:

    a) vom Heizwert des verwandten Kraftstoffs,

    b) vom Verdichtungsverhältnis,

c) von der Bauart des Verdichtungsraumes.

$$\text{Verbrennungsdrücke bei Ottomotoren:} \quad p_z = 30\text{—}40 \ [\text{kg/cm}^2]$$
$$\text{Verbrennungsdrücke bei Dieselmotoren:} \quad p_z = 60\text{—}90 \ [\text{kg/cm}^2]$$

je nach Bauart der Kraftmaschine.

1.5 Wirkungsgrade.

1.51 Mechanischer Wirkungsgrad.

Der mechanische Wirkungsgrad ist das Verhältnis der Nutzarbeit zur Arbeit der reibungslos gedachten Maschine:

$$\eta_m = \frac{N_e}{N_i} \, . \tag{12}$$

Grenzwerte für ausgeführte Motoren:

$$\text{Ottomotoren} \quad 80\text{—}88\%$$
$$\text{Dieselmotoren} \quad 80\text{—}94\%.$$

1.52 Thermischer Wirkungsgrad.

Der thermische Wirkungsgrad ist das Verhältnis der Leistung der verlustlos gedachten Maschine (keine Wärme- und Reibungsverluste) zur zugeführten Wärmemenge.

$$\eta_{th} = \frac{N_0}{Q_1} = \frac{632 \cdot N_0}{B_g \cdot H_u} \, . \tag{13}$$

Der thermische Wirkungsgrad ist vom Verdichtungsverhältnis abhängig.

$$\text{Grenzwerte für Ottomotoren:} \quad \eta_{th} = 38\text{—}56\% \ \text{für} \ \varepsilon = \ 4\cdots10$$
$$\text{Grenzwerte für Dieselmotoren:} \quad \eta_{th} = 60\text{—}65\% \ \text{für} \ \varepsilon = 20\cdots22.$$

1.53 Gütegrad der Verbrennung.

Der Gütegrad ist das Verhältnis der indizierten Leistung zur Leistung der verlustlos gedachten Maschine.

$$\text{Ottomotoren:} \quad \eta_g = 37\text{—}61\%$$
$$\text{Dieselmotoren:} \quad \eta_g = 70\text{—}90\%.$$

1.54 Wirtschaftlicher Wirkungsgrad.

Das Verhältnis von Nutzleistung N_e zu den im Brennstoff verfügbaren Wärmeeinheiten wird als wirtschaftlicher Wirkungsgrad bezeichnet.

$$\eta_w = \frac{N_e}{Q_1} = \frac{N_e \cdot 632}{B_g \cdot H_u} = \frac{632}{B_s \cdot H_u} \tag{14}$$

wobei
$$B_g = \text{Gesamtbrennstoffverbrauch in kg je Stunde}$$
$$B_{st} = \text{Brennstoffverbrauch in kg je PSh}$$
$$H_u = \text{unterer Heizwert des Brennstoffs in kcal/kg.}$$

$$\text{Grenzwerte für Ottomotoren:} \quad \eta_w = 14\text{—}29\%$$
$$\text{Grenzwerte für Dieselmotoren:} \quad \eta_w = 23\text{—}42\% \ (\text{s. Zahlentafel 1}).$$

1.55 Volumetrischer Wirkungsgrad.

Das Verhältnis von tatsächlich angesaugtem Kraftstoff-Luftgemisch oder Verbrennungsluft zum Hubvolumen wird volumetrischer Wirkungsgrad genannt. Die Verluste treten durch Ansaugdrosselung und Erwärmung des eintretenden Gemisches durch die heißen Zylinderwände ein.

Übliche Werte bei schnellaufenden Otto- und Dieselmotoren:

$$\eta_v = 85-87\%.$$

1.56 Zusammenhang zwischen den einzelnen Wirkungsgraden.

Wirtschaftlicher Wirkungsgrad: $\eta_w = \eta_m \cdot \eta_{ith} = \eta_{th} \cdot \eta_g \cdot \eta_m$

Gesamtwirkungsgrad: $\eta_{ges} = \eta_g \cdot \eta_{th} \cdot \eta_m \cdot \eta_v \cdot$ $\qquad(15)$

2. Bestimmung des Gewichtes, des Massenträgheitsmomentes und des Schwerpunktes von Triebwerksteilen.

Bezeichnungen.

a, b, l	Abstand, Länge [cm].	J_p	Polares Trägheitsmoment [cm⁴].
c	Federkonstante [kgcm].	m	Masse [kg · sec²/cm].
D, d	Durchmesser [cm].	r	Radius [cm].
F_Θ	Trägheitsfläche [cm²].	T	Schwingungszeit [sec].
F_v	Volumensfläche [cm²].	$\alpha, \beta, \delta, \varepsilon$	Maßstäbe [cm, cm⁴, cm², cm⁴].
G	Gewicht [kg].	α', β'	Winkel [°].
G	Schubmodul [kg/cm²].	γ	Spezifisches Gewicht [g/cm³].
g	Erdbeschleunigung [cm/sec²].	φ	Verdrehungswinkel [°].
H, h	Höhe [cm].	Θ	Trägheitsmoment [cmkgsec²].
i	Trägheitsradius [cm].		

2.1 Einleitung.

Geringe Gewichte aller bewegten Teile einer Maschine sind um so wichtiger, je weiter der Schnellauf getrieben wird. Also mit kleinem Werkstoffaufwand und richtiger Werkstoffverteilung arbeiten, damit die bewegten Teile zugleich leicht und steif werden.

Die Vorteile niedrigen Gewichtes der Triebwerksteile sind:

a) Geringere Massenkräfte, hierdurch Entlastung der Schubstange, Kurbelwelle, Lager, Gehäuse und Fundamente oder Befestigung.

b) Höhere Eigenschwingungszahlen, hierdurch verminderte Gefahr kritischer Drehzahlen.

c) Geringeres Massenträgheitsmoment der umlaufenden Teile, hierdurch gesteigertes Beschleunigungsvermögen bei Fahrzeugmotoren.

d) Werkstoffersparnis.

Die Kenntnis des Gewichtes der Triebwerksteile ist nötig:

a) zur Bestimmung der Massenkräfte,

b) zur Schwungradberechnung.

Die Kenntnis des Massenträgheitsmomentes der Triebwerksteile ist nötig:

a) für die Schubstange ⎫ zur Berechnung des Schwungrades und zur Dreh-
b) für die Kurbelwelle ⎭ schwingungsrechnung.

Die Kenntnis der Schwerpunktslage der Triebwerksteile ist nötig:

a) bei der Schubstange, um die Massenaufteilung in umlaufende und hin und hergehende Anteile vornehmen zu können,

b) bei der Kurbelwelle für die einzelnen Kröpfungen für später zu erörternde Reduktionen und zur Lagerkraftberechnung.

Zahlentafel 1. *Kennwerte ausgeführter Kolbenkraftmaschinen.*

	Hub: Bohrung $\frac{S}{D}$:1	Drehzahl n (U/min)	Mittlere Kolbengeschwindigkeit c_m (m/sec)	Verdichtungsverhältnis $V_h : V_c$	Mittlerer effektiver Arbeitsdruck p_{me} (kg/cm²)	Hubraum Leistung N_e / V_h (PS/Liter)	Leistungsgewicht G/N_e (kg/PS)	Kraftstoffverbrauch b_e (g/PSh)	Wirkungsgrad η_w %	Arbeitspreis (Pf/PSh)
Ottomotoren für										
Flugzeuge luftgekühlt	1,2 —1,0	2000—3000	6,5—13,0	5,5— 6,5	7,5—12,0	18— 40	1,3—0,45	240—200	26—31	—
,, wassergekühlt	1,1 —1,0	1700—2700	10,5—13,0	6,5— 7,5	7,0—12,0	17— 35	0,8—0,6	230—200	28—31	—
Krafträder Zweitakt	1,3 —0,9	3000—4900	7,0—12,0	5,5— 6,5	3,0— 5,0	20— 35	5,7—2,7	460—300	14—18	39—25
,, Viertakt	1,3 —0,8	3000—5300	9,0—18,0	5,0— 7,0	6,0—10,0	28— 50	4,3—2,0	250—200	25—31	21—17
Personenkraftwagen Zweitakt	1,0 —0,9	3000—3500	8,0— 9,0	5,0— 6,0	3,5— 4,5	28— 32	5,5—4,5	380—340	17—18	32—29
,, ,, Viertakt	1,6 —1,1	2400—4200	7,0—12,5	5,0— 7,0	4,0— 7,0	18— 25	5,7—2,5	320—210	20—29	27—18
Rennmotoren	1,4 —1,0	6000—8000	17 —21	7,0—12,0	15,0—17,0	100—180	0,8—0,3	—	—	—
Lastkraftwagen Zweitakt	1,3 —0,9	3000—3600	7 — 9	5,0— 6,5	4,0	22— 30	9 —2,5	400—350	16—17	34—29
,, Viertakt	1,5 —1,0	1500—3000	7,5—11,0	4,7— 6,5	5,0— 7,0	10— 22	7,0—4,5	350—230	17—28	31—19
Glühkopfmotoren	1,2 —1,1	550— 750	4,5— 5,5	5,0— 7,0	2,5	3—4,5	—	250—230	25	9,5—8,5
Dieselmotoren für										
Flugzeuge	1,75—1,5	1800—2200	11,0—12,0	17,0	6,5— 7,5	25— 36	1,0—0,8	170—150	38—40	7,3 —6,7
Personenkraftwagen	1,3 —1,1	3000—3500	9,5—10,5	11,0—20,0	5,0	18— 20	8,0—6,0	280—225	23—28	12,0 —9,4
Lastkraftwagen, Triebwagen	1,6 —1,2	1200—3000	6,0—11,0	12,5—22,5	5,0— 7,8	8— 16	10,0—4,0	275—160	23—33	12,0 —8,8
Schiffsdiesel —leichte	—	—	—	—	4,5— 8,0	—	10—40	180—150		
SchwereSchiffsdiesel u.stationäre Motoren	—	—	—	—	4,5— 8,0	—	100—60	180—150	35—42	4,7 —4,0
Gasmotoren	—	—	—	—				0,5—0,4 m³/PSh	28—35	1,5 —6,0
Kolbendampfmaschine ortsfest	—	—	—	—	—	—	—	450—330	19—25	1,45—1,1
,, Dampflokomotive	—	—	—	—	—	—	—	940—710	8—12	3,2 —2,5
Dampfturbine ortsfest	—	—	—	—	—	—	—	490—310	17—28	1,60—1,20

	Heizwert	Preis
Benzin	10 000 kcal/kg	0,85 DM/kg
Gasöl	10 000 kcal/kg	0,44 DM/kg
Leuchtgas	4 200 kcal/kg	0,03—0,12 DM/m²
Kohle	7 500 kcal/kg	0,035 DM/kg

2.2 Bestimmung des Gewichtes.

2.21 Bestimmung des Gewichtes von Triebwerksteilen auf zeichnerisch-rechnerischem Wege.

Ist ein Triebwerk den Hauptabmessungen nach festgelegt und aufgezeichnet, so wird man vorteilhaft einfache Bauelemente rechnen. Also z.B. das Gewicht für einen Kurbelzapfen:

$$G = \frac{\pi \cdot D^2}{4} \cdot H \cdot \gamma \ [\text{kg}].$$

Bei verwickelteren Bauformen wie Pleuelkopf, Kolben, Kurbelwange wird die Ermittlung des Gewichtes — die immer auf eine Volumensbestimmung hinausläuft — am besten zeichnerisch durchgeführt.

Der zu untersuchende Körper, z.B. eine Pleuelstange, wird durch Parallelschnitte, z.B. senkrecht zur Symmetrieachse, in eine Reihe von Volumenelemente zerlegt und zwar ist die Unterteilung soweit fortzuführen, bis sich Raumkörper ergeben, deren Berechnung näherungsweise so durchgeführt werden kann, daß man sie sich durch einfache Körper wie Rechtkante, Zylinder, Kegel usw. ersetzt denken kann (Abb. 16).

Ein anderes Verfahren der Rauminhaltsbestimmung wird bei Berechnung der Trägheitsmomente auf Seite 17 gezeigt werden. Es hängt organisch mit der Ermittlung der Trägheitsmomente zusammen.

2.22 Bestimmung des Gewichtes durch Versuch.

Die Gewichtsbestimmung vereinfacht sich naturgemäß außerordentlich, wenn die Teile bereits vorhanden sind, was aber im allgemeinen bei der Konstruktion nicht der Fall ist. Man braucht die Teile dann nur zu wiegen, oder ihr Volumen durch Eintauchen in eine Flüssigkeit zu bestimmen.

2.3 Bestimmung des Massenträgheitsmomentes von Triebwerksteilen.

2.31 Rechnerisch-zeichnerisches Verfahren.

Massenträgheitsmoment eines Zylinders. Steinerscher Satz (Abb. 9, 10) Das Trägheitsmoment eines Körpers um eine bestimmte Drehachse wird definiert als das Produkt aus der Masse dieses Körpers mal dem Quadrat des Abstandes von der Drehachse. So ist z.B. das Massenträgheitsmoment für einen homogenen Zylinder

$$\Theta = \int_0^{D/2} dm \cdot r^2. \ [\text{cmkgsec}^2]. \quad (16)$$

Man denkt sich den Zylinder in eine große Anzahl von konzentrischen Hohlzylindern mit der Wandstärke dr zerlegt, deren Masse sich bestimmt zu:

$$dm = 2\pi \cdot r \cdot H \cdot dr \cdot \frac{\gamma}{g}.$$

Das Trägheitsmoment eines solchen Elementarzylinders berechnet sich aus dem Produkt $dm \cdot r^2$, also

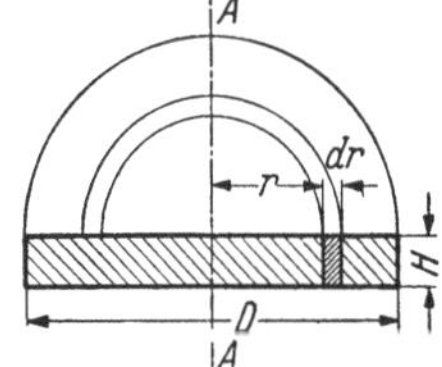

Abb. 9. Trägheitsmoment einer zylindrischen Scheibe.

$$d\Theta = 2\pi \cdot H \cdot \frac{\gamma}{g} \cdot r^3 \cdot dr.$$

Um das Trägheitsmoment des Gesamtkörpers zu ermitteln, sind die Trägheitsmomente der Elementarzylinder über den ganzen Halbmesser zu summieren. Man erhält:

$$\Theta = \int\limits_{0}^{D/2} 2\pi \cdot H \cdot \frac{\gamma}{g} \cdot r^3 \cdot dr = \frac{\pi}{32} \cdot D^4 \cdot H \cdot \frac{\gamma}{g} \ [\text{cmkgsec}^2]. \tag{17}$$

Trägheitsradius. Es bietet vielfach Vorteile, mit dem Trägheitsradius zu rechnen, der sich als Abstand i von jenem Punkt ergibt, in welchem die Gesamtmasse des Körpers konzentriert gedacht wird. Der Trägheitsradius i ergibt sich aus der Beziehung:

$$\Theta = m \cdot i^2$$
$$i = \sqrt{\frac{\Theta}{m}}. \tag{18}$$

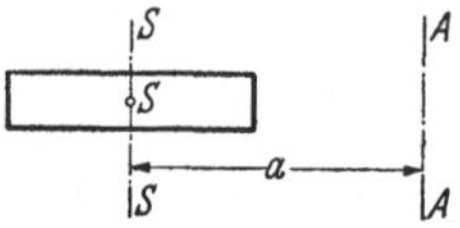

Abb. 10. Trägheitsmoment
bezüglich der Achse $A{-}A$.

Für den homogenen Zylinder gilt:

$$i = \sqrt{\frac{D^2}{8}} = \frac{r \cdot \sqrt{2}}{2} \ [\text{cm}].$$

Steinerscher Satz. In vielen Fällen ist es notwendig, das Trägheitsmoment um zur Schwerachse parallele Drehachsen zu berechnen, die vom Schwerpunkt einen bestimmten Abstand a haben. Der Steinersche Satz lautet:

Das Trägheitsmoment Θ_A für eine beliebige Drehachse errechnet sich aus der Summe des Trägheitsmomentes um die zur Drehachse parallele Schwerachse und dem Produkt aus dem Quadrat des Abstandes und der Masse des Körpers.

In Form einer Gleichung angeschrieben:

$$\Theta_A = \Theta + m \cdot a^2. \tag{19}$$

Massenträgheitsmomente von beliebig gestalteten Rotationskörpern (Abb. 11). Man denkt sich den Rotationskörper durch Schnitte senkrecht zu seiner Drehachse in eine große Anzahl von Kreisscheiben zerlegt, deren Durchmesser d und deren Dicke dh ist. Jede dieser dünnen Kreisscheiben besitzt ein Trägheitsmoment von:

$$d\Theta = \frac{\pi}{32} \cdot d^4 \cdot dh \cdot \frac{\gamma}{g}.$$

Um das Trägheitsmoment des gesamten Rotationskörpers zu erhalten, sind wieder die Trägheitsmomente der Elementarscheiben über die ganze Höhe H zu summieren, es ergibt sich:

$$\Theta = \frac{\pi}{32} \cdot \frac{\gamma}{g} \cdot \int\limits_{h=0}^{h=H} d^4 \cdot dh \ [\text{cmkgsec}^2]. \tag{20}$$

Aus dieser Gleichung ersieht man, daß der Durchmesser an einer bestimmten Stelle des Rotationskörpers eine Funktion der Höhe ist. Gelingt es nun, den veränderlichen Durchmesser als Funktion $d = f(h)$ analytisch auszudrücken, so kann die Ermittlung des Trägheitsmomentes rein rechnerisch erfolgen. Dies ist z. B. beim Kegel der Fall.

In den meisten Fällen wird es jedoch nicht möglich sein, den Zusammenhang zwischen Höhe und veränderlichem Durchmesser analytisch auszudrücken. Das Integral $\int d^4 \cdot dh$ muß dann zeichnerisch ermittelt werden.

Die Methode soll an Hand der Abb. 11 gezeigt werden. Der Rotationskörper wird wieder in eine Anzahl von Parallelschnitten zerlegt, die senkrecht zur Drehachse verlaufen. Über jedem Einzelschnitt wird der zugehörige Wert von d^4 aufgetragen (d abmessen und d^4 rechnen).

Werden die Endpunkte der Strecken d^4 miteinander verbunden, so ist die, durch den Linienzug, die Drehachse und die beiden Endordinaten gebildete Fläche der Wert des gesuchten Integrals $\int d^4 \cdot dh$. Sie wird planimetriert und mit den gewählten Maßstäben multipliziert. In die Gleichung eingesetzt, ergibt sich das Trägheitsmoment für den Körper:

$$\Theta = \frac{\pi}{32} \cdot \frac{\gamma}{g} \cdot \int d^4 \cdot dh,$$

$$\Theta = \frac{\pi}{32} \cdot \frac{\gamma}{g} \cdot F_\Theta \cdot \alpha \cdot \beta \quad [\text{cmkgsec}^2]. \quad (21)$$

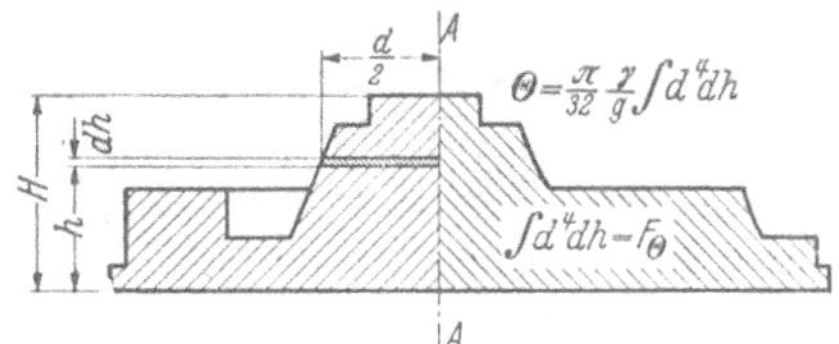

Abb. 11. Trägheitsmomentbestimmung eines Rotationskörpers.

Die Maßstäbe sind hierbei besonders zu beachten. Man erhält für den Längenmaßstab:

1 cm der Zeichnung ... α cm in Wirklichkeit.

Maßstab für d^4:

1 cm der Zeichnung ... β^4 cm in Wirklichkeit.

Daraus ergibt sich der Flächenmaßstab:

1 cm² der planimetrierten Fläche ... $\alpha \cdot \beta$ cm⁵ in Wirklichkeit.

Massenträgheitsmoment von unregelmäßigen Körpern. Verfahren mittels Zylinderschnitten. Die Eigenschaften von unregelmäßigen Körpern sind auf analytischem Wege nicht mehr zu erfassen. Zur Bestimmung des Trägheitsmomentes kommen allein zeichnerische Verfahren in Betracht.

Als Beispiel soll das Trägheitsmoment einer Pleuelstange ermittelt werden (Abb. 12). Es ist fast immer zweckmäßig, in derselben Zeichnung gleichzeitig auch das Gewicht (Volumen) zu bestimmen. Da das Massen-

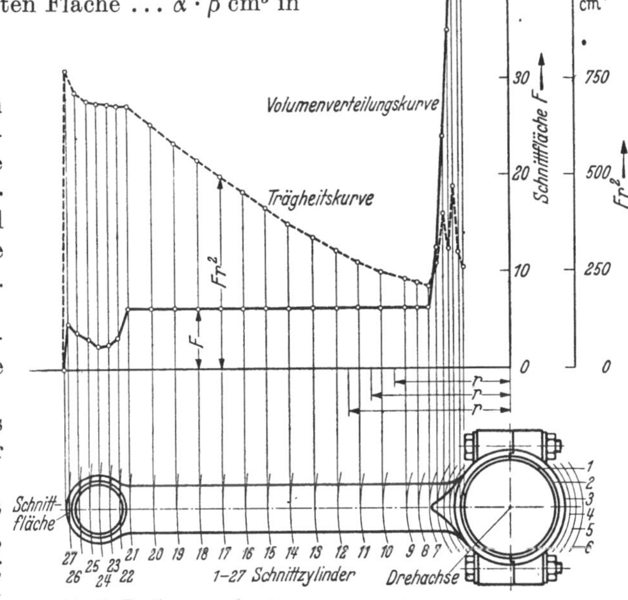

Abb. 12. Bestimmung des Volumens und des Trägheitsmomentes einer Pleuelstange.

trägheitsmoment von der radialen Verteilung der Masse abhängt, muß man sich in erster Linie ein Bild davon machen, in welcher Weise die Masse des Körpers in radialer Richtung verteilt ist. Es wird die sog. Volumenverteilungskurve ermittelt, die der Massenverteilung proportional ist, da ja das erhaltene Ergebnis nur mit dem konstanten Faktor γ/g (Massendichte) zu multiplizieren ist, um die Masse zu erhalten.

Zur Ermittlung der Volumenverteilungskurve denkt man sich die Pleuelstange durch eine große Anzahl zur Drehachse konzentrisch liegender Zylinderflächen geschnitten. Jeweils zwei benachbarte Zylinderflächen bilden den Raumteil eines Hohlzylinders. Das Volumen dieses Körpers erhält man aus der Größe der Schnittfläche F und der radialen Ausdehnung dr.

Werden bei der Pleuelstange z. B. von einer solchen Zylinderfläche der Schaft und die Schrauben geschnitten, wie dies bei *3, 4, 5, 6, 7* der Fall ist, so ist die Fläche als Summe der drei Schnittflächen zu ermitteln. Der Flächeninhalt der einzelnen Schnittzylinder wird nun in geeignetem Maßstab über dem zugehörigen Radius aufgetragen (Abb. 11) und die Endpunkte dieser Strecken verbunden. Die sich aus der Achse, den Endordinaten und dem Linienzug ergebende Fläche wird planimetriert und stellt den Rauminhalt der Pleuelstange dar.

An Hand der Volumenverteilungskurve berechnet sich das Massenträgheitsmoment bezüglich der Drehachse A nach folgender Gleichung:

$$\Theta = \int dm \cdot r^2 = \frac{\gamma}{g} \cdot \int F_v \cdot r^2 \cdot dr. \tag{22}$$

Die Ordinaten der Volumenverteilungskurve F_v (Schnittflächen der Zylinder mit dem Körper) sind nun an jeder Stelle mit dem zugehörigen Wert r^2 zu multiplizieren und senkrecht über dem zugehörigen r aufzutragen. Die so erhaltenen Punkte werden verbunden, die darunterliegende Fläche planimetriert. Man erhält einen, dem Trägheitsmoment proportionalen Wert:

$$\int F_v \cdot r^2 \cdot dr = F_\Theta .$$

Auch hier ist auf die richtige Handhabung der Maßstäbe in der Zeichnung besonders zu achten.

Längenmaßstab: 1 cm der Zeichnung … α cm in Wirklichkeit.

Flächenmaßstab: 1 cm der Zeichnung … δ cm² in Wirklichkeit.

Trägheitsmaßstab, in dem die Werte $F_v \cdot r^2$ aufgetragen sind: 1 cm der Zeichnung … ε cm⁴ in Wirklichkeit.

Das Volumen bestimmt sich nun aus der Fläche F_V unter der Volumenverteilungskurve bei Beachtung der Maßstäbe zu:

$$V = F_V \cdot \alpha \cdot \delta \; [\text{cm}^3]. \tag{23}$$

Für das Massenträgheitsmoment aus der Fläche F_Θ unter der Trägheitskurve erhält man:

$$\Theta = F_\Theta \cdot \alpha \cdot \varepsilon \cdot \frac{\gamma}{g} \; [\text{cmkgsec}^2]. \tag{24}$$

Bestimmung des Gewichtes und Massenträgheitsmomentes bei Kurbelwellen. Liegt die Konstruktionszeichnung der Kurbelwelle vor, so werden zweckmäßig die Trägheitsmomente aller zylindrischen Teile, wie Lager- und Kurbelzapfen gerechnet. Für letztere erhält man das Trägheitsmoment bezüglich der Kurbelwellenachse durch Anwendung des Steinerschen Satzes.

Meistens sind bei mehrfach gekröpften Kurbelwellen jeweils zwei oder mehrere Wangen gleich, so daß nur für deren eine oder zwei die soeben gezeigte zeichnerische Ermittlung des Gewichtes bzw. Trägheitsmomentes durchzuführen ist. Das Gesamtträgheitsmoment der Kurbelwelle ergibt sich dann durch Addition der Trägheitsmomente der Lager- und Kurbelzapfen und Kurbelwangen.

2.32 Experimentelle Verfahren zur Bestimmung des Massenträgheitsmomentes.

Liegt der zu untersuchende Körper in Ausführung vor, so wird sein Massenträgheitsmoment bezüglich einer bestimmten Achse immer durch Versuch bestimmt.

Man läßt den Körper um die betreffende Achse schwingen und beobachtet die Zeitdauer einer Vollschwingung (Hin und Hergang).

Schwingungsversuch um die Schwerachse. Nach diesem Verfahren (auch Gauß-sches Verfahren genannt) wird der zu untersuchende Körper — meistens handelt es sich um eine Schwungscheibe oder Kurbelwelle — an einem Stab oder einem bzw. mehreren Drähten frei aufgehängt. Der Körper stellt sich so ein, daß sein Schwerpunkt unter den Aufhängepunkt zu liegen kommt.

Es können drei verschiedene Arten der Aufhängung unterschieden werden.

Methode der Einstabaufhängung (Abb. 13). Im Mittelpunkt der Schwungscheibe wird ein Drehstab von bestimmter Länge befestigt, dessen anderes Ende fest eingespannt ist. Er bildet mit dem Schwungrad ein Schwingungssystem, wobei das Schwungrad als Masse, der Stab als Feder wirkt. Lenkt man das Schwungrad aus der Ruhelage um einen bestimmten Winkel φ aus und läßt es los, so führt das System Drehschwingungen aus, welche nach der Gleichung

$$\frac{\Theta \cdot d^2\varphi}{dt^2} = -c \cdot \varphi; \tag{25}$$

verlaufen. Diese lautet in Worten: Trägheitsmoment mal Winkelbeschleunigung ist gleich Verdrehungswinkel mal Drehfederkonstante. Als Lösung dieser Differentialgleichung ergibt sich für die Schwingungszeit einer Vollschwingung (Hin- und Hergang):

$$T = 2\pi \cdot \sqrt{\frac{\Theta}{c}} \ [\text{sec}]. \tag{26}$$

Die Schwingungszeit hängt also nur von der Größe des Trägheitsmomentes und der Federkonstanten c des Stabes ab.

Θ bestimmt sich aus dieser Formel zu:

$$\Theta = \frac{T^2}{4\pi^2} \cdot c \ [\text{cmkgsec}^2]. \tag{27}$$

Die Schwingungszeit A ergibt sich durch Versuch, wenn man mit Hilfe einer Stoppuhr die Anzahl der vollen Schwingungen über einen längeren Zeitraum (5···10 Minuten) zählt. $T =$ Gesamtzeit in sec/Gesamtschwingungszahl.

Die Federkonstante c wird definiert als das Drehmoment, welches notwendig ist, um den Stab um die Bogeneinheit (57,3°) zu verdrehen. c wird aus der Gleichung

$$c = \frac{J_p \cdot G}{l} \ [\text{cmkg}]$$

bestimmt, in welcher G den Schubmodul, J_p das polare Trägheitsmoment und l die Länge des Stabes bedeutet.

Die Länge und der Durchmesser des Stabes sind so zu wählen, daß das Schwungrad in der Minute etwa 100 Vollschwingungen ausführt.

Wegen der zu bestimmenden Drehfederkonstanten c ist das Verfahren mit einer gewissen Unsicherheit behaftet, vor allem weil die Elastizitätseigenschaften des verwandten Stabmaterials nicht genügend berücksichtigt werden, da z. B. G für alle Stahlsorten gleich ist.

Einstabaufhängung mit Zusatzmassen. Dieses Verfahren vermeidet durch Ausschalten des Einflusses der Aufhängung die bei dem vorigen Verfahren sich einstellende Meßunsicherheit.

1. Versuch. Der im vorigen Absatz beschriebene Versuch wird auf die gleiche Weise durchgeführt und die Schwingungszeit für eine größere Anzahl von Schwingungen bestimmt.

2. Versuch. Die Versuchsanordnung bleibt bestehen, nur werden auf einem Durchmesser und in gleichem Abstand vom Mittelpunkt der Schwungscheibe zwei

Zusatzmassen befestigt (Abb.13). Der Abstand a der Zusatzgewichte von der Drehachse ist so groß wie irgend möglich zu wählen, ihr Gewicht soll etwa $^1/_{10}\cdots^1/_{20}$ der Schwungmasse betragen.

Für dieses neue System wird ebenfalls die Dauer einer Vollschwingung mittels Stoppuhr bestimmt, der Abstand a von der Drehachse ist genau zu messen.

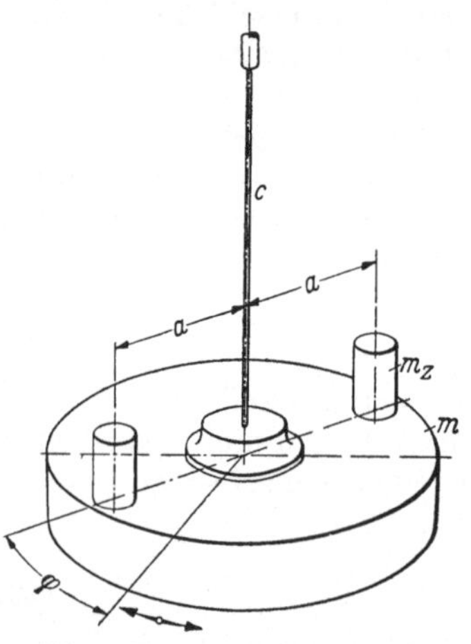

Abb.13. Bestimmung des Massenträgheitsmomentes durch Versuch.

Bedeuten T_1 und T_2 die Schwingungszeiten für eine Schwingung, Θ_s das Trägheitsmoment der Schwungscheibe, so findet man die Schwingungszeiten für beide Versuche zu:

$$T_1^2 = \frac{4\,\pi^2 \cdot \Theta_S}{c}\;;$$

$$T_2^2 = \frac{4\,\pi^2 \cdot (\Theta_S + 2\,m_z a^2)}{c}$$

und damit Θ_S

$$\Theta_S = \frac{T_1^2 \cdot a^2 \cdot 2\,m_z}{T_2^2 - T_1^2}\,. \tag{28}$$

In dieser Formel wurde das Trägheitsmoment der beiden Zusatzgewichte um ihre eigene Schwerachse nicht berücksichtigt. Für sehr genaue Messungen kann eine Einbeziehung des Eigenträgheitsmomentes Θ_z der Zusatzmassen erfolgen und es ergibt sich dann für Θ_S der Schwungscheibe die Gleichung:

$$\Theta_S = \frac{T_1^2\,(2\,m_z a^2 + 2\,\Theta_z)}{T_2^2 - T_1^2}\,. \tag{29}$$

Bifilaraufhängung. Diese Art der Aufhängung des Prüfkörpers an zwei Drähten (Abb.14) ist die in der Praxis meistens angewandte Methode, wenn Trägheitsmomente durch Schwingungsversuch bestimmt werden sollen.

Wird der Prüfkörper um einen Winkel α aus seiner Ruhelage ausgelenkt, so ergibt sich für die Spannung im Aufhängedraht eine horizontale und eine vertikale Kraftkomponente. Der Winkel zwischen der Vertikalen und der Richtung des Drahtes sei β, die Horizontalkomponente errechnet sich zu:

$$\frac{G}{2} \cdot \cos(90° - \beta) = \frac{G}{2} \cdot \sin\beta\;,$$

daraus ergibt sich das Rückstellmoment:

$$M = 2 \cdot \frac{G}{2} \cdot \sin\beta \cdot a = G \cdot a \cdot \sin\beta\;.$$

Wenn die Auslenkung klein und die Drahtlänge groß ist, kann man $\sin\beta \approx \beta$ setzen, M bestimmt sich dann zu: $M = G \cdot \beta \cdot a$.

$$l \cdot \beta = a \cdot \alpha \ \text{ damit }\ M = \frac{G \cdot a^2 \cdot \alpha}{l} = c \cdot \alpha\,.$$

In dieser Gleichung ist c wieder die Federkonstante der Aufhängung und es gilt für $\alpha = 1,\ : M = c$.

Berechnet man den Wert für $c = \dfrac{G \cdot a^2}{l}$ und setzt ihn in die Schwingungsgleichung ein, so erhält man für das Massenträgheitsmoment:

$$\Theta = \frac{G \cdot a^2}{4\,\pi^2 \cdot l} \cdot T^2 \ [\text{cmkgsec}^2]\,. \tag{30}$$

Vergleichen wir den hier gefundenen Wert für c mit dem in Gl. (23), so ist zu ersehen, daß c dort von den Abmessungen des Stabes und dem Schubmodul, hier von der Entfernung und Länge der Drähte und vom Gewicht abhängig ist.

Zweckmäßige Größenverhältnisse: Länge der Drähte $= 200\,\mathrm{cm}$, Abstand $a = 10 \cdots 20\,\mathrm{cm}$.

Bifilaraufhängung mit Zusatzgewichten. Ebenso wie bei der oben gezeigten Methode läßt sich auch hier der Einfluß der Aufhängung für die Berechnung der Trägheitsmomente ausschalten. Die Zusatzgewichte werden einmal auf einem Durchmesser in der Entfernung r_1, ein andermal im Abstand r_2 auf die Schwungscheibe aufgebracht und die Schwingungszeiten T_1 und T_2 ermittelt $(r_2 > r_1)$:

$$T_1^2 = \frac{4\,\pi^2 \cdot l}{G + 2\,G_z} \cdot (\Theta + 2\,\Theta_z + 2\,m \cdot r_1^2),$$

$$T_2^2 = \frac{4\,\pi^2 \cdot l}{G + 2\,G_z} \cdot (\Theta + 2\,\Theta_z + 2\,m \cdot r_2^2).$$

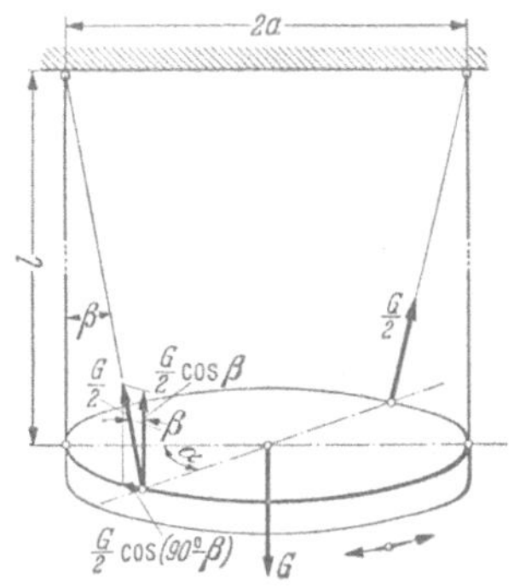

Abb. 14. Zur Bestimmung des Trägheitsmomentes mittels Bifilaraufhängung.

Daraus errechnet sich das Massenträgheitsmoment:

$$\Theta = 2\,m \cdot \frac{r_2^2 \cdot T_1^2 - r_1^2 \cdot T_2^2}{T_2^2 - T_1^2} - 2\,\Theta_z \quad [\mathrm{cmkgsec^2}]. \qquad (31)$$

Kritik der angeführten vier Methoden. Die genauesten Resultate werden mit dem zuletzt besprochenen Verfahren erzielt. Das in der Praxis am häufigsten angewandte Verfahren nach Abb. 14 ist hinsichtlich der Genauigkeit für technische Messungen ausreichend. Die Methode nach Abb. 13 liefert nur dann gute Ergebnisse, wenn der Abstand der Zusatzmassen von der Drehachse entsprechend groß gewählt wird und ihr Gewicht etwa ein Zwanzigstel des zu untersuchenden Körpers beträgt. Die Methode der Einstabaufhängung ohne Zusatzmassen kann nicht empfohlen werden.

Pendelversuch um eine zur Schwerachse parallele Achse, besonders für Pleuelstangen geeignet. Die Pleuelstange wird im oberen Auge mittels einer Schneide aufgehängt (Abb. 15) und die Anzahl der Vollschwingungen über eine längere Zeitdauer mit Hilfe der Stoppuhr bestimmt. Der Abstand a (Schwerpunkt — obere Schneidenkante) und das Gewicht G sind bekannt, bzw. nach Abb. 17 ermittelt worden.

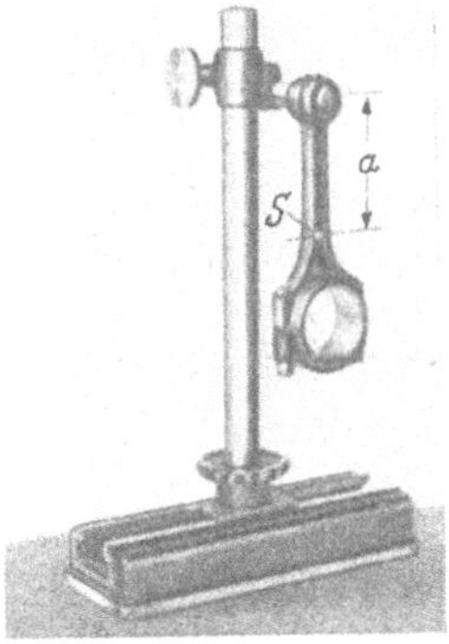

Das Trägheitsmoment um die Achse (obere Schneidenkante) errechnet sich nach der Formel für das physikalische Pendel [vgl. Formel (33) S. 23]

$$T = 2\,\pi \cdot \sqrt{\frac{\Theta_A}{G \cdot a}} \quad [\mathrm{sec}].$$

Abb. 15. Bestimmung des Massenträgheitsmomentes einer Pleuelstange.

Daraus das Trägheitsmoment:

$$\Theta_A = \frac{T^2}{4\,\pi^2} \cdot G \cdot a \quad [\mathrm{cmkgsec}]$$

und das Trägheitsmoment um die Schwerachse nach dem Steinerschen Satz:

$$\Theta_s = \Theta_A - m \cdot a^2 = \frac{a \cdot G \cdot T^2}{4\,\pi^2} - m \cdot a^2. \qquad (32)$$

2.4 Bestimmung des Schwerpunktes.

2.41 Rechnerisch-zeichnerische Verfahren.

Wurde die Gewichtsbestimmung nach dem unter 2.21 angegebenen Verfahren vorgenommen, so läßt sich die Aufteilung des Körpers in Volumenelemente gleich zur Ermittlung der Schwerpunktslage verwenden.

Die Lage des Schwerpunktes für jedes Raumelement ist ohne weiteres bekannt. Man faßt nun den Rauminhalt der einzelnen Teilkörper als Kraft auf, die im Schwerpunkt des Raumelements angreift. Handelt es sich um einen symmetrischen Körper, wie z.B. eine Pleuelstange, so liegt der Schwerpunkt des ganzen

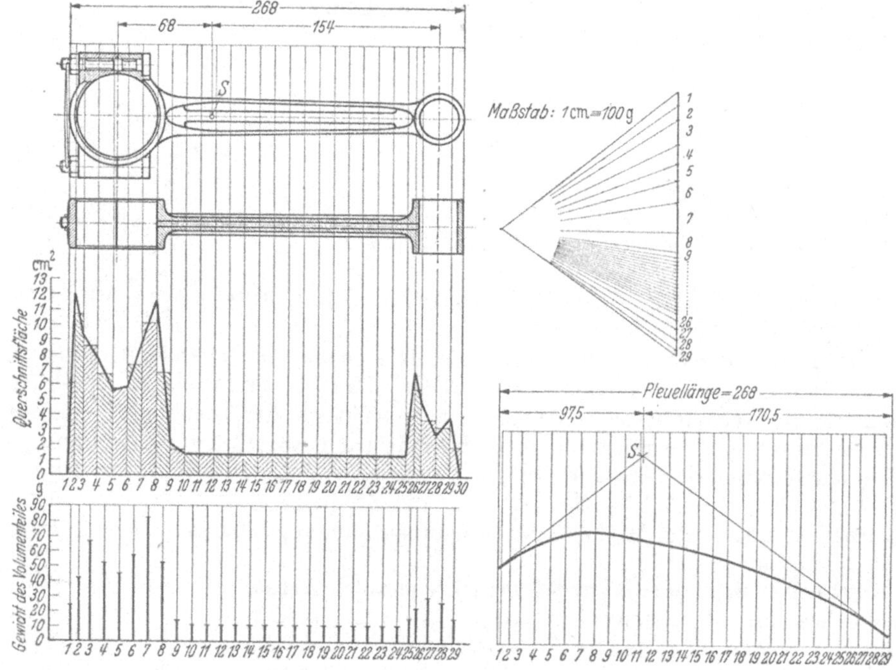

Abb.16. Gewichts- und Schwerpunktsbestimmung für eine Pleuelstange.

Körpers zweifellos auf der Symmetrielinie durch Mitte Kolbenbolzen-Kurbelzapfen. Die als Kräfte gedachten Volumina der einzelnen Raumelemente werden in einem Krafteck zusammengesetzt, der Polabstand beliebig gewählt und die Seilstrahlen gezogen. Wird nun das Seilpolygon gezeichnet, so erhält man als resultierende Kraft (Volumen) die Summe aller Einzelkräfte im Schnittpunkt der beiden äußersten Seilstrahlen und damit den gesuchten Schwerpunkt (s. Abb.16).

Ist der Körper nicht symmetrisch, so kann zur Ermittlung des Schwerpunktes, dieselbe, aber zweimal durchgeführte Konstruktion mit zueinander senkrecht stehenden Kraftrichtungen benutzt werden.

2.42 Verfahren zur Bestimmung des Schwerpunktes durch Versuch.

Verfahren durch Auswiegen, besonders für Pleuelstangen. Diese Methode wird mit Vorteil dort angewandt, wo eine bereits ausgeführte Pleuelstange vorliegt. Durch das untere und obere Pleuelauge wird eine genau passende Welle geschoben und die Pleuelstange mit diesen beiden Wellen auf zwei ortsfeste und zwei beweg-

liche Schneiden gelagert, wie aus Abb. 17 ersichtlich ist. Die beiden beweglichen
Schneiden ruhen auf der Waagschale einer Hebelwaage. Vor der Durchführung des
Versuches sind die beweglichen Schneiden und die durch den Pleuelkopf gehende
Welle auf der Waage auszutarieren, die Symmetrieachse der Pleuelstange ist mit
der Wasserwaage horizontal auszurichten.

Jene Gewichtsgröße, die auf der anderen
Waagschale aufgebracht werden muß, um die
Waage zum Einspielen zu bringen, ist die Auf-
lagerkraft des Pleuelkopfes.

Sind Gesamtgewicht G und der Auflagerdruck A der Pleuelstange ermittelt, so ergibt
sich aus den Gleichgewichtsbedingungen:

$$A \cdot l = G \cdot b .$$

Daraus bestimmt sich der Abstand Schwerpunkt — Mitte Kolbenbolzen zu:

$$b = \frac{A \cdot l}{G} .$$

Abb. 17. Bestimmung des Schwerpunktes
einer Pleuelstange.

Pendelverfahren, besonders für Pleuelstangen geeignet. Durch das obere Pleuelauge wird eine Schneide geschoben und ortsfest gelagert. Die Pleuelstange wird
sich nun so einstellen, daß die Schneide in der Symmetrieachse und damit in einer
der Schwerachsen liegt (s. Abb. 15).

Die jetzt zu beschreibende Methode ist nur dort anwendbar, wo es möglich ist,
den Prüfkörper um zwei in der Symmetrieachse liegende, zur Schwerachse parallele
Achsen schwingen zu lassen. (Schneidenkante im kleinen Pleuelauge — Achse A)
(,,   ,, großen   ,,   — Achse B)

Die Pleuelstange stellt in dieser Aufhängung ein physikalisches Pendel dar,
dessen Schwingungszeit lautet:

$$T = 2\pi \sqrt{\frac{\Theta}{G \cdot a}} , \qquad (33)$$

wobei $G \cdot a$ als Rückstellkraft der Erdschwere bezeichnet wird.

Läßt man nun die Pleuelstange um die Achsen A und B schwingen, sind Θ_A,
Θ_B, Θ_S die Trägheitsmomente bezüglich der Achsen A, B, S und a bzw. b die
Schwerpunktsabstände, so errechnen sich die Schwingungszeiten:

$$T_A^2 = 4\pi^2 \cdot \frac{\Theta_A}{a \cdot G} ,$$

$$T_B^2 = 4\pi^2 \cdot \frac{\Theta_B}{b \cdot G} .$$

Berechnet man daraus die Trägheitsmomente Θ_A und Θ_B:

$$\left. \begin{aligned} \Theta_A &= \frac{a \cdot G}{4\pi^2} \cdot T_A^2 , \\[2mm] \Theta_B &= \frac{b \cdot G}{4\pi^2} \cdot T_B^2 . \end{aligned} \right\} \qquad (34)$$

Nach dem Steinerschen Satz ist:

$$\left. \begin{aligned} \Theta_S &= \frac{a \cdot G}{4\pi^2} \cdot T_A^2 - m \cdot a^2 , \\[2mm] \Theta_S &= \frac{b \cdot G}{4\pi^2} \cdot T_B^2 - m \cdot b^2 . \end{aligned} \right\} \qquad (35)$$

Wird nun für Θ_A und Θ_B eingesetzt und beachtet, daß $a = l - b$ ist, so ergibt sich

$$\frac{G \cdot (l-b)}{4\,\pi^2} \cdot T_A^2 - m \cdot (l-b)^2 = \frac{G \cdot b}{4\,\pi^2}\, T_B^2 - m \cdot b^2\,.$$

Daraus errechnet sich der Schwerpunktsabstand b:

$$b = \frac{l \cdot T_A^{\,2} - \dfrac{4\,\pi^2}{g} \cdot l^2}{T_A^2 + T_B^2 - 2l \cdot \dfrac{4\,\pi^2}{g}}\,. \tag{36}$$

Diese Methode der Schwerpunktsermittlung ist bei weitem genauer, da die Schwingungszeiten der Pleuelstange um die Punkte A und B über eine genügend lange Zeit ohne wesentliche Fehler gemessen werden können. Außer von den Schwingungszeiten hängt der Abstand b nur von der Länge l ab, die ebenfalls mit hinreichender Genauigkeit bestimmbar ist. Weiterhin hat die Methode den Vorteil, daß ja die eine Schwingungszeit T_A auf jeden Fall bestimmt werden muß, um das Trägheitsmoment Θ_A zu ermitteln, wie im vorigen Abschnitt gezeigt wurde.

3. Reduktion von Massen und Kräften.

Bezeichnungen.

A	Arbeit [kgcm].	s	Weg [cm, m].
a, b	Abstände [cm].	t	Zeit [sec].
g	Beschleunigung [cm/sec²].	v	Geschwindigkeit [m/sec].
m	Masse [kgsec²/cm].	α	Winkel [°].
P	Kraft [kg].	Θ	Trägheitsmoment [kgcmsec²].
r	Radius [cm].	ω	Winkelgeschwindigkeit [1/sec].

3.1 Einleitung.

Wenn der Bewegungszustand und die Arbeit leistenden Kräfte eines oder mehrerer Körper, z. B. eines Triebwerkes untersucht werden sollen, ist es immer vorteilhaft, die Massen und Kräfte auf einen bestimmten, dafür geeigneten Punkt zu reduzieren.

Bei Durchführung einer solchen Reduktion müssen folgende Grundbedingungen erfüllt sein:

a) die reduzierten Kräfte müssen dieselbe Arbeit leisten wie die am Körper angreifenden, wirklichen Kräfte;

b) die Trägheitswirkung oder Geschwindigkeitsenergie der reduzierten Masse muß gleich sein der Trägheitswirkung bzw. kinetischen Energie der ursprünglich gegebenen Masse.

3.2 Reduktion von Massen.

3.21 Reduktion von umlaufenden Massen.

Ist der Bewegungszustand einer gegebenen Masse, z. B. die Rotation um eine Achse, so hat die sich drehende Masse eine bestimmte Trägheitswirkung, welche durch das Trägheitsmoment ausgedrückt wird. Soll nun für einen bestimmten Punkt — den Reduktionspunkt — die gleiche Trägheitswirkung entstehen, so ist die Frage gestellt, wie groß die im Reduktionspunkt anzubringende Masse ist, wenn der Abstand Drehachse — Reduktionspunkt bekannt ist.

Dabei setzt man stillschweigend voraus, daß man sich die Masse des umlaufenden Körpers im Reduktionspunkt vereinigt denken kann.

Die Fragestellung ist also hier die umgekehrte, wie bei der Berechnung des Trägheitsradius. Dieser errechnete sich zu $i^2 = \Theta/m$, wobei i jene Strecke darstellte, an welcher die Masse m angebracht, das Trägheitsmoment Θ hervorrief.

Ist das Trägheitsmoment eines Körpers bekannt und der Radius r des Reduktionspunktes gegeben, so errechnet sich die reduzierte Masse aus der Formel:

$$m_{red} = \frac{\Theta}{r^2} . \tag{37}$$

Man kann dieses Problem auch noch in anderer Weise formulieren: die kinetische Energie des Drehkörpers muß gleich sein der kinetischen Energie des Massenpunktes im Abstand r. Bezeichnet man die auf den Reduktionspunkt bezogene Masse mit m_{red}, ihre Geschwindigkeit mit v_{red}, so ist $\dfrac{mv^2}{2} = \dfrac{m_{red}v_{red}^2}{2}$ oder die reduzierte Masse

$$m_{red} = m \cdot \frac{v^2}{v_{red}^2} . \tag{38}$$

Die kinetische Energie des Drehkörpers läßt sich auch durch den Ausdruck $\Theta \cdot \omega^2$ ausdrücken. Gl. (38) geht dann über in: $\Theta \cdot \omega^2 = \Theta_{red} \cdot \omega_{red}^2$.

Ist die Winkelgeschwindigkeit für das betrachtete System die gleiche, so kann man ω^2 kürzen und es verbleibt

$$\Theta = \Theta_{red}$$

$$m \cdot r^2 = m_{red} \cdot r_{red}^2$$

oder daraus die reduzierte Masse

$$m_{red} = m \cdot \frac{r^2}{r_{red}^2} .$$

Gl. (38) läßt sich auch in allgemeiner Form schreiben:

$$m_{red} = \Sigma\, m \cdot \frac{v^2}{v_{red}^2} , \tag{39}$$

wenn es sich um die Reduktion der Masse einer ganzen Getriebekette handelt.

Die soeben abgeleiteten Beziehungen gelten überall dort, wo es sich um eine zwangsläufige Getriebekette handelt, d.h. wo die Angabe einer einzigen Koordinate, z.B. des Kurbelwinkels, genügt, um die Stellung oder den Bewegungszustand des Getriebes eindeutig festzulegen.

3.22 Beziehung zwischen den Arbeit leistenden Kräften und der Geschwindigkeitsenergie der Massen.

Zwischen der kinetischen Energie und der Arbeit der beschleunigenden oder verzögernden Kräfte, die beide durch die Reduktion nicht geändert werden, gilt die Beziehung

$$A = \int P \cdot ds = \frac{m \cdot v^2}{2} - \frac{m \cdot v_0^2}{2} , \tag{40}$$

wobei der Ausdruck $\dfrac{m \cdot v_0^2}{2}$ die Anfangsenergie darstellt.

Da die angreifenden Kräfte durch die Reduktion nicht verändert werden, muß auch der Zuwachs an kinetischer Energie nach der Reduktion der gleiche bleiben.

Ableitung von Gl.(40). Ausgehend vom Grundgesetz der Dynamik erhält man:

$$P = m \cdot b,$$

$$P = m \cdot \frac{dv}{dt},$$

$$P \cdot ds = m \cdot \frac{dv}{dt} \cdot ds,$$

$$P \cdot ds = m \cdot dv \cdot v,$$

$$\int_{s_0}^{s} P\,ds = \frac{m \cdot v^2}{2} - \frac{m \cdot v_0^2}{2}.$$

Wird Gl. (40) vom Anfangspunkt s_0 der Bahn aus, bei dessen Durchlaufen der Massenpunkt die Geschwindigkeit v_0 besitzt, integriert, so erhält man für den Punkt s (Geschwindigkeit v) den Zuwachs an kinetischer Energie nach folgender Gleichung

$$\int_{s_0}^{s} P \cdot ds = \frac{m \cdot v^2}{2} - \frac{m \cdot v_0^2}{2},$$

die mit Gl. (40) identisch ist. Das zwischen s_0 und s gebildete Integral ist die Arbeit der beschleunigenden oder verzögernden Kräfte über dem Weg s.

Die Gleichung besagt in Worten: Die Änderung der kinetischen Energie eines materiellen Punktes über einen gewissen Weg oder in einer gewissen Zeit ist gleich der Arbeit der am materiellen Punkt angreifenden Kräfte über dem gleichen Weg oder in der gleichen Zeit.

Die Masse ist in das Differential mit einzubeziehen, wenn sie über dem betrachteten Weg oder Zeitabschnitt *nicht konstant* ist. Es gilt dann:

$$P \cdot ds = d\left(\frac{m \cdot v^2}{2}\right). \tag{41}$$

Dieser Ausdruck ergibt differenziert:

$$P \cdot ds = m \cdot v \cdot dv + \tfrac{1}{2}\, v^2 \cdot dm,$$

$$P \cdot ds = m \cdot \frac{dv}{dt} \cdot ds + \frac{v^2}{2} \cdot dm,$$

oder für die Beschleunigung b:

$$b = \frac{dv}{dt} = \frac{P - \dfrac{1}{2} \cdot v^2 \cdot \dfrac{dm}{ds}}{m}. \tag{42}$$

Gl. (42) aber besagt, daß das dynamische Grundgesetz: Beschleunigung = Kraft/Masse, für reduzierte Massen nicht mehr gilt, wenn sie veränderlich sind.

Allgemein betrachtet, hat man nach der Reduktion — statt der Bewegung *eines* Getriebes — die Bewegung des Reduktionspunktes von veränderlicher Masse und einer veränderlichen Kraft zu verfolgen. Der Ausdruck dm/ds ist nur dann Null, wenn es sich um einen zwangsläufig verbundenen Mechanismus handelt, nicht aber wenn im Getriebe elastische Glieder, z.B. ein Zugstab, eingeschaltet sind. Eine Reduktion der Massen darf für diesen Fall nur bedingt und nur dann vorgenommen werden, wenn das Getriebe eine ganz langsame Bewegung ausführt, so daß die elastischen Eigenschaften, z.B. durch eine stoßweise Belastung, nicht zur Auswirkung kommen.

3.3 Reduktion von Kräften.

Es gilt der grundlegende Satz: Werden Kräfte auf einen bestimmten, willkürlich gewählten Punkt reduziert, müssen die in diesem Punkt wirkenden Kräfte die gleiche Arbeit leisten, wie die wirklichen, an dem System angreifenden. Man erhält die Beziehung:

$$P_{red} = P \cdot \frac{v}{v_{red}} \cdot \cos \alpha, \tag{43}$$

wobei α den Winkel zwischen Richtung der Geschwindigkeit und Richtung der Kraft darstellt.

Betrachtet man eine bestimmte Zeitspanne dt, in welcher der Weg ds zurückgelegt wird, so ergibt sich, wenn die Kraft in Richtung der Bahn wirkt und man für $v = ds/dt$ einsetzt:

$$P_{red} \cdot ds_{red} = P \cdot ds \,,$$

d. h. die Arbeit der wirklich angreifenden Kräfte und der Kräfte im Reduktionspunkt muß gleich sein.

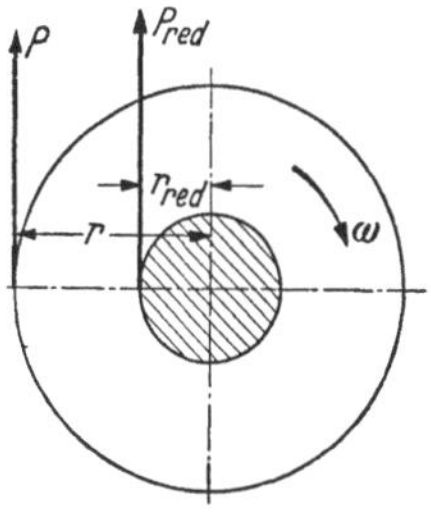

3.31 Reduktion eines Drehmomentes.

Als Beispiel für Gl. (43) soll die am Umfang der Scheibe wirkende Kraft in Abb. 18 auf die Welle reduziert werden. Man erhält mit den Bezeichnungen der Figur

$$P \cdot v = P_{red} \cdot v_{red} \,; \quad P \cdot r \cdot \omega = P_{red} \cdot r_{red} \cdot \omega \,, \quad P_{red} = P \cdot \frac{r}{r_{red}}. \tag{44}$$

Abb. 18. Reduktion einer am Umfang wirkenden Kraft auf die Welle.

3.32 Ausgleich der rotierenden Massen einer Kurbelwelle durch Gegengewichte.

Die durch die Rotation entstehenden Fliehkräfte der Kurbelwangen und Kurbelzapfen sollen ausgeglichen werden. Das Gewicht beider Teile wirkt im Ruhezustand im Schwerpunkt, es ist also nur nötig, ein Gegengewicht um 180° versetzt anzubringen, dessen Wirkungsabstand mit r_g angenommen werden soll. Es ergibt sich für das anzubringende Gegengewicht die Beziehung:

$$G_g = G_R \cdot \frac{r}{r_g}. \tag{45}$$

Wird diese Gleichung mit dem konstanten Faktor ω^2 multipliziert, so erhält man nach dem Kürzen von g für beide Massen die Fliehkräfte:

$$m_g \cdot r_g \cdot \omega^2 = m_R \cdot r \cdot \omega^2 \,.$$

Beim Ausgleich von sich drehenden Massen wird immer verlangt, daß a) die Zentrifugalkraft nach dem Ausgleich keine Resultierende haben darf, b) daß die Zentrifugalkräfte kein Moment bilden dürfen. (Nähere Besprechung beim Massenausgleich s. S. 67 ff.)

3.4 Ersatz der Masse eines Körpers durch Ersatzpunkte.
3.41 Einleitung.

Ein beliebig gestalteter Körper läßt sich durch ein System von Massenpunkten ersetzen, die miteinander starr verbunden sind und deren Größe und Lage zueinander so zu bestimmen ist, daß die von diesem Ersatzsystem ausgehenden statischen und dynamischen Wirkungen mit denen des ersetzten Körpers gleichwertig sind. Nachstehend wird eine Reihe von Beziehungen ermittelt, die zwischen den einzelnen Massenpunkten herrschen müssen, um die oben definierte Wirkung zu erhalten:

a) die Summe der Massen aller Ersatzpunkte muß der gesamten Masse des zu ersetzenden Körpers gleich sein;

b) der Schwerpunkt des Ersatzsystems muß im Schwerpunkt des ersetzten Körpers liegen;

c) das Massenträgheitsmoment des Ersatzsystems hinsichtlich der in Betracht kommenden Achsen muß dem Trägheitsmoment des zu ersetzenden Körpers gleich sein.

Die Zahl der Ersatzpunkte unterliegt keiner Beschränkung, doch wird es immer zweckmäßig sein, mit einer Mindestanzahl auszukommen. In vielen Fällen werden nur zwei Ersatzpunkte nötig sein. Eine Reduktion auf mehr als drei Ersatzpunkte kommt nur in seltenen Fällen vor.

3.42 Reduktion eines Körpers auf zwei Ersatzpunkte (Abb. 35).

Für diese Art der Reduktion sind zwei Bedingungen zu erfüllen:

a) es kann die Lage nur eines Ersatzpunktes frei gewählt werden;

b) die *Größe* beider Massenpunkte muß entsprechend der Rechnung gewählt werden können.

Es folgen die Bedingungsgleichungen, nach welchen Größe und Lage der Ersatzpunkte berechnet werden. Gegeben sind die Masse m, der Abstand a des Ersatzpunktes m_1 vom Schwerpunkt des Körpers, Θ das Massenträgheitsmoment des Körpers bezügl. der Schwerachse.

$$m_1 + m_2 = m\,, \tag{a}$$

$$m_1 \cdot a = m_2 \cdot b\,, \tag{b}$$

$$m_1 \cdot a^2 + m_2 \cdot b^2 = \Theta = m \cdot i^2\,. \tag{c}$$

Aus obigen drei Gleichungen ergibt sich:

$$m_1 = m - m_2\,,$$

$$m_1 \cdot a = m_2 \cdot b = m \cdot a - m_2 \cdot a\,;$$

oder

$$m_1 = \frac{m \cdot b}{a + b}\,; \qquad \text{(d)} \qquad\qquad m_2 = \frac{m \cdot a}{a + b}\,. \tag{e}$$

Werden diese beiden Werte in die dritte Gleichung eingesetzt, so erhält man:

$$m \cdot \frac{b}{a + b} \cdot a^2 + m \cdot \frac{a}{a + b} \cdot b^2 = m \cdot i^2\,, \tag{f}$$

$$a \cdot b \cdot \frac{a + b}{a + b} = i^2\,,$$

$$b = \frac{i^2}{a}\,. \tag{g}$$

Der Schwerpunktsabstand a des einen Ersatzpunktes ist gegeben, aus Gl. (g) läßt sich b berechnen.

Mithin erhält man für die Größe der Massen beider Ersatzpunkte

$$m_1 = \frac{m \cdot i^2}{a^2 + i^2}\,; \qquad m_2 = \frac{m \cdot i^2}{b^2 + i^2}\,. \tag{46}$$

Die Reduktion der Masse einer Pleuelstange auf den Kurbelzapfen und Kolbenbolzen wird meistens nach diesen Gleichungen vorgenommen.

3.43 Reduktion auf drei Ersatzpunkte.

Ein System von drei Ersatzpunkten für einen Körper muß dann gewählt werden, wenn durch die Form des Körpers zwei Ersatzpunkte bereits fest gegeben sind.

Meistens werden diese beiden Ersatzpunkte und der Schwerpunkt des Körpers auf einer Geraden liegen. Die dritte Ersatzmasse ist dann in zweckmäßiger Weise in den Schwerpunkt zu verlegen. Die drei Bedingungsgleichungen für das Ersatzsystem lauten:

$$m_1 + m_2 + m_3 = m,$$
$$m_1 \cdot a = m_2 \cdot b,$$
$$m_1 \cdot a^2 + m_2 \cdot b^2 = \Theta = m \cdot i^2.$$

Für die drei Massen ergibt sich wieder:

$$\left. \begin{aligned} m_1 &= \frac{m \cdot i^2}{a\,(a+b)}, \\[2mm] m_2 &= \frac{m \cdot i^2}{b\,(a+b)}, \\[2mm] m_3 &= m \cdot \left(1 - \frac{i^2}{a \cdot b}\right). \end{aligned} \right\} \qquad (47)$$

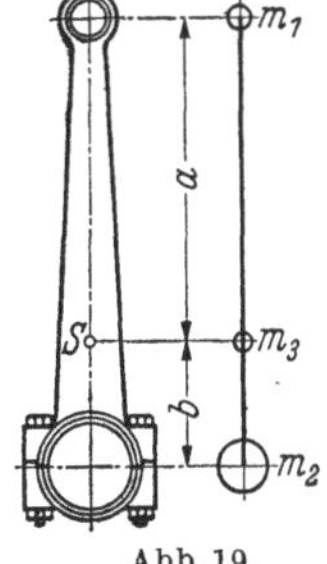

Abb. 19.
Massenreduktion auf
drei Ersatzpunkte.

Als Beispiel soll die Massenreduktion einer Pleuelstange auf drei Massenpunkte gezeigt werden (Abb. 19).

In jeder Triebwerksrechnung ist die Masse der Pleuelstange in einen umlaufenden und hin- und hergehenden Anteil zu zerlegen. Ersatzpunktsystem: Mitte Kolbenbolzen, Schwerpunkt, Mitte Kurbelzapfen. Die Masse m_1 wird in voller Größe den hin- und hergehenden Massen, die Masse m_2 in voller Größe den umlaufenden Massen zugezählt.

Es verbleibt nun noch die Aufteilung der meistens sehr kleinen Masse m_3 des dritten Ersatzpunktes (Schwerpunkt). Die genaue analytische Aufteilung dieser Ersatzmasse auf Kurbelzapfen und Kolbenbolzen ist verwickelt, da der Schwerpunkt bei der Bewegung der Pleuelstange eine Ellipse beschreibt.

Wird nun m_3 im Verhältnis der Schwerpunktsabstände den Massen m_1 bzw. m_2 zugeschlagen, so ist der dabei gemachte Fehler meistens in tragbaren Grenzen. Es ergibt sich also als Zuschlag:

$$\left. \begin{aligned} \text{zur umlaufenden Masse} \qquad m_{3R} &= \frac{b \cdot m_3}{a+b}, \\[2mm] \text{zur hin- und hergehenden Masse} \quad m_{3H} &= \frac{a \cdot m_3}{a+b}. \end{aligned} \right\} \qquad (48)$$

Zahlenbeispiel:

Das Pleuelstangengewicht sei: $G = 1,2$ [kg], $m_{Pleuel} = 1,2/981 = 1,22 \cdot 10^{-3}$ [kgsec²/cm],
Schwerpunktsabstand des Kolbenbolzens $a = 14,0$ [cm],
Schwerpunktsabstand des Kurbelzapfens $b = 4,2$ [cm],
Das Trägheitsmoment (durch Versuch ermittelt) $\Theta_s = 0,0687$ [cmkgsec²],

$$\text{Trägheitsradius } i = \sqrt{\frac{\Theta}{m}} = \sqrt{\frac{0,0687}{1,22 \cdot 10^{-3}}} = 7,5 \text{ [cm].}$$

Die Massen, nach Gl. (47) berechnet:

$$m_1 = \frac{m_{Pl} \cdot i^2}{a\,(a+b)} = \frac{1,22 \cdot 10^{-3} \cdot 7,5^2}{14,0 \cdot (14,0 + 4,2)} = 0,27 \cdot 10^{-3} \text{ [kgsec}^2\text{/cm],}$$

$$m_2 = \frac{m_{Pl} \cdot i^2}{b\,(a+b)} = \frac{1,22 \cdot 10^{-3} \cdot 7,5^2}{4,2\,(14,0 + 4,2)} = 0,900 \cdot 10^{-3} \text{ [kgsec}^2\text{/cm[,}$$

$$m_3 = 1,22 \cdot 10^{-3} \cdot \left(1 - \frac{56 \cdot 7,5^2}{4,2 \cdot 14}\right) = 0,0464 \cdot 10^{-3} \text{ [kgsec}^2\text{/cm].}$$

Wird m_3 nach Maßgabe der Schwerpunktsabstände aufgeteilt, so erhält man als Zuschlag zu den umlaufenden Massen $m_{3rot} = 0,0464 \cdot 10^{-3} \cdot 14/18,2 = 0,0357 \cdot 10^{-3}$ [kgsec²/cm], zu den hin- und hergehenden Massen $m_{3osz} = 0{,}0464 \cdot 10^{-3} \cdot 4{,}2/18{,}2 = 0{,}0107 \cdot 10^{-3}$ [kgsec²/cm], ergibt einen umlaufenden Anteil $m_{rot} = 0{,}900 \cdot 10^{-3} + 0{,}036 \cdot 10^{-3} = 0{,}936 \cdot 10^{-3}$ [kgsec²/cm], ergibt einen hin- und hergehenden Anteil $m_{osz} = 0{,}270 \cdot 10^{-3} + 0{,}011 \cdot 10^{-3} = 0{,}281 \cdot 10^{-3}$ [kgsec²/cm].

4. Ermittlung der Kolbenwege, Kolbengeschwindigkeiten und Kolbenbeschleunigungen.

Bezeichnungen.

b	Kolbenbeschleunigung [m/sec²].	v_m	mittlere Kurbelzapfengeschwindigkeit [m/sec].
c	Kolbengeschwindigkeit [m/sec].		
c_m	mittlere Kolbengeschwindigkeit [m/sec]	α	Kurbelwinkel [°].
f	Fehlergröße.	β	Winkel zwischen Zylinderachse und Pleuel [°].
n	Umdrehungszahl [U/min].		
r	Kurbelradius [cm].	ε	Winkelbeschleunigung [1/sec²].
s	Kolbenweg [cm bzw. m].	λ	Pleuelstangenverhältnis.
t	Zeit [sec].	ω	Winkelgeschwindigkeit [1/sec].
v	Kurbelzapfengeschwindigkeit [m/sec].		

4.1 Bestimmung der Kolbenwege.

4.11 Rechnerische Verfahren.

Genaue Gleichung für den Kolbenweg. Für eine bestimmte Stellung des Kolbens (Abb. 20) ergibt sich der Kolbenweg s aus der Beziehung:

$$s = r - r \cdot \cos\alpha + l - l \cdot \cos\beta \qquad \text{für endliche Stangenlänge.} \qquad (49)$$

$$s = r - r \cdot \cos\alpha \qquad \text{für unendliche Stangenlänge } (\lambda = 0). \qquad (50)$$

Gl. (49) für den Kolbenweg ist mathematisch genau, es vereinfacht aber die weiteren Betrachtungen der Bewegungsverhältnisse im Kurbeltrieb ganz erheblich, wenn der Kolbenweg nur als Funktion *einer* Veränderlichen und zwar des Kurbelwinkels α dargestellt wird.

Wird Winkel β durch den Kurbelwinkel α ausgedrückt, ergibt sich:

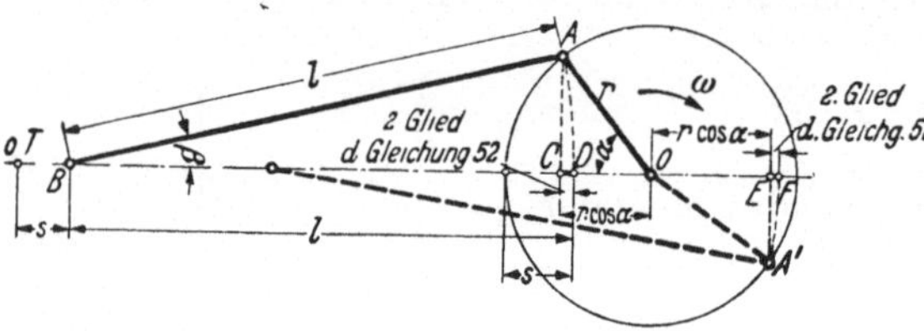

Abb. 20. Kurbeltrieb, Kolbenwege.

Strecke AC	$l \cdot \sin\beta = r \cdot \sin\alpha$,
also	$\sin\beta = r/l \cdot \sin\alpha$,
und	$\cos\beta = \sqrt{1 - \dfrac{r^2}{l^2} \cdot \sin^2\alpha}$.

Der strenge Ausdruck für die Kolbenverschiebung s in Abhängigkeit vom Kurbelwinkel lautet:

$$s = r(1 - \cos\alpha) + l \cdot \left(1 - \sqrt{1 - \frac{r^2}{l^2} \sin^2\alpha}\right)[\text{m}]. \qquad (51)$$

Der Wurzelausdruck im zweiten Glied der Gleichung ist für die Weiterrechnung recht unbequem und wird näherungsweise wie folgt ersetzt:

Für $\lambda = {}^1/_4$ wird das zweite Glied unter der Wurzel kleiner als ${}^1/_{16}$. Die Quadratwurzel hat also die Form $\sqrt{1 - \eta}$, wobei η klein ist gegen 1. Wird die Potenzreihe entwickelt:

$$\sqrt{1-\eta}=1-\frac{1}{2}\,\eta-\frac{1}{8}\,\eta^2-\frac{1}{16}\,\eta^3\cdots$$

und die höheren Glieder vernachlässigt, so erhält man als erste Annäherung:

$$\sqrt{1-\eta}=1-\frac{\eta}{2}\,.$$

Mit $\eta = {}^1\!/_{16}$ ist der hierbei gemachte Fehler kleiner als ${}^1\!/_{2000}$. Mit sehr guter Annäherung lautet also die Kolbenweggleichung:

$$\left.\begin{aligned}
s &= r(1-\cos\alpha)+\frac{r^2}{2l}\sin^2\alpha\\
&= r\left(1-\cos\alpha\pm\frac{\lambda}{2}\sin^2\alpha\right)\ [\mathrm{m}].
\end{aligned}\right\}\tag{52}$$

Der hierbei gemachte Fehler entsteht in der Kurbelstellung $\alpha = 90°$, unabhängig von λ und errechnet sich in Prozent des genauen Wertes:

$$f_{max}=\frac{0{,}5\,\lambda^2-(1-\sqrt{1-\lambda^2})}{\lambda+(1-\sqrt{1-\lambda^2})}\cdot 100=0{,}1775\%\ \ \text{für}\ \ \lambda={}^1\!/_4.\tag{53}$$

In Gl.(52) gilt das Pluszeichen für Kolbenhingang, das Minuszeichen für Rückgang, da ersterer vom linken, letzterer vom rechten Totpunkt aus gerechnet wird. In Abb.20 bedeuten die stark ausgezogenen Strecken das zweite Glied der Gl.(52). Die Notwendigkeit des Plus- und Minuszeichens geht aus Betrachtung der Abbildung ohne weiteres hervor.

Sollte die Näherungsgl. (52) bezüglich ihrer Genauigkeit den gestellten Anforderungen nicht entsprechen, so muß der Wurzelausdruck des zweiten Gliedes der Gl.(51) in einer Potenzreihe entwickelt werden. Diese lautet:

$$\sqrt{1-\lambda^2\sin^2\alpha}=1-\frac{\lambda^2}{2}\sin^2\alpha-\frac{\lambda^4}{8}\sin^4\alpha-\frac{\lambda^6}{16}\sin^6\alpha-\ \cdots\tag{54}$$

Setzt man diesen Ausdruck in die genaue Kolbenweggleichung ein, so erhält man die erweiterte Gleichung für den Kolbenweg:

$$s=r\left(1-\cos\alpha\pm\frac{\lambda}{2}\sin^2\alpha\pm\frac{\lambda^3}{8}\sin^4\alpha\pm\frac{\lambda^5}{16}\sin^6\alpha\right)\ [\mathrm{m}].\tag{55}$$

4.12 Zeichnerisches Verfahren zur Ermittlung der Kolbenwege.

Die zeichnerische Ermittlung der Kolbenwege erfolgt auf einfache Weise an Hand der nebenstehenden Abb.21.

Der Kurbelkreis wird aufgezeichnet und in den Punkten M und N — mit der Schubstangenlänge l im Zirkel — zwei den Kurbelkreis berührende Kreise gezeichnet, deren Mittelpunkte in den beiden Totlagen des Kolbens (Kolbenbolzens) liegen.

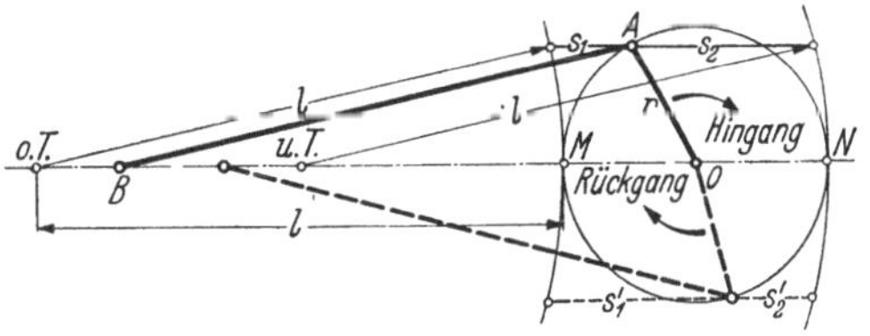

Abb.21. Zeichnerische Ermittlung der Kolbenwege.

Der Kolbenweg ergibt sich dann als Horizontalabstand zwischen der jeweiligen Lage des Kurbelzapfens und dem zugehörigen Kreis.

4.2 Bestimmung der Kolbengeschwindigkeit.

4.21 Rechnerische Verfahren.

Die Gleichung für die Kolbengeschwindigkeit erhält man durch Differentiation der Kolbenweggleichung nach der Zeit. Der Kurbelwinkel α wird dem Produkt aus

Winkelgeschwiudigkeit und Zeit gleichgesetzt, also $\alpha = \omega \cdot t$. Für veränderliche Winkelgeschwindigkeit gilt: $\omega = d\alpha/dt$, die Kolbengeschwindigkeit errechnet sich

zu:
$$c = \frac{ds}{dt} = \frac{ds}{d\alpha} \cdot \frac{d\alpha}{dt} = \frac{ds}{d\alpha} \cdot \omega \,.$$

Für unendliche Schubstangenlänge (Kurbelschleife) gilt, wenn Gl. (50) differenziert wird:

$$c = r \cdot \omega \cdot \sin\alpha \; [\text{m/sec}]. \tag{56}$$

Für endliche Schubstangenlänge ergibt sich durch Differentation von Gl. (52) die Näherungsgleichung:

$$c = r \cdot \omega \cdot \left(\sin\alpha \pm \frac{\lambda}{2} \sin 2\alpha \right) \; [\text{m/sec}]. \tag{57}$$

Das Pluszeichen gilt für den Hingang, das Minuszeichen für den Rückgang. Der auftretende Fehler ist in Prozent des genauen Wertes:

$$f_{max} = \frac{\sin\beta - \operatorname{tg}\beta}{\operatorname{tg}\alpha + \operatorname{tg}\beta} \cdot 100 \,. \tag{58}$$

Soll die Kolbengeschwindigkeit aus der genaueren Kolbenweggleichung ermittelt werden, so erhält man durch Differentation von Gl. (55) den genaueren Wert für c:

$$c = r \cdot \omega \left[\sin\alpha \pm \left(\frac{\lambda}{2} + \frac{\lambda^3}{8} + \frac{15\,\lambda^5}{256} \right) \cdot \sin 2\alpha \mp \left(\frac{\lambda^3}{16} + \frac{3\,\lambda^5}{64} \right) \sin 4\alpha \pm \frac{3\,\lambda^5}{256} \sin 6\alpha \right] [\text{m/sec}] \,. \tag{59}$$

Wird die Kolbengeschwindigkeit in Abhängigkeit vom Kurbelwinkel aufgetragen (Abb. 22), so ergeben sich nach Gl. (57) zwei Sinuslinien, deren eine die doppelte Schwingungszahl entsprechend dem zweiten Glied der Gl. (57) hat. Die Kolbengeschwindigkeit für unendliche Schubstangenlänge verläuft in Abb. 22 nach der Sinuslinie $r \cdot \omega \sin\alpha$. Für endliche Pleuelstangenlänge müssen die beiden Sinus-

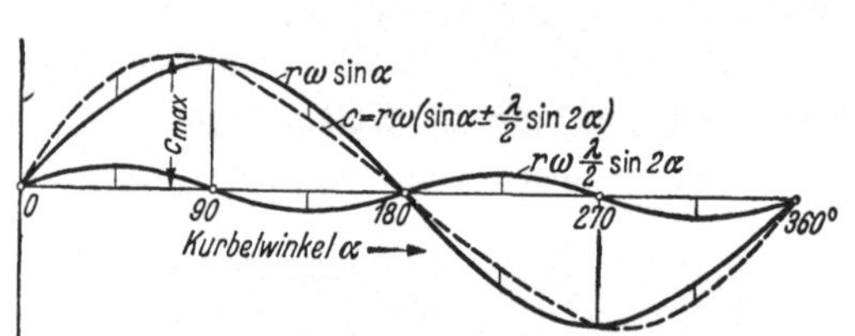

Abb. 22. Kolbengeschwindigkeit, in Abhängigkeit vom Kurbelwinkel.

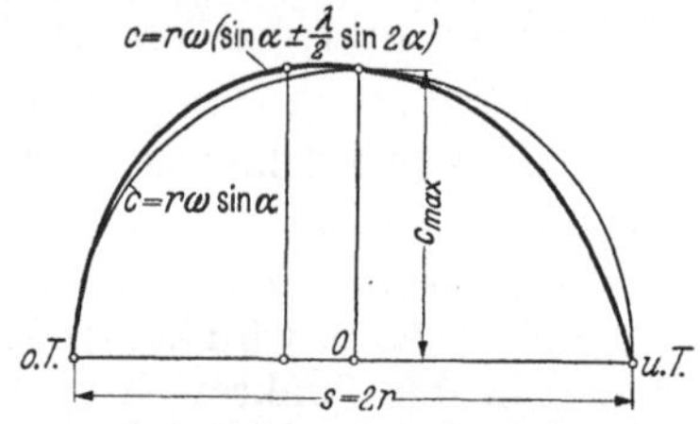

Abb. 23. Kolbengeschwindigkeit, in Abhängigkeit vom Kolbenweg.

linien geometrisch addiert werden. Die Kolbengeschwindigkeit ist in den beiden Totpunkten 0 und erreicht für $b = 0$ bei 90° bzw. 270° ihren Höchstwert. Für endliche Stangenlänge verschieben sich die Maxima unter dem Einfluß des zweiten Gliedes $r \cdot \omega \cdot \lambda/2 \cdot \sin 2\alpha$.

Wird die Kolbengeschwindigkeit in Abhängigkeit vom Kolbenweg aufgetragen, (Abb. 23) und wird dabei der Maßstab für c so gewählt, daß $c_{max} = r$ ist, erhält man für den Verlauf von c bei unendlicher Schubstangenlänge einen Halbkreis.

Bei endlicher Stangenlänge tritt die maximale Kolbengeschwindigkeit c_{max} vor dem Erreichen des halben Kolbenhubes ein.

An dieser Stelle ist auf einen, selbst in führenden Ingenieur-Taschenbüchern vorkommenden Irrtum hinzuweisen. Es wird dort behauptet, daß die maximale

Kolbengeschwindigkeit in jener Getriebestellung auftritt, in welcher Kurbel und Pleuelstange einen rechten Winkel bilden. Die Kolbengeschwindigkeit ist in dieser Stellung:

$$c_B = v\,\sqrt{1+\lambda^2}\;\;[\text{m/sec}]. \tag{60}$$

Gl. (60) ergibt aber nur einen Näherungswert, der für die im Dampfmaschinenbau und beim Bau von Verbrennungsmaschinen üblichen Schubstangenverhältnisse tragbare Fehlergrößen liefert.

Nach der Theorie der Maxima und Minima muß c_{max} an jener Stelle liegen, an welcher die Kolbenbeschleunigung $b = 0$ ist.

Ein sehr genaues zeichnerisches Näherungsverfahren zur Ermittlung des Geschwindigkeitsscheitels c_{max} wurde von Dr.-Ing. VOGEL angegeben (Abb. 24). Es gilt hierfür die Näherungsgleichung:

$$\beta = \lambda \cdot 56{,}5^\circ . \tag{61}$$

Wird der Wert y so gewählt, daß

$$y = l \cdot \sin(\lambda \cdot 56{,}6^\circ) , \tag{62}$$

so wird β
$$\beta = \lambda \cdot 56{,}5^\circ$$

und die Verlängerung der Schubstange schneidet auf der Vertikalen durch den Punkt 0 die maximale Kolbengeschwindigkeit ab.

Bis zu einem Schubstangenverhältnis von $\lambda = 0{,}3$ ist der hierbei gemachte Fehler 0,1%. Bei größeren Werten von λ, ungefähr bis 0,8 bleibt die Abweichung vom genauen Wert unter 0,8%.

Mittlere Kolbengeschwindigkeit c_m. Sie ist diejenige Geschwindigkeit, mit welcher sich der Kolben gleichförmig zwischen den beiden Totpunkten bewegen müßte, um bei einer halben Umdrehung den Kolbenhub $s = 2r$ zurückzulegen. Es gilt die Gleichung:

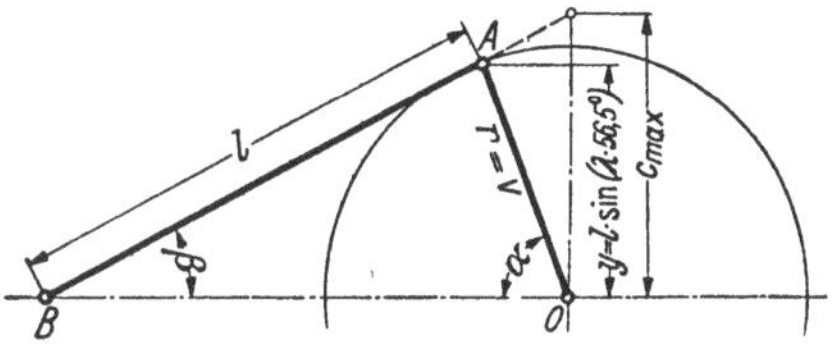

Abb. 24. Zeichnerische Ermittlung des Geschwindigkeitsscheitels c_{max}. Wenn $y = 1 \cdot \sin(\lambda \cdot 56{,}5^\circ)$ gewählt wird, so wird $\beta = \lambda \cdot 56{,}5^\circ$.

$$c_m \cdot t = 2\,r . \tag{63}$$

$n =$ Anzahl der Umdrehungen oder Doppelhübe pro Minute,
$t =$ Zeitdauer eines Hubes.
Daraus errechnet sich die mittlere Geschwindigkeit:

$$c_m = \frac{2\,r}{t} = \frac{s}{t} = \frac{2\,n}{60} \cdot s \;\;[\text{m/sec}]. \tag{64}$$

Wird die mittlere Kolbengeschwindigkeit zur Kurbelzapfengeschwindigkeit v in Beziehung gesetzt, erhält man:

$$v = \frac{\pi \cdot s \cdot n}{60} = \frac{\pi}{2} \cdot c_m \;\;[\text{m/sec}]. \tag{65}$$

4.22 Zeichnerische Ermittlung der Kolbengeschwindigkeit (Abb. 25).

Dieses Verfahren ist besonders dann vorteilhaft, wenn die Kolbengeschwindigkeit für mehrere Kurbelstellungen ermittelt werden soll.

Alle Geschwindigkeiten und Beschleunigungen sind vektorielle Größen und werden nachfolgend durch die Schreibweise, z. B. $\overline{c_B}$ gekennzeichnet.

Gegeben ist die Winkelgeschwindigkeit ω.

Die zu bestimmende Kolbengeschwindigkeit c_B wirkt im Kolbenbolzen in Richtung der Zylinderachse, in der gezeichneten Stellung auf den Kurbelmittelpunkt 0 zu. In Punkt A wirkt die Kurbelzapfengeschwindigkeit tangential an den Kurbelkreis von der Größe: $\bar{v}_A = r \cdot \omega$.

Die Horizontalbewegung des Punktes B (Kolbenbolzen) kann man sich entstanden denken aus der rotierenden Bewegung des Punktes A und einer relativen Drehbewegung von B um A.

Es gilt die Gleichung:

$$\bar{c}_B = \bar{v}_A + \bar{v}_{B\,um\,A} .$$

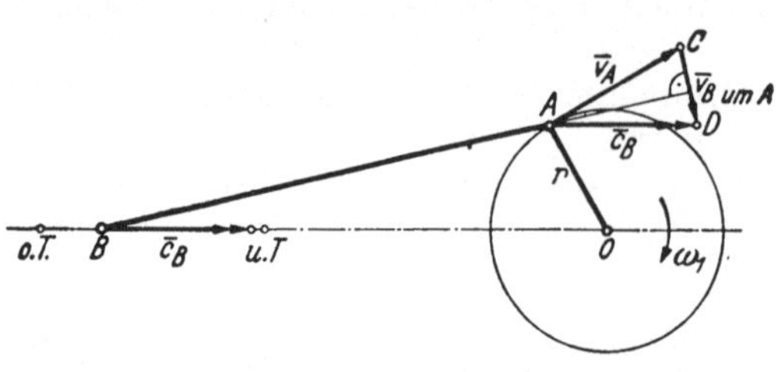
Abb. 25. Zeichnerische Ermittlung der Kolbengeschwindigkeit.

$\bar{v}_A$, der Größe und Richtung nach bekannt, wird in Punkt A angesetzt. In Punkt C wird eine Vertikale auf die Pleuelrichtung gefällt, ergibt die Richtung von $\bar{v}_{B\,um\,A}$, ebenso in Punkt A die Wirkungsrichtung von $\bar{c}_B$ eingetragen. Im Schnittpunkt D beider Geraden erhält man die Vektoren $\bar{c}_B$ und $\bar{v}_{B\,um\,A}$ ihrer Größe nach.

Vereinfachte Konstruktion. Mit Hilfe der in Abb. 26 gezeigten Konstruktion kann man c_B noch einfacher ermitteln.

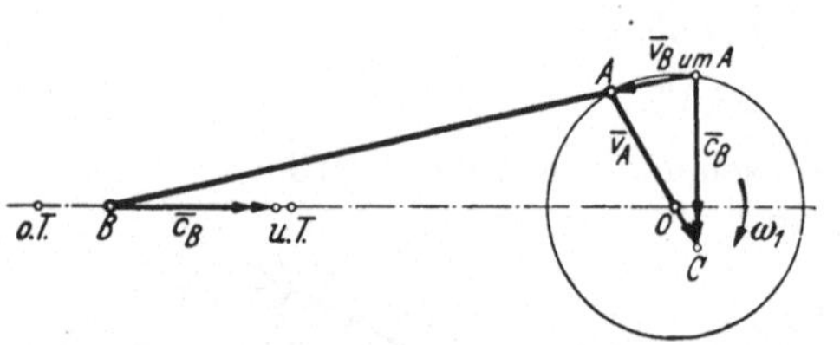
Abb. 26. Zeichnerische Ermittlung der Kolbengeschwindigkeit (vereinfachtes Verfahren).

Die Umfangsgeschwindigkeit $\bar{v}_A$ wird ihrer Größe nach von Punkt A aus gegen 0 hin am Kurbelradius aufgetragen. Wird im Endpunkt eine Vertikale errichtet, so ist ihr Schnittpunkt mit der verlängert gedachten Pleuelstange bereits jener Punkt, der die beiden Vektoren $\bar{c}_B$ und $\bar{v}_{B\,um\,A}$ ihrer Größe nach ergibt. Soll auch die Richtung der drei Vektoren bestimmt werden, ist das Vektordreieck ACD um 90° entgegen dem Uhrzeigersinn zu drehen.

4.3 Ermittlung der Kolbenbeschleunigung.

4.31 Rechnerische Verfahren.

Die Kolbenbeschleunigung erhält man aus der Gleichung für die Kolbengeschwindigkeit (56) bzw. (57), wenn diese nach der Zeit differenziert wird. Es ergibt sich aus:

$$b = \frac{dc}{dt} = \frac{dc}{d\alpha} \cdot \frac{d\alpha}{dt} = \frac{dc}{d\alpha} \cdot \omega ,$$

für unendliche Schubstangenlänge:

$$b = r \cdot \omega^2 \cdot \cos\alpha \; [\text{m/sec}^2], \tag{66}$$

die Näherungsgleichung für endliche Schubstangenlänge:

$$b = r \cdot \omega^2 \cdot (\cos\alpha \pm \lambda \cos 2\alpha) \; [\text{m/sec}^2]. \tag{67}$$

Die genauere Gleichung für die Kolbenbeschleunigung findet man durch Differentation der Gl. (59) für die Kolbengeschwindigkeit:

$$b = r \cdot \omega^2 \cdot \left[\cos\alpha \pm \left(\lambda + \frac{\lambda^3}{4} + \frac{15\lambda^5}{128}\right)\cos 2\alpha \pm \left(\frac{\lambda^3}{4} + \frac{3\lambda^5}{16}\right)\cos 4\alpha \pm \frac{9\lambda^5}{128}\cos 6\alpha\right] \; [\text{m/sec}^2]. \tag{68}$$

Man ersieht hieraus, daß die Glieder vierter und sechster Ordnung bereits außerordentlich klein werden, so hat z. B. das Glied $9\lambda^5/128$ bei $\lambda = {}^1/_4$ die Größe von 0,0000687.

Bei schnellaufenden Kolbenkraftmaschinen wird heute ein sehr hoher Grad an Erschütterungsfreiheit verlangt. Dies ist besonders bei Schiffsdieselmaschinen, Fahrzeug- und Flugmotoren der Fall. Es empfiehlt sich daher, in Sonderfällen das Glied vierter Ordnung noch zu berücksichtigen. Beschleunigungskräfte (Massenkräfte), die durch die Glieder 6., 8. usw. Ordnung hervorgerufen werden, können sich nur im Resonanzfall störend bemerkbar machen.

Wird die Kolbenbeschleunigung nach Gl. (66) bzw. (67) in Abhängigkeit vom Kurbelwinkel dargestellt, so ergeben sich, den beiden Gliedern der Gleichung entsprechend, zwei Cosinuslinien (Abb. 27) mit einfacher und doppelter Schwingungszahl. Für unendliche Pleuelstangenlänge erhält man die Cosinuslinie $r \cdot \omega^2$

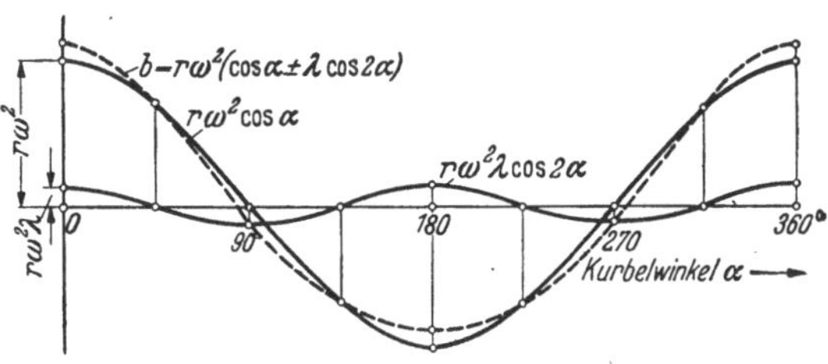

Abb. 27. Kolbenbeschleunigung, in Abhängigkeit vom Kurbelwinkel.

$\cdot\cos\alpha$. Bei endlicher Stangenlänge wird die resultierende Beschleunigungskurve durch geometrische Addition beider Linien entsprechend dem Gültigkeitsbereich der Näherungsgleichung gefunden.

Ausgezeichnete Beschleunigungspunkte: Die Beschleunigung ist in den beiden Totpunkten ein Maximum und wird für denjenigen Kurbelwinkel 0, für welchen die Kolbengeschwindigkeit c den Höchstwert erreicht. Der Kurbelwinkel für $b = 0$ wurde im vorigen Abschnitt bei der Konstruktion von c_{max} berechnet. Aus Abb. 27 geht hervor, daß sich unter dem Einfluß der endlichen Pleuelstangenlänge die Maxima ihrer Größe, aber nicht ihrer Lage nach, die Minima dagegen ihrer Größe und Lage nach verschieben.

4.32 Konstruktion der Beschleunigungskurven über dem Kolbenweg.

Ermittlung der Beschleunigungskurve für $\lambda = 0$ (Kurbelschleife). Die Bewegung des Kolbens verläuft nach einer harmonischen Schwingung und ist die Projektion der einzelnen Kurbelstellungen auf die Zylinderachse. Die Kolbenbeschleunigung b_{Kolben} wird durch die Projektion der Kurbelzapfenbeschleunigung b_{Kbz} auf die Zylinderachse erhalten. Die Beschleunigungslinie ist eine Gerade über dem Kolbenweg, deren Größe in den beiden Totpunkten $r \cdot \omega^2$ ist.

Beweis des geradlinigen Verlaufs des Beschleunigungsgesetzes (Abb. 28): Das Verhältnis

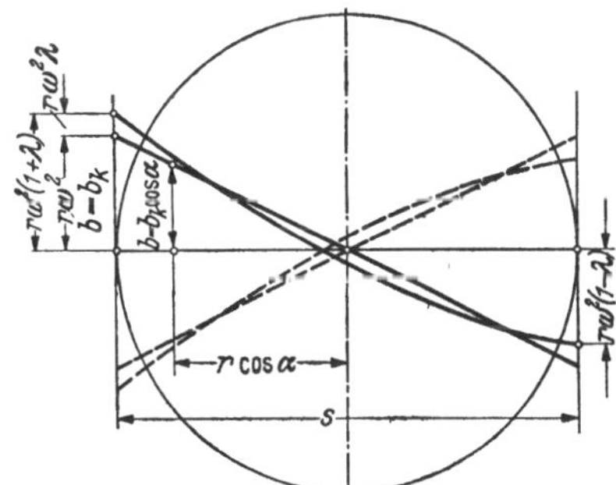

Abb. 28. Kolbenbeschleunigung, in Abhängigkeit vom Kolbenweg.

$$\frac{b_k \cdot \cos\alpha}{r \cdot \cos\alpha} = \frac{r \cdot \omega^2}{r} = \omega^2 = \text{konstant.}$$

Ermittlung der Beschleunigungskurve für endliche Pleuelstangenlänge. Um die Gleichung $b = r \cdot \omega^2(\cos\alpha \pm \lambda\cos 2\alpha)$ zeichnerisch darzustellen, werden die Werte von b für die einzelnen Kurbelwinkel α gerechnet und über dem Kolbenweg als

Abszisse in den zugehörigen Punkten aufgetragen. Für den oberen Totpunkt ist $\alpha = 0$, somit $\cos\alpha = 1$; $\cos 2\alpha = 1$. Es ergibt sich als Ordinate: $r = \omega^2\,(1+\lambda)$.

Für den unteren Totpunkt erhält man: $\cos 180° = -1$, $\cos 360° = 1$. Mithin ist die Ordinate: $r \cdot \omega^2\,(1-\lambda)$ (negativ aufzutragen).

Die durch das Einzeichnen der einzelnen Werte von b gefundene Parabel kann nach dem folgenden Verfahren direkt konstruiert werden. Die errechneten Höchstwerte von b werden in den beiden Totpunkten nach oben bzw. nach unten aufgetragen. Punkt A und B miteinander verbunden ergibt auf der Abszisse den Schnittpunkt C. Von diesem wird die Größe $3\lambda r\omega^2$ vertikal nach abwärts aufgetragen. Teilt man die Strecke $\overline{AD}$ und $\overline{BD}$ jeweils in gleich viele, gleich große Teile und verbindet die entsprechenden Punkte, so erhält man ein Tangentennetz, welches die Einhüllende für die Parabel darstellt (Abb. 29).

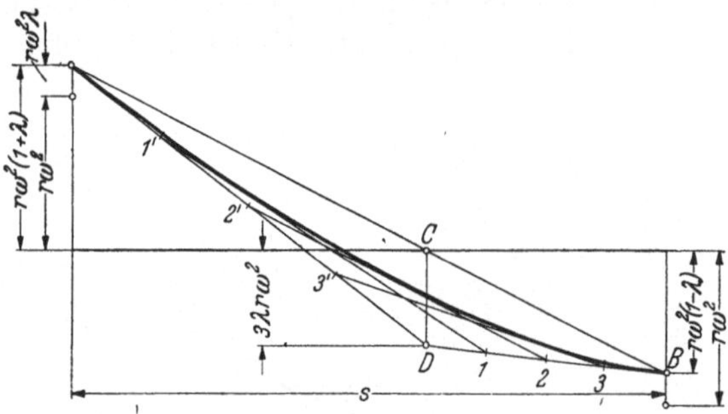

Abb. 29. Ermittlung der Beschleunigungskurve als Parabel.

Die Beschleunigungsparabel für den Rückgang des Kolbens ist spiegelbildlich der ersten um 180° gedreht (Abb. 28).

Auch an dieser Stelle muß nachdrücklich darauf verwiesen werden, daß die Konstruktion der Beschleunigungslinie als Parabel nur für Werte von $\lambda = 0$ bis 0,26 Gültigkeit hat.

Die Gestaltungsrichtung im Flug- und Fahrzeugmaschinenbau hat es mit sich gebracht, verhältnismäßig kurze Pleuelstangen bei größerer Kurbellänge auszuführen. Damit vergrößert sich aber das Schubstangenverhältnis λ und es gilt heute für Lastwagenmotoren: $\lambda = 0{,}222$ bis $0{,}232$, für Personenwagenmotoren:
$\lambda = 0{,}238$ bis $0{,}278$,
für Flugzeugmotoren:
$\lambda = 0{,}278$ bis $0{,}313$.

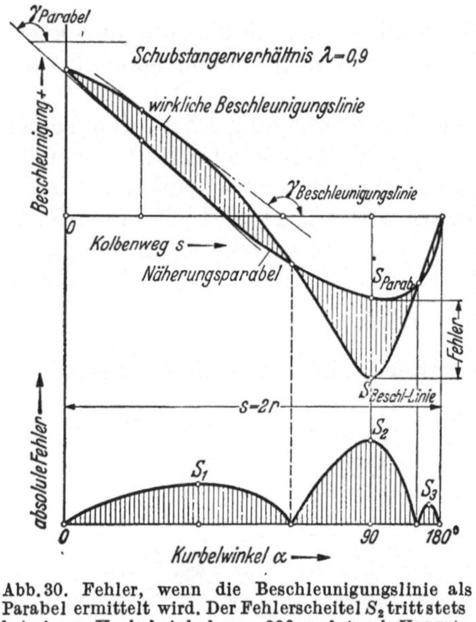

Abb. 30. Fehler, wenn die Beschleunigungslinie als Parabel ermittelt wird. Der Fehlerscheitel S_2 tritt stets bei einem Kurbelwinkel $\alpha = 90°$ auf (nach Vogel).

Aus Abb. 30 ist ersichtlich, wie erheblich sich die wirkliche Beschleunigungslinie bei zunehmendem Schubstangenverhältnis gegenüber der Näherungsparabel verschiebt. In allen Schnittpunkten der wirklichen Beschleunigungslinien und der Näherungsparabel ist der Beschleunigungsfehler $= 0$. Von den drei auftretenden Fehlerscheiteln ist derjenige bei S_2 für ein λ von 0 bis 0,75 der weitaus größte und wichtigste. Er tritt stets bei einem Kurbelwinkel $\alpha = 90°$ auf. Seine Größe errechnet sich zu:

$$f_{2\,max} = \sqrt{1-\lambda^2} - 1, \quad \text{z. B. für } \lambda = \tfrac{1}{4} = -0{,}032. \tag{69}$$

Zeichnerisches Verfahren zur Ermittlung der Kolbenbeschleunigung. Man kann die auf den Kurbeltrieb angewandten Gesetze der Kinematik auch zur zeichnerischen Ermittlung der Kolbenbeschleunigung benützen (Abb. 31). Die Beschleunigung des Kolbens (Punkt B) ist das Differential seiner Geschwindigkeit $\bar{c}_B$ nach der Zeit. Wird Gleichung $\bar{c}_B = \bar{v}_A + \bar{v}_{B\,\text{um}\,A}$ (s. S. 34) differentiert, so erhält man:

$$\bar{b}_B = \frac{d\bar{c}_B}{dt} = \frac{d\bar{v}_A}{dt} + \frac{d\bar{v}_{B\,\text{um}\,A}}{dt} = \bar{b}_A + \bar{b}_{B\,\text{um}\,A}\,.$$

Nun ist:
$$\bar{v}_A = \overline{OA} \cdot \omega\,.$$

Die Differentiation ergibt:

$$\frac{d\bar{v}_A}{dt} = \omega\frac{d\overline{OA}}{dt} + \overline{OA}\frac{d\omega}{dt}$$

$$\left. \begin{aligned} &= \bar{b}_A = \omega \cdot \bar{v}_A + \overline{OA} \cdot \varepsilon = \overline{OA} \cdot \omega^2 + OA\,\varepsilon \\ &= \bar{n}_A + \bar{t}_A \end{aligned} \right\} \text{(siehe Bild)},$$

wobei ε die Winkelbeschleunigung und ω die Winkelgeschwindigkeit bedeuten.

Ebenso gilt:
$$\bar{b}_{B\,\text{um}\,A} = \overline{AB}\,\omega_2^2 + \overline{AB}\varepsilon_2 = \bar{n}_{B\,\text{um}\,A} + \bar{t}_{B\,\text{um}\,A}\,.$$

In dieser Gleichung ist $\bar{n}_A$ bzw. $\bar{t}_A$ die Normal- bzw. Tangentialbeschleunigung des Punktes A und $\bar{n}_{B\,\text{um}\,A}$ bzw. $\bar{t}_{B\,\text{um}\,A}$ die Normal- bzw. Tangentialbeschleunigung des Punktes B um A.

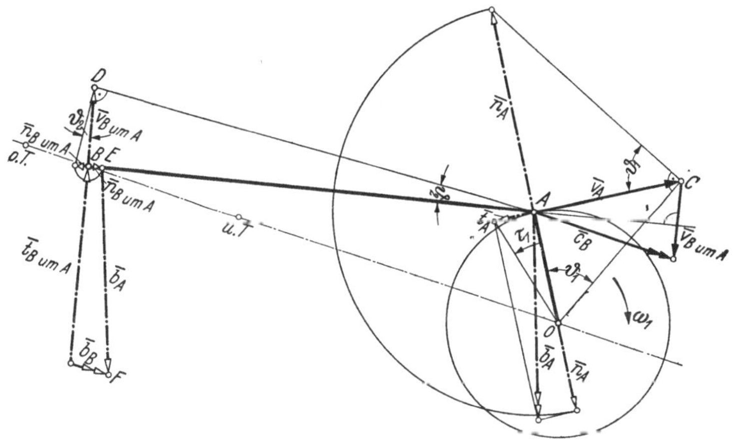

Abb. 31. Zeichnerische Errmittlung der Kolbenbeschleunigung.

Gegeben sind: ω_1, ε_1. *Konstruktion der Beschleunigung des Punktes A ($\bar{b}_a$).* Die Geschwindigkeiten $\bar{v}_A$, $\bar{v}_{B\,\text{um}\,A}$ und $\bar{c}_B$ werden nach der auf S. 34 gezeigten Methode ermittelt. Daraus findet man den Winkel ϑ_1, der ein Maß für die Winkelgeschwindigkeit ω_1 ist.

$$\omega_1 = \frac{\bar{v}_A}{\overline{OA}} = \text{tg}\,\vartheta_1\,.$$

Die Normalbeschleunigung $\bar{n}_A$ von Punkt A wurde oben errechnet zu:

$$\bar{n}_A = \overline{OA} \cdot \omega_1^2 = \frac{\bar{v}_A}{\overline{OA}}\,.$$

Aus der letzten Gleichung und aus Abb. 31 ersieht man, daß $\bar{v}_A$ (Kurbelzapfengeschwindigkeit) die mittlere geometrische Proportionale zwischen dem Radius $\overline{OA}$ und der Normalbeschleunigung $\bar{n}_A$ ist, also $\bar{n}_A : \bar{v}_A = \bar{v}_A : \overline{OA}$. In Punkt C wird eine Senkrechte auf OC gefällt, die im Schnittpunkt mit der Verlängerung von $\overline{OA}$ die Größe von $\bar{n}_A$ ergibt. Die Richtung von $\bar{n}_A$ erhält man durch eine Drehung um 180°.

Für die Tangentialbeschleunigung des Punktes A gilt:

$$\bar{t}_A = \overline{OA} \cdot \varepsilon_1 = \overline{OA}\, \mathrm{tg}\,\tau_1 \,.$$

Da die Winkelbeschleunigung $\varepsilon_1 = \mathrm{tg}\,\tau_1$ gegeben ist, kann die Tangentialbeschleunigung von A zeichnerisch ermittelt werden.

Um die Beschleunigung von A zu finden, sind die Größen $\bar{t}_a$ und $\bar{n}_A$ geometrisch zu addieren. Es ergibt sich:

$$b_A = \bar{t}_A + \bar{n}_A \,.$$

Konstruktion der Kolbenbeschleunigung $\bar{b}_B$. Die Normalbeschleunigung $\bar{n}_{B\,\mathrm{um}\,A}$ wurde oben errechnet zu:

$$\bar{n}_{B\,\mathrm{um}\,A} = \overline{AB}\,\omega_2^2 = \bar{v}_B\, \mathrm{tg}\,\vartheta_2 \,,$$

daraus die Proportion

$$\bar{n}_{B\,\mathrm{um}\,A} : \bar{v}_{B\,\mathrm{um}\,A} = \bar{v}_{B\,\mathrm{um}\,A} : \overline{AB}$$

mit $\bar{v}_{B\,\mathrm{um}\,A}$ als mittlerer geometrischer Proportionale.

Der Vektor $\bar{v}_{B\,\mathrm{um}\,A}$ wird seiner Größe und Richtung nach in Punkt B angesetzt, liefert Punkt D und dieser mit A verbunden, den Winkel ϑ_2. Errichtet man in D eine Senkrechte auf $\overline{DA}$, so erhält man auf der Verlängerung von $\overline{AB}$ im Schnittpunkt die Normalbeschleunigung $\bar{n}_{B\,\mathrm{um}\,A}$ ihrer Größe nach. Die Richtung findet man nach einer Drehung um 180°, Punkt E. Von hier aus wird $\bar{b}_A$ der Größe und Richtung nach angetragen, Punkt F. Von F aus eine Parallele zur Zylinderachse und von B eine Senkrechte aus AB ziehen, ergibt im Schnittpunkt der beiden Linien die Tangentialbeschleunigung $\bar{t}_{B\,\mathrm{um}\,A}$ und die gesuchte Kolbenbeschleunigung $\bar{b}_B$.

Beweis: Die vektorielle Addition der Tangential- und Normalbeschleunigungen ergibt die Beschleunigungen von Punkt A und B um A und damit die Kolbenbeschleunigung.

$$\bar{t}_A + \bar{n}_A + \bar{t}_{B\,\mathrm{um}\,A} + \bar{n}_{B\,\mathrm{um}\,A} = \bar{b}_A + \bar{b}_{B\,\mathrm{um}\,A} = \bar{b}_B \,. \tag{70}$$

Gewöhnlich wird angenommen, daß der Kurbelzapfen mit konstanter Geschwindigkeit umläuft ($\bar{v}_A$ = konstant). Die Tangentialbeschleunigung $\bar{t}_A$ wird 0, da auch die Winkelbeschleunigung $\varepsilon_1 = \mathrm{tg}\,\tau_1 = 0$ wird. In diesem Fall wird:

$$\bar{b}_A = \bar{n}_A = \overline{OA}\,\omega_1^2 \,.$$

Die Kolbenbeschleunigung $\bar{b}_B$ wird in der gleichen Weise wie oben ermittelt.

Das kinematische Verfahren wird vorteilhaft dort angewandt, wo neben der gesuchten Kolbenbeschleunigung auch die Tangential- bzw. Normalbeschleunigungen des Kurbelzapfens benötigt werden.

5. Bestimmungen der Kräfte im Triebwerk der Einzylindermaschine. Anwendung auf Mehrzylindermaschinen.

Bezeichnungen.

a, b Schwerpunktabstände [cm].
b Beschleunigung [m/sec²].
b_r Winkelbeschleunigung [1/sec²].
F Kolbenfläche [cm²].
l Pleuellänge [cm].
M_d Drehmoment [cmkg].
m Masse [kgsec²/cm].
m_R Masse der umlaufenden Gewichte [kgsec/cm²].
m_H Masse der oszillierenden Gewichte [kgsec²/cm].
P, P_G Kolbenkraft [kg].
P_R Massenkraft der umlaufenden Triebwerksteile [kg].

P_H, P_I, P_{II} Massenkraft der oszillierenden Triebwerksteile [kg].
P_{st} Pleuelstangenkraft [kg]..
p Druck [kg/cm²].
r Kurbelradius [cm].
R Radialkraft [kg].
T, T_m Drehkraft [kg].
t Zeit [sec].
α Kurbelwinkel [°].
β Winkel zwischen Zylinderachse und Pleuel [°].
φ Drehwinkel [°].
λ Pleuelstangenverhältnis.
ω Winkelgeschwindigkeit [1/sec].

5.1 Einleitung.

In jeder Kolbenkraftmaschine kommen zwei Arten von Kräften zur Auswirkung:

a) *Die primären Kräfte* sind diejenigen, die vom Gas- oder Dampfdruck auf den Kolben herrühren.

b) *Die sekundären Kräfte* sind jene, die durch die Trägheitswirkung der in Bewegung befindlichen Triebwerksteile hervorgerufen werden.

Die primären Kräfte heben sich innerhalb der Maschine auf (von dem durch die endliche Schubstangenlänge erzeugten Gleitbahndruck auf die Zylinderwand oder Kreuzkopfführung abgesehen).

Die sekundären Kräfte werden bei der Einzylindermaschine nach außen hin auf das Fundament oder das Aufhängegestell übertragen.

Stellt man sich z.B. eine stehende Einzylindermaschine vor, so läßt sich hinsichtlich der Trägheitskräfte folgendes sagen:

Der Kolben und ein Teil der Pleuelstange führt in senkrechter Richtung eine wechselnde Bewegung mit wechselnder Geschwindigkeit und Beschleunigung aus und wirkt mit entsprechend wechselnder Kraft auf die ruhenden Teile der Maschine (vertikale Unwucht).

In horizontaler Richtung wird senkrecht zur Kurbelwellenachse bei jedem Arbeitsspiel ein Teil der Pleuelstange beschleunigt und verzögert (horizontale Unwucht).

Die Auswirkung der Trägheitskräfte kann man mit dem Impulssatz erfassen. Dieser besagt, daß die zeitliche Impulsänderung in einem mechanischen System der Resultierenden aller äußeren Kräfte gleich ist.

$$\frac{d(\Sigma m \cdot \bar{v})}{dt} = \overline{P} . \tag{71}$$

Wird Gl.(71) auf die stehende Einzylindermaschine angewandt, so entstehen nur dann keine äußeren Kräfte $\overline{P}$, wenn angenommen wird, daß die ruhenden Maschinenteile auf extrem weichen Federn stehen. Wird der Kolben nach abwärts beschleunigt, so erhält der Zylinder denselben Impuls nach aufwärts und der Schwerpunkt *des Gesamtsystems bleibt in Ruhe.*

Ist z.B. die Masse der ruhenden Teile hundertmal so groß wie die Kolbenmasse, so wird die Beschleunigung der ruhenden Teile hundertmal so klein. Ist die betrachtete Maschine nun starr mit dem Fundament verbunden, so werden die entstehenden Trägheitskräfte darauf übertragen.

Bei Mehrzylindermaschinen können diese Trägheitskräfte der einzelnen Zylinder Momente bilden oder sich aufheben. Welche Voraussetzungen hiefür notwendig sind, wird beim Massenausgleich gezeigt werden. Endlich treten bei der Kolbenkraftmaschine Schwankungen des Trägheitsmomentes um die Kurbelwellenachse auf, hervorgerufen durch den bewegten Kolben und die Pleuelstange. Diese Erscheinung kann mit dem Impulssatz für Drehmomente beschrieben werden: die zeitliche Änderung des Drehimpulses oder Dralles ist gleich dem äußeren Drehmoment.

$$\frac{d}{dt}\left(\Sigma\, m\, \frac{d\varphi}{dt}\, r^2\right) = \Sigma\, m\, r^2 \cdot \frac{d^2\varphi}{dt^2} = \left|\overline{D}\right| \; . \tag{72}$$

Steht nun die Maschine wieder auf sehr weichen Federn, so wird das äußere Drehmoment 0, da die ruhenden Teile im entgegengesetzten Sinn und mit der gleichen Größe des Drehmomentes bewegt werden. Ist dagegen die Maschine starr befestigt, wird das Gegenmoment in voller Größe auf das Fundament übertragen (Gleitbahndruck).

Wie wirken sich nun die Gas- oder Dampfkräfte aus? In dem Triebwerk nach Abb. 32 seien die Trägheitskräfte vernachlässigbar klein. Z. B. wenn die Maschine mit einer extrem langsamen und konstanten Drehgeschwindigkeit ω umläuft. Die Gaskraft P ist mit der Zeit oder mit ωt veränderlich. P drückt auf den Zylinderdeckel und auf den Kolben und wird über den Kolbenzapfen auf den Kreuzkopf übertragen. P wird hier in die Pleuelstangenkraft P_{st}

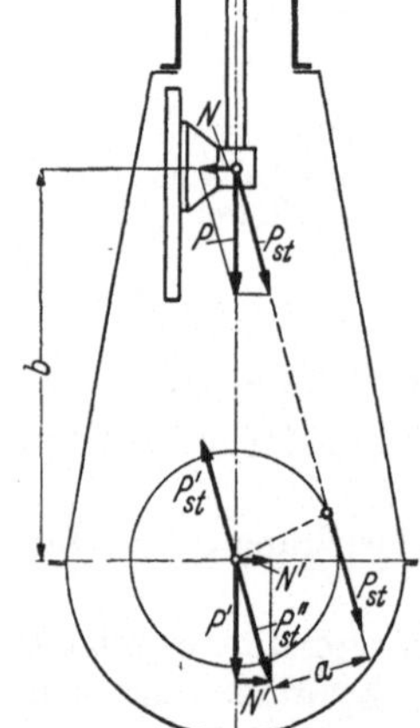

Abb. 32. Kräfte im Triebwerk.

und den Gleitbahndruck N zerlegt. P_{st} überträgt sich in voller Größe auf den Kurbelzapfen. Werden nun in der Kurbelmitte 0 zwei gleichgroße aber entgegengesetzt gerichtete Kräfte P_{st} angesetzt, so ergibt das Kräftepaar $P_{st}\, P'_{st}$ mit dem Hebelarm a das Nutzdrehmoment, die Kraft P''_{st} die Lagerkraft im Grundlager. Diese kann wieder in die Komponenten P' und N' zerlegt werden. P wirkt nach abwärts, während der Gasdruck auf den Zylinderdeckel aufwärts gerichtet ist. Es werden also nach außen auf den Maschinenrahmen keine Kräfte übertragen, da sich P und P' gegenseitig aufheben. (Die Kräfte sind von den Befestigungsschrauben des Zylinders aufzunehmen.)

Die Kräfte NN' ergeben mit dem Hebelarm b ebenfalls ein Drehmoment, das dem Nutzdrehmoment gleich, aber entgegengesetzt gerichtet ist. Dieses muß vom Maschinenrahmen bzw. Fundament aufgenommen werden.

Zusammenfassend ist über die Wirkung der freien Kräfte und Momente in einer Kolbenmaschine folgendes auszusagen:

Kräfte.

a) Horizontal in Richtung der Kurbelwellenachse treten keine Kräfte auf.

b) Horizontal, in Richtung senkrecht zur Kurbelwellenachse wirken nur Trägheitskräfte.

c) Vertikal wirken ebenfalls nur Trägheitskräfte.

Drehmomente. Um die horizontale Achse senkrecht zur Kurbelwellenachse und um die vertikale Achse wirken nur Trägheitsdrehmomente. Um die Kurbelwellenachse tritt das Gasdruck- und Trägheitsdrehmoment in Erscheinung.

5.2 Kräfte am Kolben.

5.21 Gas- oder Dampfkräfte am Kolben. Kolbenkraftdiagramm.

Die auf den Kolben wirkende Druckkraft ändert sich mit der Zeit bzw. mit dem Kurbelwinkel α und wird mit Hilfe des Indikatordiagramms ermittelt, aus welchem für jede Kolbenstellung die Größe der Druckkraft als Ordinate der zugehörigen Kennlinie (Ansaugen, Verdichtung, Ausdehnung, Ausschieben) entnommen werden kann.

Das Kolbenkraftdiagramm wird gezeichnet, indem man den Kolbenweg im Indikatordiagramm in eine Anzahl gleichgroßer Teile zerlegt (Abb. 33) und die jeweilige Ordinate des Druckes p mit der Kolbenfläche F multipliziert. Bei einfach wirkenden Viertaktmaschinen ergeben sich für jede Kolbenstellung vier verschiedene Punkte, je nachdem, in welchem Arbeitstakt sich der Kolben befindet.

Bei doppelt wirkenden Maschinen wird der wirksame Kolbendruck p für jede Stellung jeweils als Differenz der Drücke auf beiden Kolbenseiten erhalten (Abb. 34).

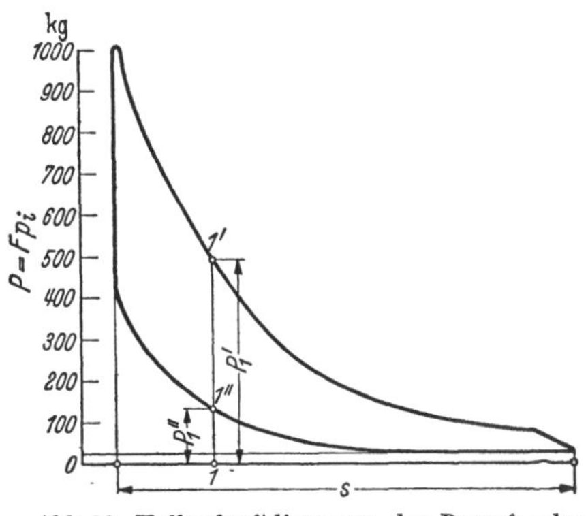

Abb. 33. Kolbenkraftdiagramm der Dampf- oder Gaskräfte, über dem Kolbenweg aufgetragen.

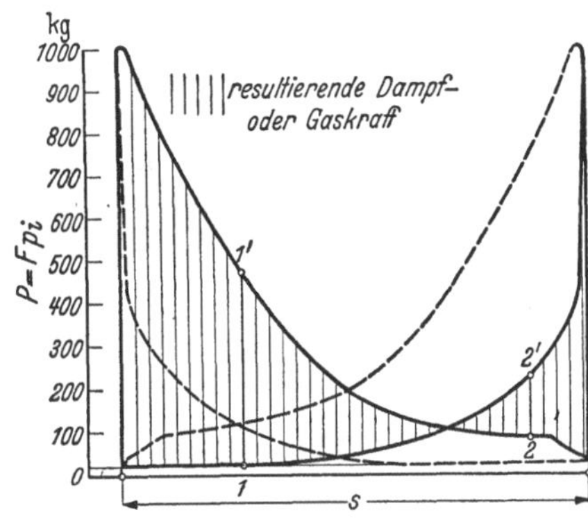

Abb. 34. Kolbenkraftdiagramm der Gas- oder Dampfkräfte einer doppeltwirkenden Zweitaktmaschine.

Wenn ein Indikatordiagramm in entsprechendem Maßstab vorliegt, kann man sich die Aufzeichnung eines eigenen Kolbenkraftdiagramms ersparen. Der Maßstab für die Ordinate p des Indikatordiagramms wird so gewählt, daß dem dort herrschenden Kolbendruck p die Kolbenkraft $P = p \cdot F$ entspricht.

5.22 Ermittlung der Massenkräfte im Einkurbeltrieb.
Massendruckdiagramm über dem Kolbenweg.

Die Entstehungsursache der Trägheits- oder Massenkräfte ist — wie bereits oben gezeigt — die in Bewegung befindliche Masse der Triebwerksteile.

Die Massenkraft wird durch Multiplikation der Masse des betreffenden Triebwerkteiles mit der Beschleunigung erhalten.

Beim Einkurbeltrieb sind nun zu unterscheiden:

a) Massenkräfte, welche von den umlaufenden Triebwerksteilen herrühren (Kurbelwelle und der umlaufende Anteil der Schubstange);

b) Massenkräfte der hin und her gehenden Triebwerksteile (Kolben, Kolbenbolzen, evtl. Kolbenstange und Kreuzkopf und der hin und her gehende Teil der Schubstange).

Massenkraft der umlaufenden Teile. Sie wird nach Gl. (71) errechnet zu:

$$P_R = m_R \cdot b_R \; [\text{kg}],$$

worin b_R die Winkelbeschleunigung bedeutet. Man findet b_R in bekannter Weise durch zweimalige Differentation des Winkelweges nach der Zeit

$$b_R = \frac{d\omega}{dt} = \frac{d}{dt}\left(\frac{d\alpha}{dt}\right) = \frac{d^2\alpha}{dt^2}\ [1/\text{sec}^2].$$

b_R, meistens ε genannt, wird jedoch nur in der Anlauf- und Auslaufperiode der Maschine in größerem Maße wirksam. Wird die Maschine während des Laufes als im Beharrungszustand angesehen, so ist die Winkelgeschwindigkeit ω konstant und damit eine Trägheitswirkung der umlaufenden Massen in tangentialem Sinne nicht vorhanden. Die kleinen Schwankungen der Winkelgeschwindigkeit ω und das damit auftretende ε während jedes Arbeitsspiels werden bei der Gleichförmigkeit des Ganges in Abschnitt 6 besprochen.

Es wirkt also nur die Zentripetalbeschleunigung $b_r = r \cdot \omega^2$ und damit als Trägheitskraft die Zentrifugalkraft:

$$P_R = m_R \cdot r \cdot \omega^2\ [\text{kg}]. \tag{73a}$$

Mithin ergibt sich der für den Massenausgleich grundlegende Satz: *Die Massenkräfte aller umlaufenden Teile äußern sich als Fliehkräfte in der Richtung des Kurbelradius und sind während der ganzen Umdrehung unveränderlich.*

Massenkräfte der hin und her gehenden Triebwerksteile. Nach Gl. (73b) wird die Masse aller hin und her gehenden Teile mit der Kolbenbeschleunigung b multipliziert. Man erhält:

$$P_H = m_H \cdot b\ [\text{kg}]. \tag{73b}$$

Zu den hin und her gehenden Teilen gehören Kolben, Kolbenbolzen, evtl. Kolbenstange und Kreuzkopf und der auf und ab schwingende Teil der Schubstange. In welcher Weise die Masse des Pleuels in einen umlaufenden und einen hin und her gehenden Teil zerlegt wird, wurde in Abschnitt 3 bei der Besprechung der Ersatzpunkte gezeigt. Wie dort festgestellt wurde, kann die Schubstangenmasse mit großer Annäherung nach den Abständen des Schwerpunktes vom oberen und unteren Auge aufgeteilt werden (Abb. 35). Man erhält für den hin und her gehenden Teil:

$$m_{Hs} = \frac{m_s \cdot b}{l}, \tag{74}$$

und für den umlaufenden Teil

$$m_{Rs} = m_s \cdot \frac{a}{l}, \tag{75}$$

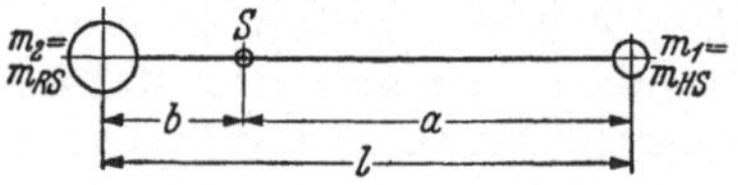

Abb. 35. Aufteilung der Schubstange in einen umlaufenden und einen hin- und hergehenden Anteil.

wobei m_s die Pleuelstangenmasse darstellt.

Die gesamten hin und her gehenden Massen sind nun:

$$m_H = m_{Kolben + Kolbenbolzen} + m_{Schubstangenanteil}.$$

Die Beschleunigung wurde errechnet zu:

$$b = r \cdot \omega^2 \cdot (\cos\alpha \pm \lambda \cos 2\alpha)\ [\text{m/sec}^2],$$

somit ergibt sich die am Kolben wirkende Massenkraft zu:

$$P_H = m_H \cdot r \cdot \omega^2 \cdot (\cos\alpha \pm \lambda \cos 2\alpha)\ [\text{kg}]. \tag{76}$$

Bei dieser Gleichung wurde stillschweigend vorausgesetzt, daß der Schwerpunkt des Kolbens in die Mitte des Kolbenbolzens fällt, somit der Angriffspunkt der Schubstange auch der Angriffspunkt für die Massenkräfte der hin und her gehenden Massen ist.

P_H ist abhängig von der Größe des Kurbelwinkels α und wirkt nur in Richtung der Zylinderachse.

Wird für die Beschleunigung b die genauere Gl. (68) eingesetzt, so ergeben sich für die Massenkraft P_H noch weitere Glieder, die je nach der gewünschten Genauigkeit bis zu einer beliebig hohen Ordnung berücksichtigt werden können. Die Gleichung lautet:

$$P_H = m_H \cdot r \cdot \omega^2 \cdot \left[\cos\alpha \pm \left(\lambda + \frac{\lambda^3}{4} + \frac{15\,\lambda^5}{128}\right)\cos 2\alpha \mp \left(\frac{\lambda^3}{4} + \frac{3\,\lambda^5}{16}\right)\cos 4\alpha \pm \frac{9\,\lambda^5}{128}\cos 6\alpha\right]\ [\text{kg}].$$

$$(77)$$

In dieser Gleichung kommen nur gerade Vielfache von α und ungerade Potenzen von λ vor. Man bezeichnet die einzelnen Glieder der Gleichung nach dem Kurbelwinkel *als Glieder 1., 2., 4., 6. usw. Ordnung oder man betrachtet sie als mit α, 2α, 4α, 6α umlaufend.* Für die Totpunkte erhält man die Scheitelwerte der einzelnen Glieder, die auch mit P_I, P_{II}, P_{IV}, P_{VI} bezeichnet werden. Nach Gl. (73) lauten sie:

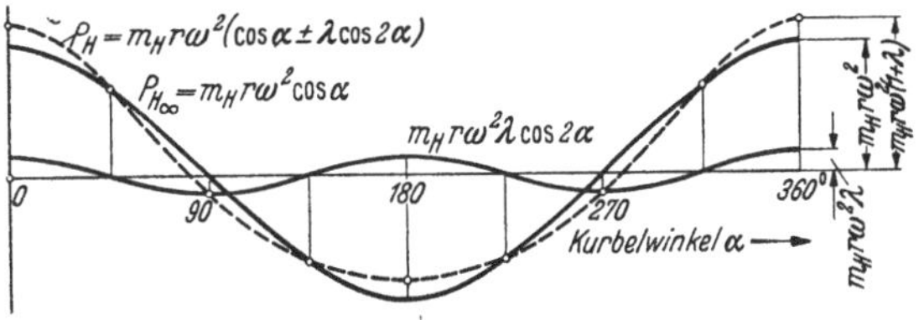

$$P_I = m_H \cdot r \cdot \omega^2\ [\text{kg}]. \qquad (78)$$

$$P_{II} = m_H \cdot r \cdot \omega^2 \cdot \lambda\ [\text{kg}], \qquad (79\,\text{a})$$

bzw. aus Gl. (77)

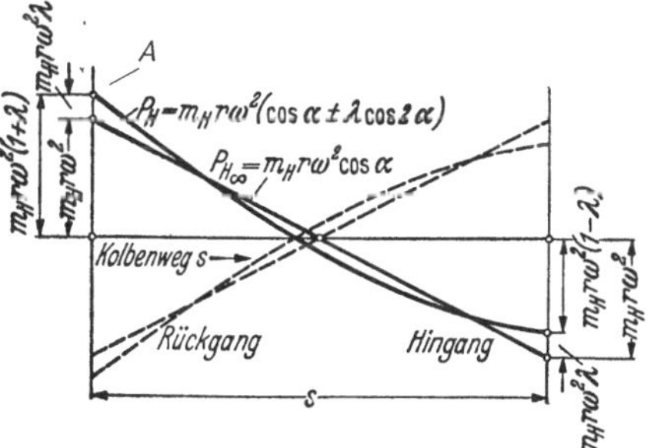

Abb. 36. Massenkräfte, in Abhängigkeit vom Kurbelwinkel aufgetragen.

$$P_{II} = m_H \cdot r \cdot \omega^2 \left(\lambda + \frac{\lambda^3}{4} + \frac{15\,\lambda^5}{128}\right)\ [\text{kg}],$$

$$P_{IV} = -m_H \cdot r \cdot \omega^2 \left(\frac{\lambda^3}{4} + \frac{3\,\lambda^5}{16}\right)\ [\text{kg}],$$

$$P_{VI} = m_H \cdot r \cdot \omega^2 \cdot \frac{9}{128} \cdot \lambda^5\ [\text{kg}].$$

$$\left.\right\} (79\text{b})$$

Die Größen P_I, P_{II} usw. — die ja nichts anderes als Fliehkräfte sind — in Abhängigkeit vom Kurbelwinkel aufgetragen und addiert, ergeben den resultierenden Verlauf der Massenkräfte der hin und her gehenden Massen (Abb. 36).

Wie schon früher gesagt wurde, genügt es im allgemeinen, die Glieder 1. und 2. Ordnung zu berücksichtigen. Nur bei hohen Ansprüchen an die Erschütterungsfreiheit der zu gestaltenden Maschinen wird man das Glied 4. Ordnung ermitteln und in Rechnung stellen. (Besonders bei Schiffsmaschinen, Fahrzeug- und Flugmotoren.)

Aufzeichnen des Massendruckdiagramms. Für das in erster Linie interessierende Nutzdrehmoment der Maschine kommen als arbeitsleistend oder -verzehrend nur

Abb. 37. Massenkräfte, über dem Kolbenweg aufgetragen.

die Massenkräfte der hin und her gehenden Triebwerksteile in Frage. Die Massenkräfte der umlaufenden Teile hingegen sind ausschließlich beim Massenausgleich und bei der Bemessung der Grundlager der Maschine zu beachten.

Das Massendruckdiagramm über dem Kolbenweg wird in sehr einfacher Weise dadurch erhalten, daß die Ordinaten der im vorigen Abschnitt bereits konstruierten .

Beschleunigungsparabel (Näherungslösung!) mit dem konstanten Wert

$$m_H = m_{Kolben + Kolbenbolzen} + m_{h\,Pleuelstangenanteil}$$

multipliziert werden. Man kann auch hier, wie beim Kolbenkraftdiagramm den Maßstab so wählen, daß man für die größte auftretende Massenkraft, z. B. im oberen Totpunkt die Entfernung des Punktes A von der Grundlinie einsetzt (Abb. 37).

5.3 Resultierende Kraft am Kolben.

Die am Kolben wirkende Gas- oder Dampfkraft setzt sich mit der Massenkraft P_H zu einer resultierenden Kraft zusammen, welche für die richtige Beurteilung des Kräftespiels von Bedeutung ist. Aus Abb. 38 ist zu ersehen, wie die sich resultierende Kolbenkraft aus der Gas- und Massenkraft bei einer doppeltwirkenden Zweitaktmaschine ergibt. $P_{Res} = P_G - P_H$.

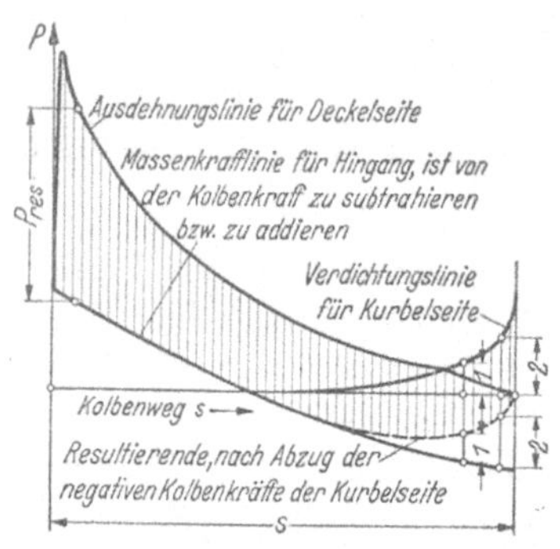

Abb. 38. Resultierendes Kolbenkraftschaubild einer doppeltwirkenden Zweitaktmaschine.

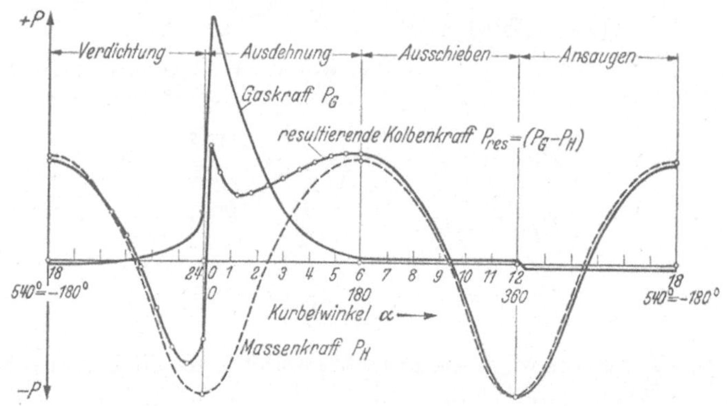

Abb. 39. Resultierende Kolbenkraft bei einem Viertakt-Ottomotor (nach KAMM).

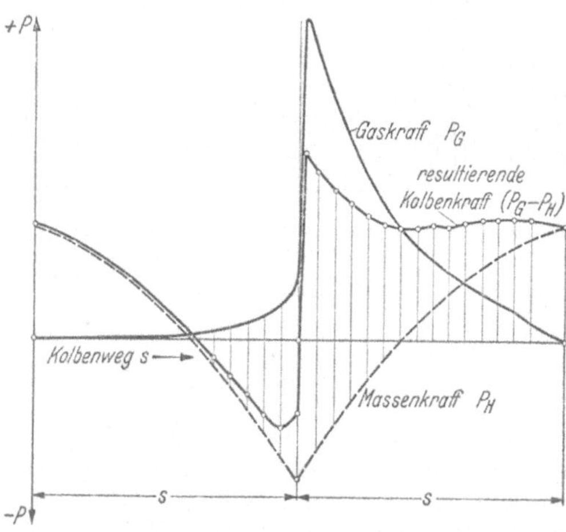

Abb. 40. Resultierende Kolbenkraft einer Zweitaktmaschine.

Abb. 39 zeigt den Verlauf der resultierenden Kolbenkraft für einen Viertakt-Ottomotor und zwar sind die Kolbenwege nebeneinander in der Reihenfolge der 4 Arbeitstakte aufgetragen. Das Diagramm zeigt deutlich, wie das Triebwerk durch die Massenkräfte während des Arbeits- und Verdichtungshubes entlastet, während der beiden anderen Arbeitstakte belastet wird.

Abb. 40 zeigt die resultierende Kolbenkraft bei einer Zweitaktmaschine.

Besonders bei schnellaufenden Maschinen nehmen die Massenkräfte der hin und her gehenden Triebwerksteile ganz erhebliche Größen an; es ist auf die Güte der zu gestaltenden Maschine von entscheidendem Einfluß, diese Kräfte beherrschen und ausgleichen zu können.

5.4 Zerlegung der am Kurbelzapfen wirkenden Pleuelstangenkraft in Tangential- und Radialkraft.

Die resultierende Kolbenkraft wird durch die Pleuelstange auf den Kurbelzapfen übertragen. Die Kräftezerlegung am Kolbenbolzen ergibt eine in Richtung der Schubstange wirkende Kraft P_{st} und den Gleitbahndruck N. Die Pleuelkraft P_{st} wird errechnet zu:

$$P_{st} = \frac{P}{\cos \beta} \, . \tag{80}$$

P_{st} greift auch im Kurbelzapfen an und wird hier in eine tangential und radial wirkende Komponente zerlegt. Für die Nutzleistung der Maschine ist allein die Tangentialkraft maßgebend, während die auf den Wellenmittelpunkt gerichtete Radialkraft die Lager der Kurbelwelle belastet.

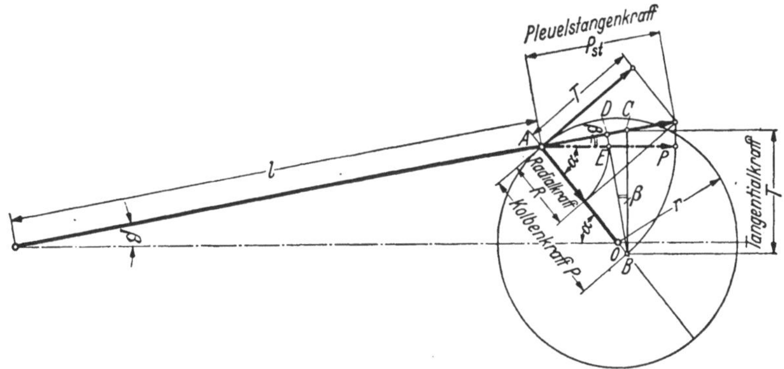

Abb. 41. Zeichnerische Ermittlung der Tangential- und Radialkraft.

Um die tangential wirkende Drehkraft für eine beliebige Kurbelstellung zu ermitteln, bedient man sich folgenden zeichnerischen Verfahrens (Abb. 41).

Die Drehkraft T erhält man zu:

$$T = P_{st} \cdot \sin (\alpha + \beta) \; [\text{kg}] \, . \tag{81}$$

Wird für P_{st} Gl. (80) eingesetzt, so ergibt sich die Drehkraft T in Abhängigkeit von der Kolbenkraft:

$$T = P \cdot \frac{\sin (\alpha + \beta)}{\cos \beta} \; [\text{kg}] \, . \tag{82}$$

Die Kolbenkraft wird aus dem Kolbenkraftdiagramm als Ordinate für die entsprechende Kolbenstellung entnommen und vom Kurbelzapfen aus gegen die Wellenmitte O zu aufgetragen. Eine im Endpunkt errichtete Senkrechte ergibt mit der verlängerten Schubstange im Schnittpunkt C die gesuchte Drehkraft T.

Beweis: Wird von Punkt B ein Lot auf die Schubstangenrichtung gefällt, dann hat diese Strecke (BD) die Größe $P \cdot \sin(\alpha + \beta)$.

Aus dem zweiten rechtwinkligen Dreieck findet man ohne weiteres T zu

$$P \cdot \frac{\sin (\alpha + \beta)}{\cos \beta} \, .$$

Ermittlung der Radialkraft. Ein ebenso einfaches zeichnerisches Verfahren läßt sich auch für die Ermittlung der Radialkraft angeben. Diese wird aus der Pleuelstangenkraft P_{st} errechnet zu:

$$R = P_{st} \cdot \cos(\alpha + \beta) \ [\text{kg}], \quad (83)$$

oder für P_{st} die Gl. (80) eingesetzt, wird die Radialkraft erhalten:

$$R = \frac{P \cdot \cos(\alpha + \beta)}{\cos \beta} \ [\text{kg}]. \quad (84)$$

Aus Abb. 41 ergibt sich R als die Strecke zwischen den Punkten A und E.

Beweis: $P \cos(\alpha + \beta)$ stellt die Strecke zwischen den Punkten A und D dar und die gesuchte Radialkraft R findet man mit der Verbindung von AE zu

$$R = P \cdot \frac{\cos(\alpha + \beta)}{\cos \beta}.$$

Die Tangential- und Radialkraft wird in erster Näherung auch erhalten, wenn man tg $\beta \approx$ sin $\beta = \lambda$ sin α setzt. Es ergibt sich daraus

$$T = P \cdot \left(\sin \alpha + \frac{\lambda}{2} \sin 2\alpha\right) [\text{kg}], \quad (85)$$

$$R = P \cdot (\cos \alpha - \lambda \sin^2\alpha) \ [\text{kg}]. \quad (86)$$

5.5 Ermittlung des Drehkraftdiagramms.

5.51 Gasdrehkraftlinie.

Die nach dem oben angegebenen Verfahren bestimmte Drehkraft T wird über dem zweimal abgewickelten Kurbelkreis jeweils im Punkt des zugehörigen Kurbelwinkels als Ordinate aufgetragen und die Endpunkte miteinander verbunden. Der so erhaltene Linienzug stellt die Drehkraft eines Zylinders während einer Arbeitsperiode dar.

5.52 Massendrehkraftlinie.

Aus dem über dem Kolbenweg gezeichneten Massenkraftdiagramm (Abb. 37) werden für die zugehörigen Kolbenstellungen die Ordinaten entnommen, nach dem

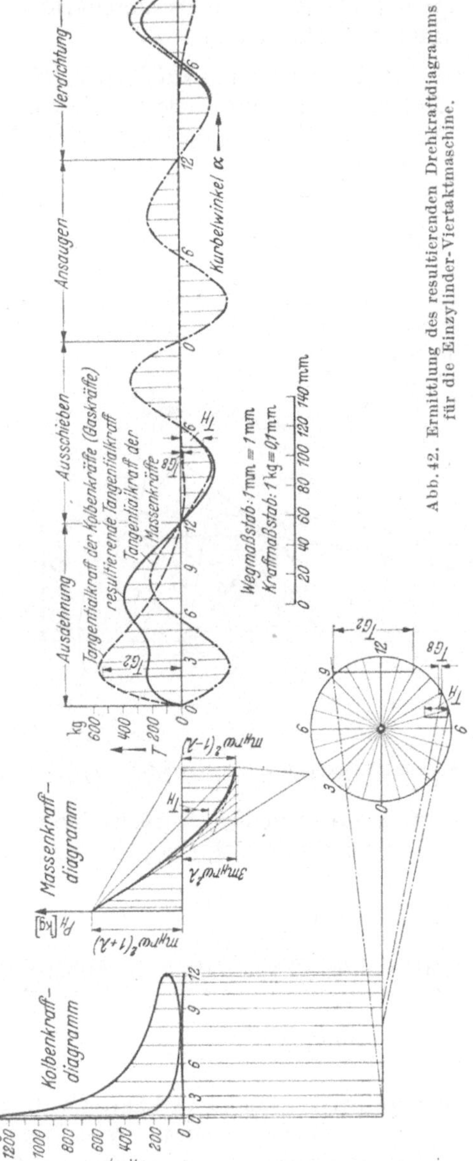

Abb. 42. Ermittlung des resultierenden Drehkraftdiagramms für die Einzylinder-Viertaktmaschine.

gezeigten Verfahren die Massen*drehk*raft bestimmt, letztere wieder über dem zweimal abgewickelten Kurbelkreis als Ordinate aufgetragen und die Endpunkte zur Massendrehkraftkurve verbunden (Abb. 42).

5.53 Resultierendes Drehkraftdiagramm.

Da die Gas- und Massenkräfte stets gleichzeitig wirksam sind, müssen die beiden Drehkraftlinien einander überlagert werden. Man konstruiert sie über der gleichen Grundlinie und addiert sie geometrisch. Die resultierende Drehkraft ergibt sich als der stark ausgezogene Linienzug in Abb. 42.

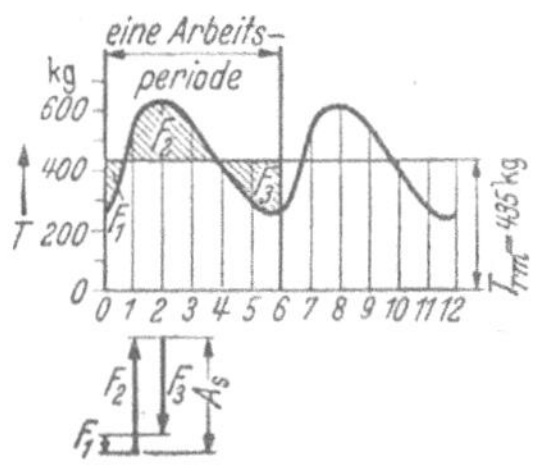

Abb. 43. Resultierendes Drehkraftdiagramm für eine Achtzylinder V-Maschine.

Die mittlere Drehkraft T_m wird erhalten, wenn die durch die resultierende Drehkraftlinie und Abszisse gebildete Fläche planimetriert und in ein flächengleiches Rechteck über der gleichen Grundlinie verwandelt wird. Seine Höhe ist T_m (s. Abb. 43 u. 47).

Das Drehkraftdiagramm ist neben dem Indikatordiagramm die wichtigste Kennlinie für eine Kolbenmaschine. Es bildet die Grundlage für die Berechnung der Gleichförmigkeit des Ganges, des Schwungrades und für die Ermittlung der erregenden Kräfte der in der Maschine auftretenden Drehschwingungen.

5.6 Aufzeichnung des Radialkraftdiagramms.

Die nach dem Verfahren S. 46 bestimmten Radialkräfte werden über dem zweimal abgewickelten Kurbelkreis als Ordinaten aufgetragen und zu einem Linienzug

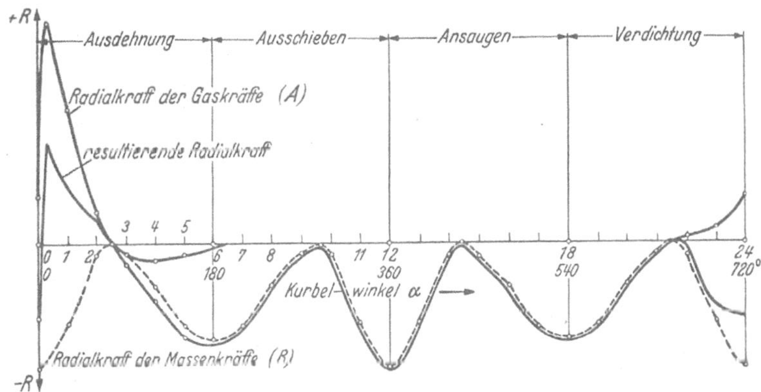

Abb. 44. Radialkraftdiagramm der Gaskräfte und der Massenkräfte P_H für die Einzylindermaschine. Radialkraft zum Lager hinwirkend $= +R$, Radialkraft vom Lager wegwirkend $= -R$. Zugrunde gelegt wurde das Kolbenkraftdiagramm Abb. 39.

verbunden. Abb. 44 zeigt in Linie A die von den Gaskräften herrührenden Radialkräfte, in Linie B diejenigen der Massenkräfte und endlich die Resultierende als die Zusammenwirkung beider Radialkräfte.

5.7 Drehkraftlinien für Mehrzylindermaschinen.

Bei schnellaufenden Verbrennungsmaschinen hat man fast regelmäßig gleiche Zylinder, Triebwerksteile und gleiche Drücke. Obwohl die Indikatordiagramme der einzelnen Zylinder in der laufenden Maschine meistens geringfügig voneinander abweichen, kann man bei Ermittlung des Mehrzylinder-Drehkraftdiagramms unbedenklich für die einzelnen Zylinder gleiche Drehkraftlinien zugrunde legen.

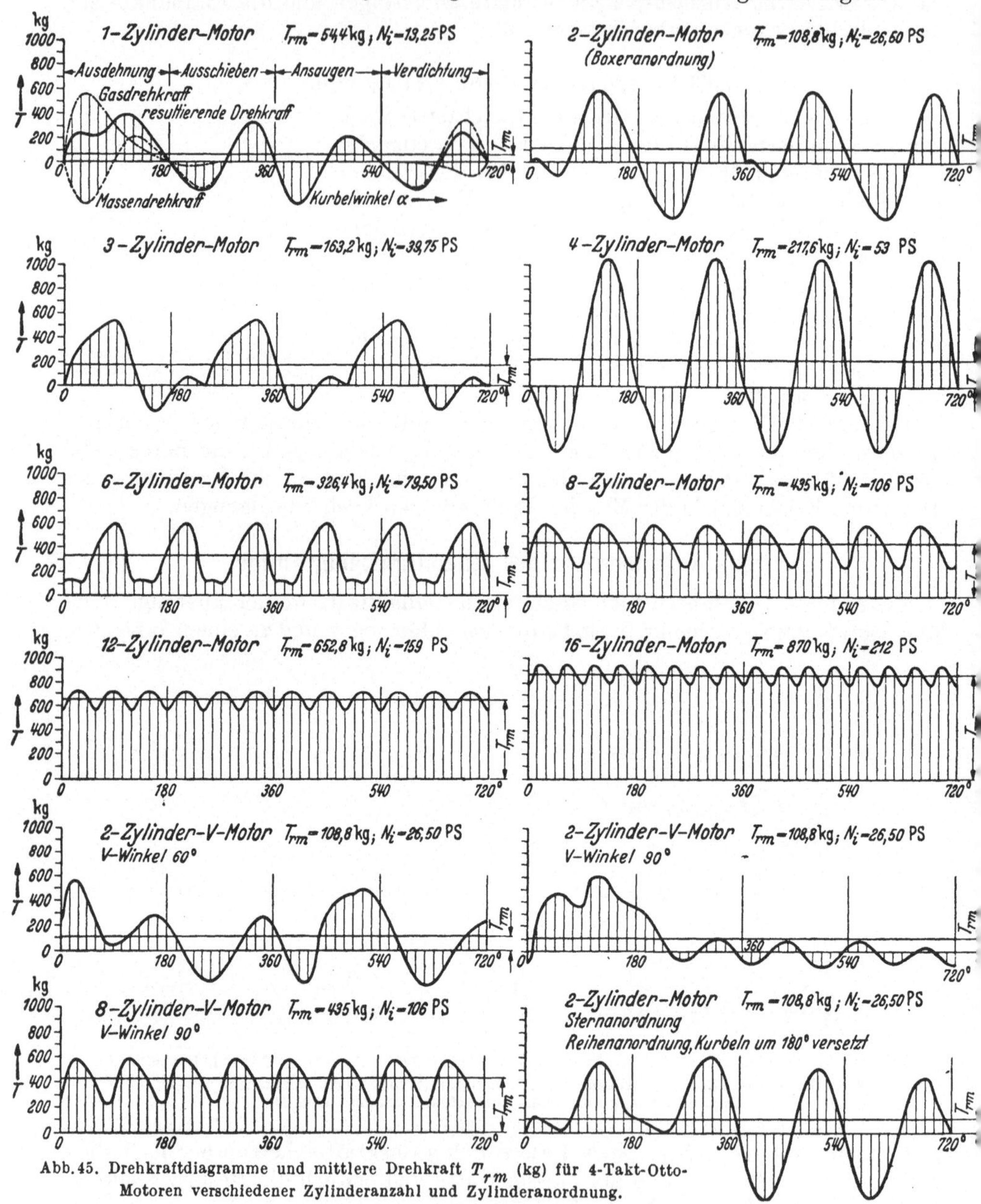

Abb. 45. Drehkraftdiagramme und mittlere Drehkraft T_{rm} (kg) für 4-Takt-Otto-Motoren verschiedener Zylinderanzahl und Zylinderanordnung.

Die Konstruktion des Mehrzylinder-Drehkraftdiagramms erfolgt nach folgender Vorschrift: Auf dem zweimal abgewickelten Kurbelkreis sind z. B. die oberen Totpunkte aller Zylinder entsprechend der jeweiligen Kurbelstellung festzulegen. Von diesen Punkten beginnend, wird die Einzylinderdrehkraftlinie ihrem Verlauf nach in das Diagramm eingezeichnet. Bei einer Achtzylindermaschine in V-Form z. B. liegen diese Punkte entsprechend der Kurbelversetzung und Zylinderanordnung bei 0°, 90°, 180°, 270°, 360° usw. (Abb. 43). Die zeichnerische Addition der acht Linienzüge ergibt das resultierende Drehkraftdiagramm für die Achtzylindermaschine. In Abb. 45 ist eine Anzahl von Drehkraftlinien für verschiedene Zylinderzahlen und Anordnungen zusammengestellt. Die Schwankungen der Drehkraftlinien werden mit wachsender Zylinderzahl immer kleiner, die mittlere Drehkraft T_m verhältnismäßig größer.

Das von T_m über dem Kurbelweg gebildete Rechteck stellt die mittlere indizierte Leistung der Maschine dar. Es läßt sich daher leicht folgende Kontrollrechnung durchführen:

a) Die mittlere Drehkraft wird aus dem Diagramm bestimmt.

b) Die mittlere Drehkraft wird aus der gegebenen Nutzleistung N_e und dem mechanischen Wirkungsgrad η_m nach folgender Gleichung errechnet:

$$M_d = \frac{71\,620 \cdot N_e}{\eta_m \cdot n} = T_m \cdot r \ [\text{cmkg}]. \tag{87}$$

c) Die beiden ermittelten T_m müssen gleich sein, oder dürfen sich nur um einen kleinen Fehlerbetrag voneinander unterscheiden, der durch die begrenzte zeichnerische Genauigkeit bedingt ist.

6. Untersuchung des Gleichganges der Maschine und Berechnung des Schwungrades.

Bezeichnungen.

A_s, A_r, Arbeitsüberschuß [kgcm].
A_P Arbeit [kgcm].
a Schwerpunktabstand [cm].
c Kolbengeschwindigkeit [cm/sec, m/sec].
E, E_0 Energie [kgcm].
F Fläche [cm²].
G Gewicht [kg].
g Erdbeschleunigung [cm/sec², m/sec²].
GD^2 Schwungmoment [kgcm²].
K Trägheitsradius [cm].
k_1, k_2, k_3 Maßstäbe.
l Pleuellänge [cm].
m_s, m_r Masse [kgsec²/cm].
n Umdrehungszahl [U/min].
P Kolbenkraft [kg].
r_I, r_{II}, r_{III}, r_{IV} Drehstrecken [kg].
s Kolbenweg [cm, m].
v Kurbelzapfengeschwindigkeit [m/sec].

v_m Kurbelzapfengeschwindigkeit, mittlere [m/sec].
v_{max} Kurbelzapfengeschwindigkeit, größte [m/sec].
v_{min} Kurbelzapfengeschwindigkeit, kleinste [m/sec].
W Widerstand [kg].
α Kurbelwinkel [°].
α_m, α_{max}, α_{min} Winkel im Massenwuchtdiagramm [°].
δ Ungleichförmigkeitsgrad
λ Pleuelverhältnis
Θ Trägheitsmoment [kgcmsec²].
ω_{max} Winkelgeschwindigkeit, größte [1/sec].
ω_{min} Winkelgeschwindigkeit, kleinste [1/sec].
ω Winkelgeschwindigkeit [1/sec].

6.1 Ungleichförmigkeitsgrad.

6.11 Begriff des Ungleichförmigkeitsgrades.

Schon aus dem Verlauf der Drehkraftlinie ersieht man, daß das Nutzdrehmoment während eines Arbeitsspieles keinen gleichmäßigen Verlauf haben kann, sondern je nach Anzahl und Anordnung der Zylinder Schwankungen unterworfen ist.

Setzt man nun voraus, daß die betrachtete Kolbenmaschine eine Arbeitsmaschine antreibt, bei welcher ein konstanter Widerstand überwunden werden muß, so ist das Arbeitsdiagramm dieses Widerstandes (Drehkraftdiagramm der

Arbeitsmaschine) ein Rechteck. Befinden sich die Maschinen im Beharrungszustand, müssen beide Rechtecke — mittleres Drehkraftdiagramm der Kraftmaschine und Diagramm des konstanten Widerstandes — gleich sein.

Die Schwankungen der Drehkraftlinie während einer Umdrehung wirken sich in der Weise aus, daß bei einem Überschuß an Drehkraft über den konstanten Widerstand eine Beschleunigung des Triebwerks eintritt und umgekehrt. In den meisten Fällen wird die von der Kolbenmaschine angetriebene Arbeitsmaschine einen nicht konstanten Antriebswiderstand aufweisen. Jedenfalls wird aber während einer Umdrehung in einer gewissen Periode das Arbeitsvermögen der Zylinder den Arbeitsbedarf aufwiegen bzw. übersteigen, und in einer anderen Periode ein Unterschuß an Arbeitsvermögen vorhanden sein. Dieser Vorgang wiederholt sich während jeder Arbeitsperiode. Die Überschußarbeit wird zur Beschleunigung des Triebwerks benutzt, das während des Unterschusses an Drehkraft durch Verzögerung wieder Arbeit abgibt.

Die Geschwindigkeit des Kurbelzapfens schwankt also zwischen einem Höchstwert v_{max} und einem Mindestwert v_{min}. In Abschnitt 4 wurde bei Berechnung der Kolbengeschwindigkeit die Kurbelzapfengeschwindigkeit (v_m) als unveränderlich vorausgesetzt. Diese mittlere Kurbelgeschwindigkeit tritt an irgendeiner Stelle zwischen v_{max} und v_{min} auf und errechnet sich aus beiden *angenähert* zu:

$$v_m = \frac{v_{max} + v_{min}}{2} \; [\text{m/sec}] . \tag{88}$$

Man kennzeichnet die Schwankungen der Kurbelzapfengeschwindigkeit durch den Ungleichförmigkeitsgrad δ, der wie folgt definiert wird:

$$\delta = \frac{\text{auftretende Geschwindigkeitsschwankung}}{\text{mittlere Kurbelzapfengeschwindigkeit}}$$

oder als Formel angeschrieben:

$$\delta = \frac{v_{max} - v_{min}}{v_m} . \tag{89}$$

Wird für $v = r \cdot \omega$ eingesetzt, so ergibt sich für δ auch:

$$\delta = \frac{\omega_{max} - \omega_{min}}{\omega_m} . \tag{90}$$

Man soll allgemein anstreben, den Ungleichförmigkeitsgrad möglichst klein zu machen, denn das Ziel ist ja eine vollkommen gleichförmige Drehung der Welle, also $\delta = 0$. In der Praxis werden heute an die Gleichförmigkeit des Ganges (Gleichgang) ziemlich hohe Ansprüche gestellt, besonders beim Antrieb von elektrischen Stromerzeugern. Es folgen nun einige Werte für den Ungleichförmigkeitsgrad bei Arbeits- und Kraftmaschinen.

	$\delta =$
Maschinen zum Antrieb von Pumpen	1/20 —1/30
Werkstätten-Transmissionsantriebe	1/40 —1/50
Spinnereimaschinen je nach Garnnummer	1/60 —1/100
Gleichstromerzeuger	1/100—1/200
Wechselstromerzeuger (Synchrongeneratoren)	1/300
Fahrzeugmotoren, übliche Werte von	1/180—1/300
Flugmotoren ungefähr	1/1000
(wegen des großen Trägheitsmomentes der Luftschraube)	

Durch die Bemessung des Schwungrades kann man die Größe des Ungleichförmigkeitsgrades in entsprechenden Grenzen halten, wobei man aber einerseits dem Gleichgang der Maschine, andererseits den oft beengten Raum- und Gewichtsverhältnissen gerecht werden muß. Besonders bei Fahrzeugmotoren darf man in dieser Hinsicht keine übertriebenen Forderungen stellen, da sonst das Schwungrad zu schwer und das *Beschleunigungsvermögen des Fahrzeuges wegen des großen Trägheitswiderstandes* der umlaufenden Massen herabgesetzt wird[1].

6.12 Der Einfluß der Schwungmassen auf den Ungleichförmigkeitsgrad.

Um eine gegebene Schwungmasse, welche in einem bestimmten Augenblick die Umfangsgeschwindigkeit v_{min} besitzen soll, auf die maximale Geschwindigkeit v_{max} zu bringen, ist es notwendig, mechanische Arbeit zuzuführen.

Diese errechnet sich aus der kinetischen Energie des Schwungrades zu den beiden betrachteten Zeitpunkten. Die Differenz der kinetischen Energie ist der Arbeitsüber- und -unterschuß:

$$A_s = \frac{m_s \cdot v_{max}^2}{2} - \frac{m_s \cdot v_{min}^2}{2} = \frac{m_s}{2} \cdot (v_{max}^2 - v_{min}^2) = \frac{m_s}{2} \cdot (v_{max} + v_{min}) \cdot (v_{max} - v_{min}). \quad (91)$$

$m_s =$ Masse des Schwungrades   (Ersatzmasse im Kurbelzapfen).

Setzt man für $\dfrac{v_{max} + v_{min}}{2} = v_m$ ein, so erhält man die Grundgleichung für die Berechnung des Schwungrades.

$$A_s = m_s \cdot v_m \cdot \frac{(v_{max} - v_{min})}{v_m} \cdot v_m .$$

$$A_s = m_s \cdot v_m^2 \cdot \delta = \Theta \cdot \omega^2 \cdot \delta \,[\text{cmkg}], \quad (92)$$

wobei Θ das Trägheitsmoment der Schwungscheibe ist. Gl. (92) kennzeichnet den Einfluß der Schwungmasse auf den Ungleichförmigkeitsgrad, wenn der Arbeitsüber- oder -unterschuß A_s bekannt ist.

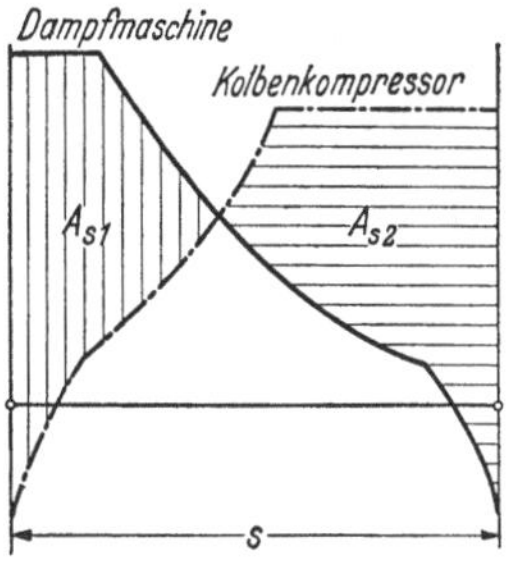

6.2 Ermittlung des Arbeitsüberschusses A_s.

Soll auf Grund der Gl. (92) die Größe des Schwungrades bestimmt werden, muß zunächst der Arbeitsüberschuß A_s für die gegebene Maschine festgestellt werden. Seine Ermittlung erfolgt meistens mit Hilfe des Drehkraftdiagramms, doch kann A_s bei besonders gegebenen Verhältnissen auch direkt aus dem Kolbenkraftdiagramm erhalten werden. Voraussetzung hierfür ist, daß sich alle Kräfte und Widerstände vor dem Kurbeltrieb ausgleichen, wie z. B. bei Pumpen und Gebläsen mit Kraft- und Arbeitskolben auf der gleichen Kolbenstange. Das Kolbenkraftdiagramm des kraftabgebenden Zylinders und des Arbeitszylinders wird in diesem Fall über demselben Kolbenweg als Grundlinie aufgetragen (Abb. 46). Die für die Bemessung des Schwungrades in Betracht kommenden Arbeitsüberschüsse A_s ergeben sich aus den vereinigten Kolbenkraftdiagrammen.

In Abb. 47 ist das Drehkraftdiagramm für eine Viertakt-Kolbenmaschine während eines Arbeitsspiels gezeichnet. Die oberhalb der Linie des mittleren Tangentialdruckes liegenden schraffierten Flächen F_2 bis F_8 stellen die dem Schwungrad zugeführte Arbeit, die unterhalb liegenden Flächen die entzogene Arbeit dar. Wer-

Abb. 46. Arbeitsüberschußdiagramm bei Arbeitsmaschinen, die von der Kolbenstange der Kraftmaschine angetrieben werden. Arbeitsüberschuß A_{s_1}: vom Dampfzylinder an das Schwungrad abgegebene Überschußarbeit. Arbeitsüberschuß A_{s_2}; vom Schwungrad zur Verfügung zu stellende Arbeit.

---

[1] Diese Tatsache ist jedoch nur bei Ein- bzw. Zweizylinder-Fahrzeugmotoren zu beachten, da bei Mehrzylindermaschinen die umlaufenden Triebwerksteile bereits eine so stark ausgleichende Wirkung ausüben, daß ein Schwungrad im Rahmen des geforderten Ungleichförmigkeitsgrades durch die mitlaufenden Teile der Kupplung allein gegeben ist.

den die einzelnen Flächen F_1 bis F_9 planimetriert und entsprechend ihrem Vorzeichen von der T_m-Linie nach oben bzw. nach unten als Strecken in mkg aufgetragen, so ergibt sich A_s aus dem größten Unterschied der positiven und negativen Summe.

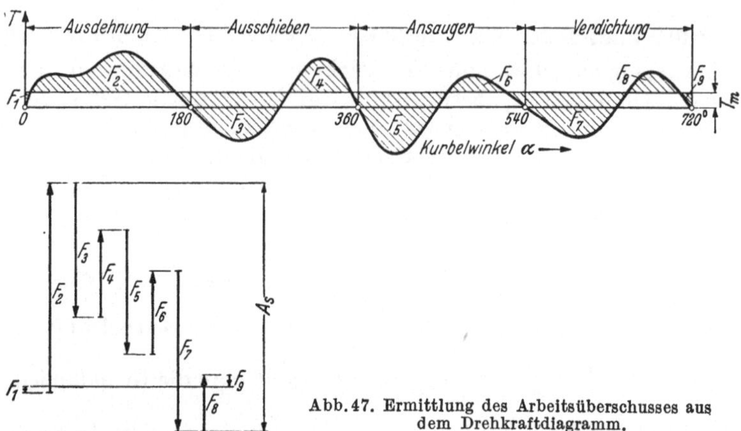

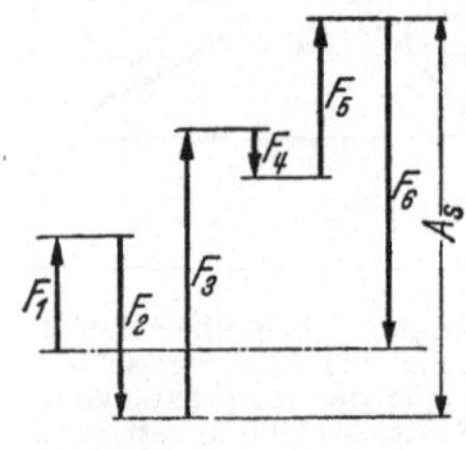

Abb. 47. Ermittlung des Arbeitsüberschusses aus dem Drehkraftdiagramm.

Die Geschwindigkeit der Schwungmasse schwankt nun zwischen einem größten Wert v_{max} und einem kleinsten Wert v_{min}, wobei die Schwankung zwischen diesen äußersten Grenzen keineswegs jedesmal nach einer bestimmten Gesetzmäßigkeit verlaufen muß. In Abb. 48 wird ein solcher Fall gezeigt. Die Strecken F_1, F_3, F_5 bedeuten Arbeitsaufnahme seitens des Schwungrades, die Strecken F_2, F_4, F_6 Arbeitsabgabe. Die Geschwindigkeit steigt oder fällt nach der Größe der aufgetragenen Strecken. Mithin ergibt sich die größte Geschwindigkeitsschwankung als Resultierende zwischen den beiden äußersten Punkten und stellt auch gleichzeitig die Arbeitsüberschußfläche dar, nach welcher die Größe des Schwungrades zu berechnen ist.

Abb. 48. Ermittlung des Arbeitsüberschusses.

6.3 Bestimmung der Schwungradgröße aus dem Drehkraftdiagramm.

Ist der Arbeitsüberschuß errechnet, kann nach Gl. (92) die Masse oder das Trägheitsmoment der Schwungscheibe ermittelt werden.

Voraussetzung ist, daß hierbei ein bestimmter Ungleichförmigkeitsgrad δ vorgeschrieben oder angenommen wird.

$$A_s = \Theta \cdot \omega^2 \cdot \delta; \qquad \Theta = \frac{G_s}{g} \cdot i^2 \;[\text{cmkgsec}^2],$$

$$G_s = \frac{A_s \cdot g}{\omega^2 \cdot \delta \cdot i^2} \;[\text{kg}]. \tag{93}$$

$i = $ Trägheitsradius.

Wird für i^2 der Trägheitsdurchmesser D gesetzt, ergibt sich das in der Elektrotechnik häufig gebrauchte Schwungmoment:

$$GD^2 = \Theta \cdot 4\,g$$

$$= \frac{A_s}{\omega^2 \cdot \delta} \cdot 4\,g \;[\text{kgcm}^2]. \tag{94}$$

In der Praxis wird beim Rechnen mit dem Schwungmoment $G \cdot D^2$ oftmals der Fehler gemacht, daß für D der Durchmesser des Schwungrades eingesetzt wird. Man erhält dann ein Schwungmoment, das unter Umständen vom tatsächlich erforderlichen Wert um einen ansehnlichen Betrag verschieden ist. Am zweckmäßigsten ist es daher, das Schwungmoment überhaupt zu vermeiden. Für die Bemessung der Schwungscheibe sei als Rechnungsgrundlage immer das Trägheitsmoment Θ maßgebend. Diesen Wert muß man ohnedies erst kennen, wenn das Schwungmoment berechnet werden soll.

Gewicht des Schwungrades. Bei überschlägigen Rechnungen kann man für den Trägheitsdurchmesser D annähernd den mittleren Durchmesser des Schwungradkranzes einsetzen. Man erhält dann:

$$A_s = \Theta \cdot \omega^2 \cdot \delta = \frac{G}{g} \cdot \left(\frac{D}{2}\right)^2 \cdot \left(\frac{\pi\, n}{30}\right)^2 \cdot \delta \; [\text{cmkg}].$$

Wird π^2 gegen g gekürzt, ergibt sich:

$$G = \frac{3600\, A_s}{D^2 \cdot n^2 \cdot \delta} \; [\text{kg}]. \tag{95}$$

Von diesem Gewicht rechnet man näherungsweise bei Schwungrädern mit Armkonstruktion für den Kranz etwa $0,95\, G$, bei gedrungenen Rädern $0,9\, G$.

Der Durchmesser des Schwungrades wird durch die Umfangsgeschwindigkeit des Schwungkranzes und der damit auftretenden Beanspruchung des Werkstoffes begrenzt. Bei stationären Maschinen werden für Gußeisen $30 \cdots 40$ m/sec angegeben. Bei Stahlgußrädern sind $100 \cdots 150$ m/sec erreichbar.

6.4 Berechnung des Schwungrades ohne Zeichnen von Diagrammen.

Um die immerhin zeitraubende Ermittlung des Drehkraftdiagramms zu umgehen, wurde eine ganze Anzahl von Faustformeln und Näherungsrechnungen (z. B. GÜLDNER) für die Berechnung der Schwungradgröße entwickelt. Diese Formeln haben einen sehr eingeschränkten Geltungsbereich und können meistens nur für eine besondere Maschinengattung angewandt werden. Bei der genauen Durchrechnung einer Kolbenkraftmaschine empfiehlt es sich stets, auf eines der hier besprochenen Verfahren zurückzugreifen.

6.5 Berechnung des Schwungrades nach dem Verfahren von WITTENBAUER.

6.51 Zweck und Vorzüge des Verfahrens.

Das Verfahren zur Ermittlung der Schwungradgröße aus dem Arbeitsüberschuß mit Hilfe des Drehkraftdiagramms hat den Nachteil, daß man bei Bestimmung der Massenkräfte stillschweigend von einer gleichförmigen Umfangsgeschwindigkeit des Kurbelzapfens und damit einer gleichförmigen Winke'geschwindigkeit für eine bestimmte Drehzahl ausgeht. Wie oben bereits dargelegt wurde, schwankt aber ω in bestimmten Grenzen und damit müssen sich auch die Massendrücke in diesen Grenzen ändern, da sie ja von ω abhängen. So entspricht z. B. einer 2%ig. Änderung der Winkelgeschwindigkeit eine 4%ige Änderung der Massendrücke vom errechneten Wert. Das oben gezeigte Verfahren ist also mit diesen Fehlern behaftet.

Eine streng wissenschaftliche Lösung im Sinne der Dynamik ist nur durch das Verfahren von WITTENBAUER möglich. Hierbei werden auch die tatsächlichen Schwankungen der Massendrücke innerhalb einer Arbeitsperiode berücksichtigt.

Vom dynamischen Standpunkt aus gesehen, stellt der Kurbeltrieb einer Kolbenmaschine ein System mit einem Freiheitsgrad dar, dessen Anfangsbewegung und Anfangsenergie zu einem gewissen Zeitpunkt bekannt ist und dessen weitere Bewegung bzw. Energie durch die in den einzelnen Triebwerksteilen vorhandenen Kräfte bestimmt wird. Das System hat deshalb nur *einen* Freiheitsgrad, weil die Veränderung einer einzigen Größe, z.B. des Kurbelwinkels genügt, um alle zugehörigen Stellungen der Getriebeteile eindeutig festzulegen.

Dem Verfahren von WITTENBAUER ist die Anwendung der Energiegleichung zugrunde gelegt.

Diese besagt: ,,Die zu einem bestimmten Zeitpunkt in den Getriebeteilen vorhandene kinetische Energie ist gleich der kinetischen Energie in einem bestimmten späteren Zeitpunkt, vermindert um die Überschußarbeit der Gaskräfte über die Widerstände".

$$E - E_0 = \frac{m_r \cdot v^2}{2} - \frac{m_{r0} \cdot v_0^2}{2} = \int (P - W) \cdot ds = A_s = \frac{G_r}{2g} \cdot v^2 - \frac{G_{r0}}{2g} \cdot v_0^2 \quad (96)$$

Um mit Gl. (96) arbeiten zu können, ist der Arbeitsüberschuß und die kinetische Energie des Triebwerks zu berechnen.

Reduktion der umlaufenden Triebwerksteile.

a) Kurbelwelle. Das auf den Kurbelzapfen reduzierte Gewicht $G_{KW red}$ der Kurbelwelle errechnet sich zu:

$$G_{KW\,red} = \frac{\Theta_{KW} \cdot g}{r^2} \; [\text{kg}] \quad \text{wenn} \quad \Theta_{KW} = m_{KW\,red} \cdot r^2 = \frac{G_{KW\,red}}{g} \cdot r^2 \; [\text{kg}] .$$

Θ_{KW} kann zeichnerisch oder durch Versuch bestimmt werden.

b) Schwungrad. Wenn Θ_{SR} das Massenträgheitsmoment und G_{SR} das Gewicht des Schwungrades ist, so wird das reduzierte Gewicht erhalten zu:

$$G_{SR\,red} = \frac{\Theta_{SR}}{r^2} \cdot g \; [\text{kg}] = \frac{G_{SR} \cdot k^2}{r^2} \quad \text{mit} \quad \Theta_{SR} = \frac{G_{SR}}{g} \cdot k^2 \; [\text{kg}] .$$

c) Pleuelstange, umlaufender Anteil. Eine korrekte Aufteilung der Pleuelstangenmasse ist nur bei Annahme eines Drei-Ersatzpunkt-Systems möglich. Wie das in Abschnitt 3.43 angeführte Zahlenbeispiel zeigt, bleibt die Masse m_3 im 3. Ersatzpunkt (Schwerpunkt) unter 4% der Schubstangenmasse. Wird diese Masse m_3 im Verhältnis der Schwerpunktabstände auf Kolbenbolzen und Kurbelzapfen aufgeteilt — was der Rückführung auf ein Zwei-Ersatzpunkt-System entspricht —, so liegt der begangene Fehler unterhalb der Zeichengenauigkeit. Nach Abschnitt 2.31, 3.42 und Abb. 19 ist:

$$\Theta_{B\,Schubst} \qquad = \qquad \Theta_{S\,Schubst} \qquad + \qquad m_{S\,Schubst} \cdot a^2 \qquad = \qquad m_{A\,Schubst} \cdot l^2$$

<table>
<tr><td>Trägheitsmoment
um Kolbenbolzenachse</td><td>Trägheitsmoment
um Schwerachse</td><td>Pleuelmasse
im Schwerpunkt</td><td>Pleuelmasse
im Kurbelzapfen .</td></tr>
</table>

Daraus der umlaufende Pleuelanteil im Kurbelzapfen, (Ersatzmasse m_2):

$$G_{A\,Schubst} = \frac{\Theta_{B\,Schubst}}{l^2} \cdot g \; [\text{kg}] . \tag{97}$$

Gewicht der Ersatzmasse m_1 im Kolbenbolzen:

$$G_{B\,Schubst} = G_{Schubst} - G_{A\,Schubst} \; [\text{kg}]. \tag{98}$$

d) Reduzierte Gewichte aller umlaufenden Anteile:

$$G_{A\,red} = G_{KW\,red} + G_{SR\,red} + G_{A\,Schubst} \; [\text{kg}] .$$

Reduktion der Gewichte aller hin und her gehenden Teile (bei Mehrzylindermaschinen mit $i = $ Zylinderzahl zu multiplizieren).

Aus der Energiegleichung ist:

$$G_{B\,red} = (G_B + G_{B\,Schubst}) \cdot \frac{c^2}{v^2} = (G_B + G_{B\,Schubst})\,(\sin\alpha \pm \frac{\lambda}{2}\sin 2\alpha)^2 \ [kg]. \qquad (99)$$

↓   ↓
Kolben   osz. Teil
+Bolzen   d. Schubst.

Wird $\left(\dfrac{c}{v}\right)^2$ in einer Fourier-Reihe entwickelt, so erhält man:

$$\left(\frac{c}{v}\right)^2 = \frac{1}{2} + \frac{\lambda^2}{8} + \frac{\lambda}{2}\cos\alpha - \frac{1}{2}\cos 2\alpha - \frac{\lambda}{2}\cos 3\alpha - \frac{\lambda^2}{8}\cos 4\alpha \ldots.$$

dies eingesetzt ergibt:

$$G_{B\,red} = (G_B + G_{B\,Schubst}) \cdot \left(\frac{1}{2} + \frac{\lambda^2}{8}\right) + $$
$$+ (G_B + G_{B\,Schubst}) \cdot \left(\frac{\lambda}{2}\cos\alpha - \frac{1}{2}\cos 2\alpha - \frac{\lambda}{2}\cos 3\alpha - \frac{\lambda^2}{8}\cos 4\alpha\right). \qquad (100)$$

Das im Kurbelzapfen angebrachte reduzierte Gewicht *aller* Triebwerksteile setzt sich zusammen aus:

    a) dem konstanten Anteil $G_{A\,red}$

    b) dem konstanten Anteil $(G_B + G_{B\,Schubst}) \cdot \left(\frac{1}{2} + \frac{\lambda^2}{8}\right)$

    c) dem periodisch veränderlichen Anteil: $(G_B + G_{B\,Schubst}) \cdot$

$$\left(\frac{\lambda}{2}\cos\alpha - \frac{1}{2}\cos 2\alpha - \frac{\lambda}{2}\cos 3\alpha - \frac{\lambda^2}{8}\cos 4\alpha\right).$$

Sollen die Gesetzmäßigkeiten eines periodisch sich ändernden Linienzuges aufgedeckt werden, so zerlegt man ihn in eine Anzahl Sinus- und Cosinuslinien: diese Auflösung wird harmonische Analyse genannt.

Gleichung (100) für $G_{B\,red}$ ist die harmonische Analyse jenes Linienzuges, dem die schwankende Ersatzmasse im Kurbelzapfen ihrer Größe nach während einer Umdrehung folgt.

6.52 Diagramm der reduzierten Gewichte aller Triebwerksteile.

Beim Aufzeichnen des Diagramms (Abb. 49) werden vom Nullpunkt aus auf der Abszisse die Gewichte $G_{A\,red}$ für die umlaufenden Teile und der konstante Anteil von $G_{B\,red}$ aufgetragen (Punkt D).

Wird Gleichung (100) beim 4. Glied abgebrochen, so kann man sich die Cosinuslinien aus den vier Drehstrecken:

$$\left.\begin{aligned} r_I &= + (G_B + G_{B\,Schubst})\,\frac{\lambda}{2} \\[2mm] r_{II} &= - (G_B + G_{B\,Schubst}) \cdot \frac{1}{2} \\[2mm] r_{III} &= - (G_B + G_{B\,Schubst}) \cdot \frac{\lambda}{2} \\[2mm] r_{IV} &= - (G_B + G_{B\,Schubst}) \cdot \frac{\lambda^2}{8} \end{aligned}\right\} \qquad (101)$$

entstanden denken, die vom gleichen Nullpunkt D aus mit α, 2α, 3α, 4α, umlaufen. Beim Auftragen sind die Plus- und Minuszeichen zu beachten.

Die Cosinuslinien sind geometrisch zu addieren und ergeben — von der Koordinatenachse aus betrachtet — den zeitlichen Verlauf der auf den Kurbelzapfen reduzierten Triebwerksgewichte.

Die Vorzüge dieses Verfahrens treten erst bei Mehrzylindermaschinen in Erscheinung, weil sich hier infolge der Kurbelversetzung und der damit verbundenen Phasenverschiebung die Mehrzahl der Drehstrecken zu Null ergänzen.

So bleiben z. B. bei der Vierzylindermaschine zwei, bei der Sechs- und Achtzylindermaschine je eine Drehstrecke übrig.

Die kinetische Energie des Triebwerks für eine beliebige Kurbelstellung ist:

$$E_\alpha = \frac{m_{red} \cdot v^2}{2} = \frac{v^2}{2g} \cdot (G_{A\,red} + G_{B\,red})\ [\text{kgcm}].\quad (102)$$

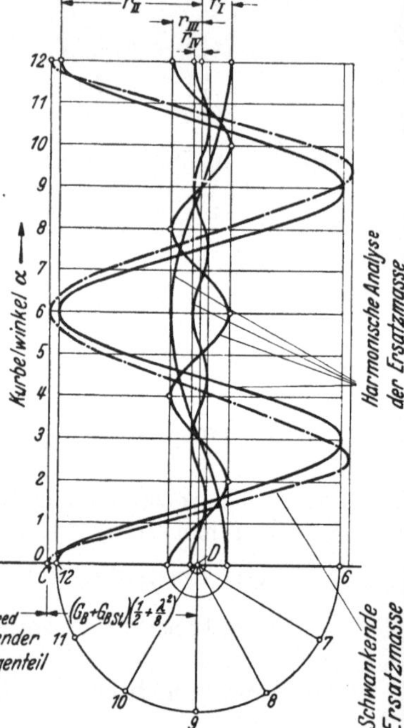

Abb. 49. Diagramm der reduzierten Gewichte über eine Kurbelumdrehung.

6.53 Bestimmung des Arbeitsüberschusses aus dem Arbeitsdiagramm.

In Gleichung (96) wurde die kinetische Energie des Triebwerks für zwei zeitlich auseinanderliegende Punkte errechnet.

Die Differenz der beiden Energiebeträge ist der Arbeitsüber- oder -unterschuß:

$$A_s = \int (P - W)\, d_s \qquad \begin{aligned} P &= \text{Gaskraft} \\ W &= \text{vom Triebwerk zu überwindender Widerstand.} \end{aligned}$$

Die Bestimmung des Arbeitsüberschusses an Hand des Arbeitsdiagramms erfolgt durch graphische Integration der Kolben- und Widerstandskräfte über dem Kurbelweg.

In jeder Kolbenmaschine ändert sich die treibende Kraft nach dem im Kolbenkraftdiagramm festgelegten Gesetz. Ist diese Kraft P zu einem bestimmten Zeitpunkt größer als W, so vergrößert die Differenz $P - W$ die kinetische Energie des Triebwerks, überwiegt jedoch der Widerstand, wird Arbeit nach außen abgegeben. Es findet also ein fortwährendes Wechselspiel statt, dessen Durchsichtigkeit deshalb verhältnismäßig schwierig ist, weil die in Betracht kommenden Größen, — Kraft und reduzierte Masse — gleichzeitig veränderlich sind.

Die meisten Arbeitsmaschinen weisen im Beharrungszustand ein konstantes Drehmoment und damit konstanten Widerstand auf; es kann aber auch ohne Schwierigkeit bei der Ermittlung des Arbeitsüberschusses ein periodisch veränderlicher Widerstand berücksichtigt werden, wenn das Gesetz seiner zeitlichen Änderung bekannt ist.

Wird der Widerstand W als konstant angenommen, dann ist die Arbeit der Gaskräfte:

$$dA_P = P \cdot ds \quad \text{(a)} \qquad \text{oder} \qquad P = \frac{dA_P}{ds} = \operatorname{tg} \alpha \quad \text{(b)}$$

mit A_P als Ordinate und dem Kolbenweg s als Abszisse.

Die graphische Integration — Zeichnen der A_P-Linie — wird folgendermaßen durchgeführt:

Man zerlegt das Indikatordiagramm in eine Anzahl gleich breiter Streifen 1, 2, ... Die Kolbenkraft innerhalb eines solchen Streifens kann als unveränderlich angenommen werden, wenn die Zahl der Teile entsprechend groß gewählt wird.

Gleichung (a) läßt sich auch schreiben:

$$\frac{P}{\text{„1“}} = \frac{dA_P}{ds} \; ;$$

oder $\quad \dfrac{P \cdot k_1}{\text{„1“}} = \dfrac{k_2 \cdot dA_P}{k_3 \cdot ds} = \operatorname{tg} \alpha \; (103)$

wenn als Maßstäbe für

die Kraft P: k_1 mm $= 1$ kg
die Arbeit A_P: k_2 mm $= 1$ mkg
den Weg s: k_3 mm $= 1$ m
die Einheitsstrecke: „1“

angenommen werden.

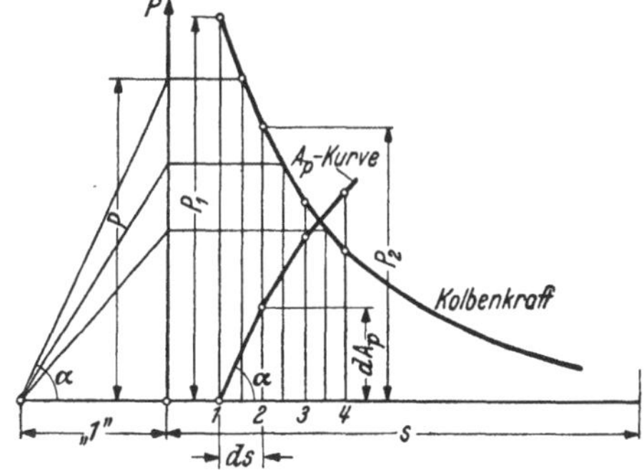

Abb. 50. Konstruktion der A_p-Kurve aus der Kolbenkraftlinie.

Die Einheitsstrecke „1“ stellt die gleichbleibende Kathete aller rechtwinkeligen Dreiecke dar, als deren andere Kathete die veränderlichen Kolbenkräfte P aufgetragen werden. Zieht man zu den Hypothenusen dieser Dreiecke Parallele über den einzelnen Wegstrecken 1···2, 2···3, so ergibt die Aneinanderreihung dieser Tangentenstücke die gesuchte A_P-Linie (Abb. 50). Abb. 51 zeigt das Arbeitsdiagramm für eine Einzylinder-Viertaktmaschine über dem Kolbenweg.

Arbeitsdiagramm über dem Kurbelweg.

Die Umzeichnung des Arbeitsdiagramms über dem Kurbelweg bietet den Vorteil, daß die Linie des als unveränderlich angenommenen Widerstandes W als schräg ansteigende Gerade eingetragen werden kann, die Anfangs- und Endpunkte der A_P-Linie verbindet (Abb. 52).

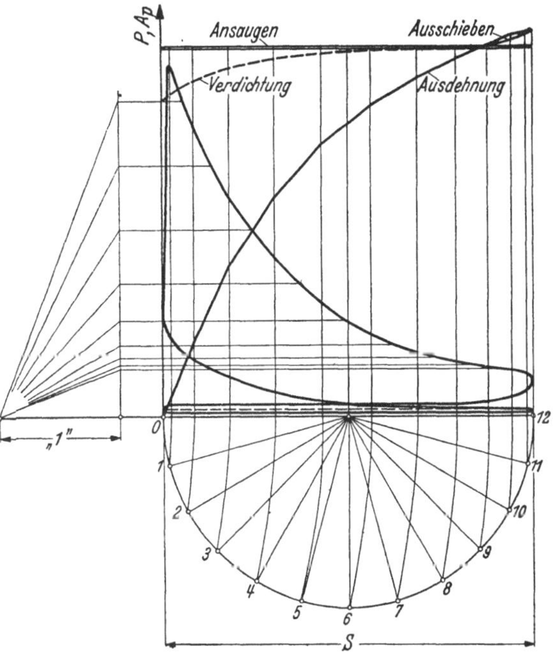

Abb. 51. Ermittlung des Arbeitsdiagramms für eine Viertakt-Maschine.

Die Arbeit des Widerstandes ist:

$$A_W = W \cdot \text{Kurbelzapfenweg.}$$

Die Endpunkte von Widerstands- und A_P-Linie müssen — den Beharrungszustand der Maschine vorausgesetzt — zusammenfallen; die Arbeitsbilanz wird mithin nach jeder Arbeitsperiode Null.

Kontrollrechnung:

Stellt man die Größe der Ordinate 48 am Ende der Arbeitsperiode mit Hilfe des gewählten Arbeitsmaßstabes zahlenmäßig fest, so muß folgende Gleichung erfüllt sein:

$$A_{P\,48} = F \cdot S \cdot p_{mi} \; [\text{kgcm}].$$

Vermindert man die Ordinaten der A_P-Linie um jene der Widerstandslinie, so

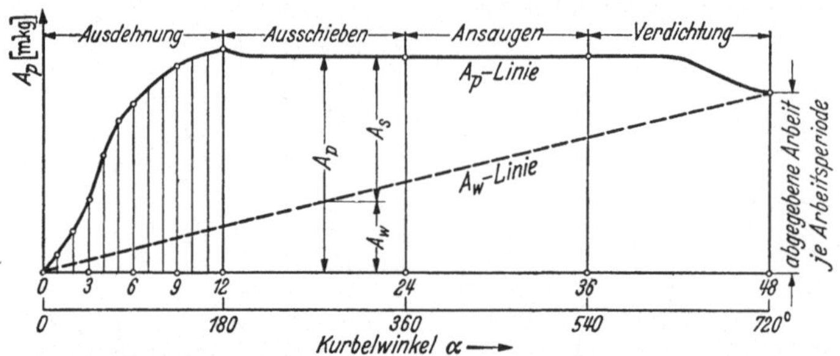

Abb. 52. Arbeitsdiagramm, über dem Kurbelweg dargestellt.

werden die Ordinaten der A_s- oder Arbeitsüberschußlinie erhalten, da ja der Arbeitsüberschuß zu:

$$A_s = \int (P - W) \cdot ds \tag{104}$$

bestimmt wurde.

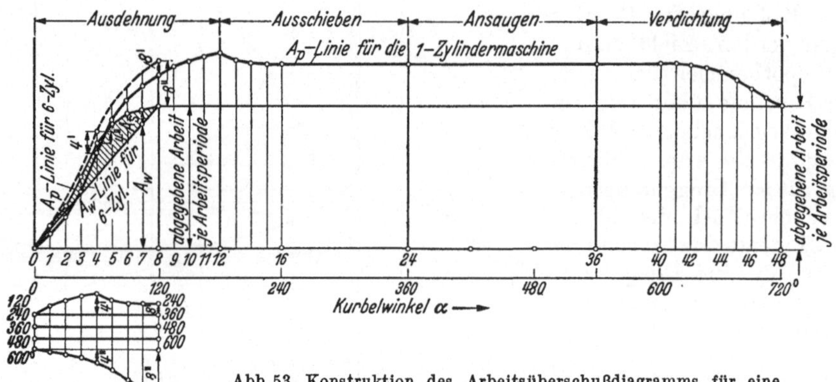

Abb. 53. Konstruktion des Arbeitsüberschußdiagramms für eine Sechszylinder-Reihenmaschine.

Arbeitsdiagramm für Mehrzylindermaschinen.

Bei gleichen Zylinderabmessungen ist das Arbeitsdiagramm für alle Zylinder das gleiche. Arbeit wird dem Triebwerk nur während des Arbeitshubes zugeführt, die A_P-Linie hat steigende Tendenz; wird Arbeit weder zu- noch abgeführt, so ändert sich die kinetische Energie des Triebwerks nicht, die A_P-Linie verläuft parallel zur Abszissenachse (Ansaugen, Ausschieben). Sinngemäß muß bei Arbeitsabgabe der A_P-Wert kleiner werden (Verdichtungshub).

Als Beispiel sei das Arbeitsdiagramm der Sechszylinder-Reihenmaschine wiedergegeben.

Die Zündabstände sind 120°, d.h. die Maschine durchläuft über diesem Kurbelweg eine vollständige Arbeitsperiode. Das Arbeitsdiagramm für Zylinder 1 erscheint über dem Weg 1···8. Die Ordinaten sind geometrisch zu addieren, z.B. für

Punkt 4: $+4'$, $-4''$, für Punkt 8: $+8'$, $-8''$ und die A_W-Linie einzuzeichnen. Die schraffierte Fläche ergibt das A_s-Diagramm.

Nach dem angeführten Schema kann das Arbeitsüberschußdiagramm für sämtliche Zylinderzahlen und Anordnungen ermittelt werden, wenn beachtet wird, daß die A_P-Linie der Einzylindermaschine, verlaufend über eine (2-Takt) oder zwei (4-Takt) Kurbelumdrehungen — stückweise aber ihrer ganzen Länge nach — in die Zündperiode zweier Zylinder eingetragen wird.

Der Arbeitsüberschuß wird mit steigender Zylinderzahl immer kleiner, da auch der Gleichgang der Maschine immer vollkommener wird.

6.54 Aufstellung des Massenwuchtdiagramms nach Wittenbauer.

Zur Konstruktion des Massenwuchtdiagramms vereinigt man die Diagramme der reduzierten Gewichte und des Arbeitsüberschusses in einem neuen Schaubild in der in Abb. 54 gezeigten Weise. Die Energien bzw. den Arbeitsüberschuß trägt man als Ordinaten, die reduzierten Gewichte als Abszissen auf.

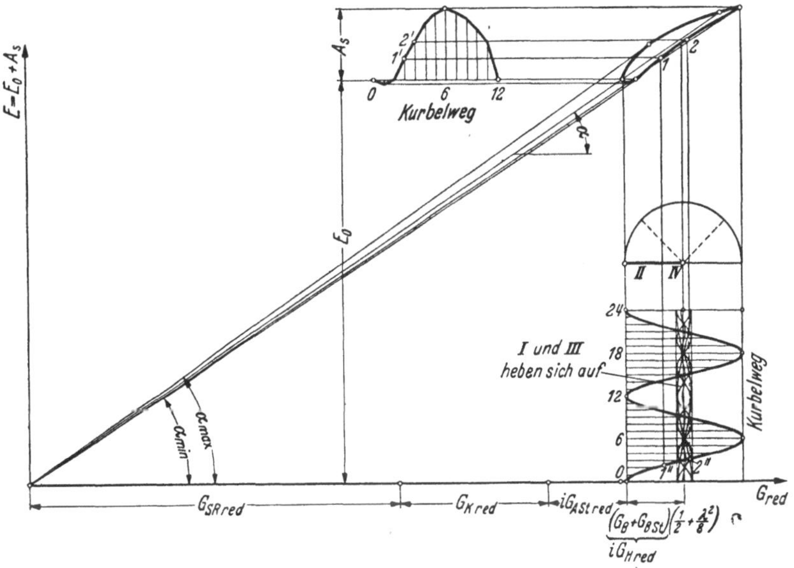

Abb. 54. Massenwuchtdiagramm nach Wittenbauer für einen Vierzylinder-Viertaktmotor.

Man projiziert hierauf der jeweiligen Kurbelstellung zugeordnete Punkte beider Diagramme, z. B. $1'$, $1''$ in Richtung der Koordinatenachsen und erhält im Schnittpunkt der Projektionsstrahlen den zugehörigen Punkt der Massenwuchtkurve (1). Dieses Verfahren für eine Anzahl von Kurbelstellungen über die ganze Arbeitsperiode durchgeführt, ergibt die in sich geschlossene Massenwuchtkurve nach Wittenbauer. Die Massenwuchtkurve muß in sich geschlossen sein, wenn sich die Maschine im Beharrungszustand befindet, da ja nach jeder Arbeitsperiode der gleiche Anfangszustand herrscht.

Mit Hilfe des Massenwuchtdiagramms lassen sich die erforderlichen Schwungradgewichte einer Kolbenmaschine

   a) für jede beliebige mittlere Kolbengeschwindigkeit

   b) für jeden beliebigen Ungleichförmigkeitsgrad

sofort angeben.

Nach Gleichung 105 ist die kinetische Energie des Triebwerks in einem beliebigen Punkt:

$$E = A_s + E_0 = \frac{G_{red} \cdot v^2}{2g} \; \text{[kgcm]} \tag{105}$$

mit E_0 als Anfangsenergie des Systems.

Wird vom Ursprung 0 ein beliebiger, das Massenwuchtdiagramm schneidender Strahl gezogen, so ist der Winkel α ein Maß für die Geschwindigkeit in den entsprechenden Schnittpunkten nach der Beziehung:

$$\text{tg}\,\alpha = \frac{E}{G_{red}} = \frac{G_{red} \cdot v^2}{2g} \cdot \frac{1}{G_{red}} = \frac{v^2}{2g} \; . \tag{106}$$

Durch diese Gleichung ist die anfangs gestellte Forderung erfüllt, die Kurbelzapfengeschwindigkeit v ohne jede einschränkende Annahme aus den beiden Veränderlichen E und G_{red} bestimmen zu können.

Die Kurbelzapfengeschwindigkeit v ergibt sich zu:

$$v = \sqrt{2g} \cdot \sqrt{\text{tg}\,\alpha} = \frac{s \cdot \pi \cdot n}{60} \; \text{[m/sec]} \tag{107a}$$

oder die Drehzahl:
$$n = \frac{60}{s} \cdot \sqrt{2} \cdot \sqrt{\text{tg}\,\alpha} \; \text{[U/min]} \tag{107b}$$

mit
$$\frac{g}{\pi^2} \approx 1 \; .$$

Die größte und kleinste Kurbelzapfengeschwindigkeit gehört zu jenen Punkten, die sich durch das Legen von Tangenten an die Massenwuchtkurve aus dem Ursprung 0 ergeben.

$$\text{tg}\,\alpha_{max} = \frac{v_{max}^2}{2g}$$

$$\text{tg}\,\alpha_{min} = \frac{v_{min}^2}{2g} \; .$$

Nach der früher angegebenen Ableitung war:

$$v_{max} = v_m \left(1 + \frac{\delta}{2} \right) ; \quad v_{min} = v_m \left(1 - \frac{\delta}{2} \right) \; .$$

Eingesetzt, ergibt sich:

$$\text{tg}\,\alpha_{max} = \frac{v_m^2}{2g} \cdot \left(1 + \frac{\delta}{2} \right)^2 = \text{tg}\,\alpha_m \cdot \left(1 + \frac{\delta}{2} \right)^2 \tag{108a}$$

$$\text{tg}\,\alpha_{min} = \frac{v_m^2}{2g} \cdot \left(1 - \frac{\delta}{2} \right)^2 = \text{tg}\,\alpha_m \cdot \left(1 - \frac{\delta}{2} \right)^2 \tag{108b}$$

oder
$$\delta = \frac{g}{v_m^2} \cdot \left(\text{tg}\,\alpha_{max} - \text{tg}\,\alpha_{min} \right) \; . \tag{109}$$

Gl. (109) erhält ihren eigentlichen Wert erst bei Wahl einer bestimmten Drehzahl n und eines sich daraus ergebenden, bestimmten v_m, man kann dann die Berechnung von δ mühelos für eine Reihe von Drehzahlen durchführen.

Es werden zwei Berechnungsfälle unterschieden:

a) Der Ungleichförmigkeitsgrad δ ist gegeben und das reduzierte Schwungradgewicht gesucht. Aus den Gln. (108a) und (108b) werden die Winkel α_{max} und α_{min} errechnet. Unter diesen Winkeln an die Massenwuchtkurve gelegte Tangenten ergeben den Anfangspunkt 0 des Systems, damit E_0 und das reduzierte Schwungradgewicht $G_{SR\,red}$.

Für einen kleinen Ungleichförmigkeitsgrad δ ist der Unterschied zwischen α_{max} und α_{min} gering, der Schnittpunkt der beiden Tangenten ist unscharf und damit die ermittelte Größe von G_{SRred} ungenau. Man bestimmt dann das Schwungrad nach dem unten beschriebenen Näherungsverfahren.

Eine zweite Möglichkeit G_{SRred} zu finden, besteht darin, auf Grundgleichung (92) zurückzugreifen.

Die beiden unter α_{max} und α_{min} an die Massenwuchtkurve gelegten Tangenten schneiden auf der Ordinate durch Punkt G_{SRred} die Strecke A_r ab (Abb. 55). Es

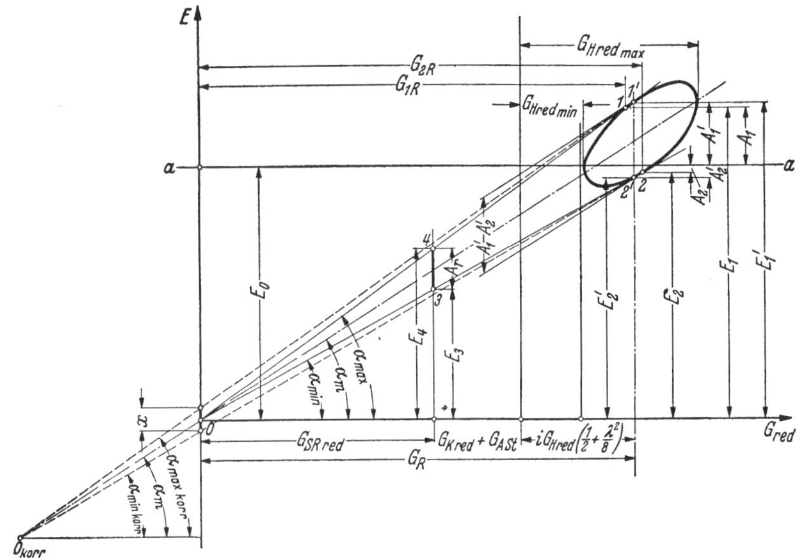

Abb. 55. Näherungsverfahren. a) Zur Bestimmung des Schwungradgewichtes. b) Zur Ermittlung des Koordinatenursprungs 0.

ist dies jener Arbeitsüberschuß, der vom Schwungrad allein — also ohne Berücksichtigung von G_{KWred}, $G_{A\,Schubst.}$ bzw. $G_{Hred}\left(\dfrac{1}{2}+\dfrac{\lambda^2}{8}\right)$ in jeder Arbeitsperiode aufgenommen und abgegeben werden muß.

Mit den Energien E_3 und E_4 ist:

$$A_r = E_4 - E_3 = M_{SR} \cdot v_m^2 \cdot \delta$$

$$\operatorname{tg}\alpha_{max} = \frac{E_4}{G_{SRred}} \;;\quad \operatorname{tg}\alpha_{min} = \frac{E_3}{G_{SRred}} \tag{110a, b}$$

und das Schwungradgewicht:

$$G_{SRred} = \frac{E_4 - E_3}{\operatorname{tg}\alpha_{max} - \operatorname{tg}\alpha_{min}} = \frac{A_r}{\delta \cdot \dfrac{v_m^2}{g}}\;[\mathrm{kg}]\,. \tag{111}$$

Bei dieser Berechnungsart ist die Kenntnis des Koordinatenursprungs 0 nicht erforderlich.

b) Das reduzierte Schwungradgewicht ist gegeben und der Ungleichförmigkeitsgrad δ gesucht. Da die Anfangsenergie E_0 unbekannt ist, kann man den Koordinatenursprung 0 nach folgendem Verfahren ermitteln:

Man legt unter α_m zwei Tangenten an das Massenwuchtdiagramm und erhält damit einen noch zu korrigierenden Ungleichförmigkeitsgrad

$$\delta_{korr} = \frac{A'_1 - A'_2}{G_{red} \cdot \dfrac{v_m^2}{g}} \tag{112}$$

(Ableitung s. S. 63)

Unter Benutzung der Gl. (108a) u. (108b) ergeben sich aus dem Wert δ_{korr} die vorläufigen Winkel $\alpha_{max\ korr}$ und $\alpha_{min\ korr}$. Unter diesen Winkeln an die Massenwuchtkurve gelegte Tangenten (strichliert) schneiden auf der Ordinatenachse die Strecke x ab. Der Halbierungspunkt von x ist der gesuchte Koordinatenursprung 0.

Nach Bestimmung von 0 werden von diesem neuerdings Tangenten an die Massenwuchtkurve gelegt, die dann die *richtigen* Winkel α_{max} und α_{min} ergeben. Der Ungleichförmigkeitsgrad δ wird nach den Gl. (108a) und (108b) errechnet.

Kontrolle: Bei richtiger Bestimmung von 0 muß gelten:

$$v_m = \frac{v_{max} + v_{min}}{2} .$$

6.55 Näherungsverfahren zur Bestimmung des Schwungradgewichtes.

Beim Aufzeichnen des Massenwuchtdiagramms ist meistens seine horizontale Ausdehnung gegenüber den Größen der reduzierten Gewichte verschwindend klein. Der Koordinatenursprung fällt also — wenn das Massenwuchtdiagramm in normalem Maßstab gezeichnet wird — über das Zeichenbrett hinaus. Damit die Massenwuchtkurve in entsprechender Größe und damit Genauigkeit ermittelt werden kann, bestimmt man das Schwungradgewicht mit Hilfe eines Näherungsverfahrens.

Durch den Ursprung an die Massenwuchtkurve gelegte Tangenten ergeben die Berührungspunkte 1 und 2.

Gesamtwucht in Punkt 1: $E_1 = E_0 + A_1$.

Gesamtwucht in Punkt 2: $E_2 = E_0 + A_2$.

Bedeuten G_{R_1} und G_{R_2} die reduzierten Gewichte bis zu den Ordinaten der Punkte 1 und 2, so ist:

$$\operatorname{tg}\alpha_{max} = \frac{E_1}{G_{R_2}} ; \qquad \operatorname{tg}\alpha_{min} = \frac{E_2}{G_{R_1}} . \tag{110a, b}$$

Die Schnittpunkte der beiden Tangenten mit der Ordinate von G_R seien mit $1'$ und $2'$ bezeichnet, ihre kinetische Energie sei E'_1 und E'_2; obige Gleichungen gehen dann über in:

$$\operatorname{tg}\alpha_{max} = \frac{E'_1}{G_R} ; \qquad \operatorname{tg}\alpha_{min} = \frac{E'_2}{G_R} .$$

Die Größe von G_R ist ein Mittelwert der reduzierten Gewichte, wobei

$$G_R = G_{SR\,red} + G_{KW\,red} + i \cdot G_{A\,Schubst\,red} + i \cdot \underbrace{(G_B + G_{B\,Schubst})}_{G_{H\,red}} \left(\frac{1}{2} + \frac{\lambda^2}{8}\right) \text{[kg]}$$

in Gl. (110) eingesetzt, ergibt:

$$E'_1 - E'_2 = G_R \cdot (\operatorname{tg}\alpha_{max} - \operatorname{tg}\alpha_{min})$$

weiter unter Benutzung von Gl. (109)

$$E'_1 - E'_2 = G_R \cdot \frac{v^2}{g} \cdot \delta \text{ [cmkg]}. \tag{113}$$

Da zu Beginn der Konstruktion des Massenwuchtdiagramms die Energie E_0 un-

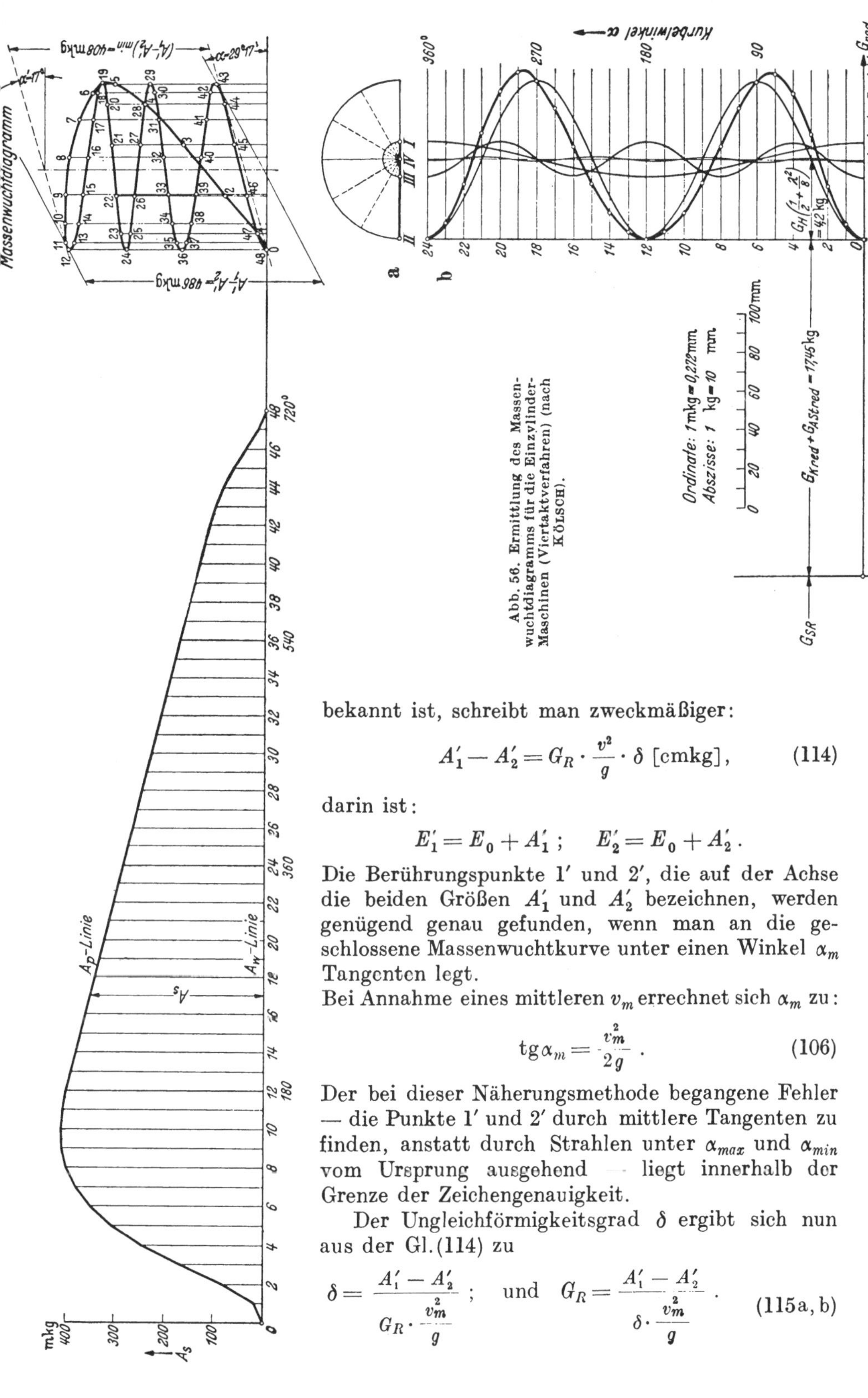

Abb. 56. Ermittlung des Massenwuchtdiagramms für die Einzylinder-Maschinen (Viertaktverfahren) (nach KÖLSCH).

bekannt ist, schreibt man zweckmäßiger:

$$A_1' - A_2' = G_R \cdot \frac{v^2}{g} \cdot \delta \ [\text{cmkg}], \qquad (114)$$

darin ist:

$$E_1' = E_0 + A_1' ; \qquad E_2' = E_0 + A_2'.$$

Die Berührungspunkte 1' und 2', die auf der Achse die beiden Größen A_1' und A_2' bezeichnen, werden genügend genau gefunden, wenn man an die geschlossene Massenwuchtkurve unter einen Winkel α_m Tangenten legt.

Bei Annahme eines mittleren v_m errechnet sich α_m zu:

$$\operatorname{tg}\alpha_m = \frac{v_m^2}{2g}. \qquad (106)$$

Der bei dieser Näherungsmethode begangene Fehler — die Punkte 1' und 2' durch mittlere Tangenten zu finden, anstatt durch Strahlen unter α_{max} und α_{min} vom Ursprung ausgehend — liegt innerhalb der Grenze der Zeichengenauigkeit.

Der Ungleichförmigkeitsgrad δ ergibt sich nun aus der Gl.(114) zu

$$\delta = \frac{A_1' - A_2'}{G_R \cdot \dfrac{v_m^2}{g}} ; \quad \text{und} \quad G_R = \frac{A_1' - A_2'}{\delta \cdot \dfrac{v_m^2}{g}}. \qquad (115\text{a, b})$$

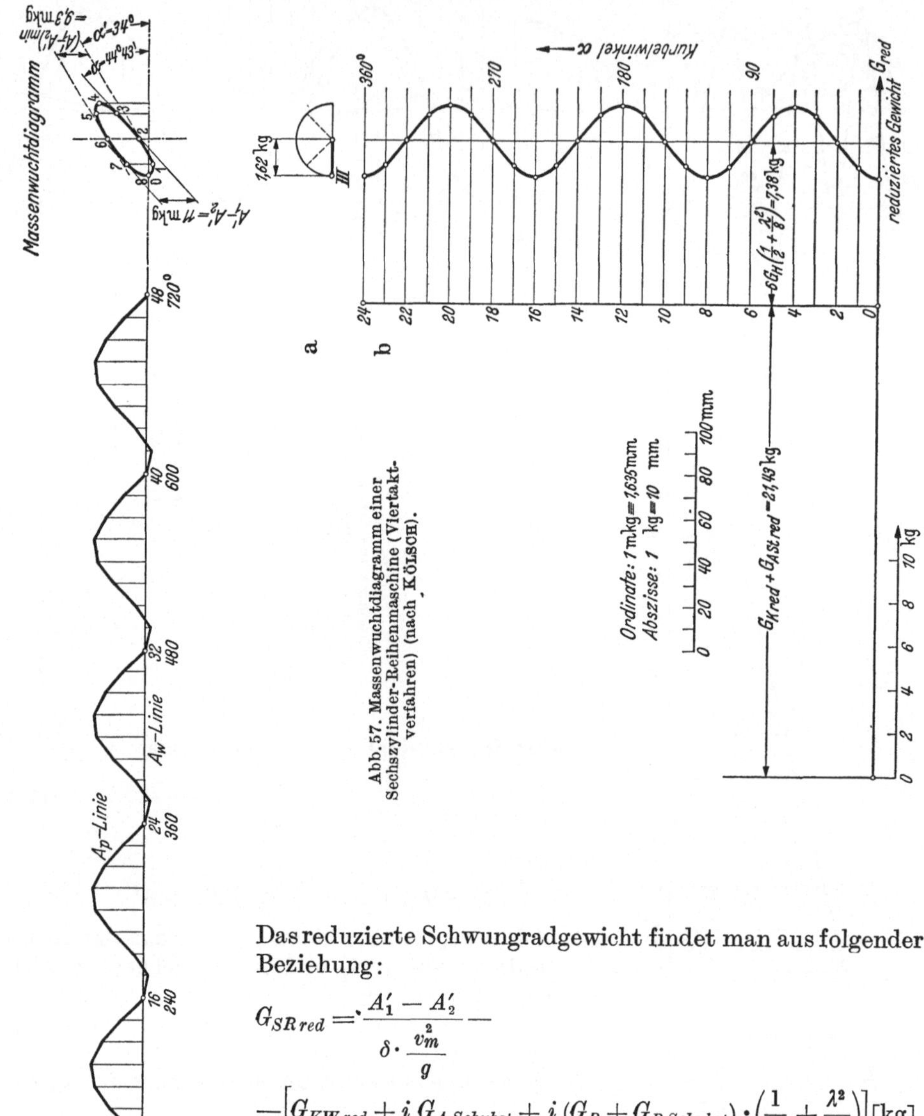

Abb. 57. Massenwuchtdiagramm einer Sechszylinder-Reihenmaschine (Viertaktverfahren) (nach KÖLSCH).

Das reduzierte Schwungradgewicht findet man aus folgender Beziehung:

$$G_{SR\,red}=\cdot\frac{A_1'-A_2'}{\delta\cdot\dfrac{v_m^2}{g}}-$$

$$-\left[G_{KW\,red}+i\,G_{A\,Schubst}+i\,(G_B+G_{B\,Schubst})\cdot\left(\frac{1}{2}+\frac{\lambda^2}{8}\right)\right][\mathrm{kg}].$$

$$(116)$$

Der auf Grund des *Näherungsverfahrens* erhaltene Arbeitsüberschuß $A_1'\cdots A_2'$ ist dem aus der Drehkraftkurve ermittelten Arbeitsüberschuß A_1 gleich.

Die Größe $A_1'-A_2'$ kann auch ohne die gemachte Annäherung ermittelt werden, wenn der Koordinatenursprung 0 bekannt ist. Gl. (116) gilt dann streng genau.

Die Gl. (115) und (116) haben ganz allgemeine Gültigkeit und können auf alle Arten von Kolbenmaschinen angewandt werden gleichgültig welche Zylinderzahl bzw. Anordnung oder Arbeitsverfahren betrachtet werden.

6.56 Massenwuchtdiagramme für verschiedene Zylinderzahlen und Anordnungen.

Bei der Berechnung einer Kolbenmaschine wird meistens der Ungleichförmigkeitsgrad δ vorgeschrieben, es ist also das Schwungradgewicht mit Hilfe des WITTENBAUER-Verfahrens zu berechnen:

Man geht zweckmäßig in folgender Weise vor:

a) Berechnung der mittleren Kurbelzapfengeschwindigkeit v_m.

b) Ermittlung des Arbeitsüberschußdiagramms aus dem Arbeitsdiagramm für die vorliegende Zylinderzahl und -anordnung.

c) Bestimmung des Diagramms der reduzierten Triebwerksgewichte unter Benutzung von Zahlentafel 2.

d) Mit Hilfe dieser beiden Diagramme und der Zahlentafel 2 die Massenwuchtkurve konstruieren.

e_1) Den mittleren Neigungswinkel α_m an Hand von Gl. (110) errechnen, unter diesem Winkel Tangenten an die Massenwuchtkurve legen.

f_1) Eine beliebige Ordinate schneidet auf diesen beiden Tangenten den Arbeitsbetrag $A_1' - A_2'$ ab. Umrechnung mittels des gewählten Energiemaßstabes auf mkg.

g_1) Ermittlung des Schwungradgewichtes mit Hilfe von Gl. (116).

e_2) Mit Hilfe der Gl. (108a) und (108b) α_{max} und α_{min} errechnen, unter diesen Winkeln Tangenten an die Massenwuchtkurve legen.

f_2) Bestimmung des Arbeitsüberschusses A_r (S. 61) und Errechnung des Schwungradgewichtes $G_{SR\,red}$ nach Gl. (92).

Alle bisher gegebenen Vorschriften für die Konstruktion des Diagramms der *reduzierten Gewichte* gelten für Reihenmaschinen.

Die Bestimmung der Massenwuchtkurve für andere Zylinderanordnungen unterscheidet sich nur durch die etwas abweichende Behandlung des Gewichtsdiagramms.

Gabel- oder V-Maschinen.

Angenommen sei ein V-Winkel von 90° und ein Zweizylinder-V-Element. Das Diagramm der reduzierten Gewichte wird auf Grund folgender Überlegung entworfen:

Man denkt sich die Achse von Zylinder 2 um 90° zurückgedreht, so daß sie mit Zylinder 1 zusammenfällt, dagegen die Kröpfung der Kurbelwelle um 90° vorgedreht. Man erhält auf diese Weise eine Zweizylinderreihenmaschine mit 90° Kurbelversetzung. Für einen Zylinder (z.B. 1) ist nun eine bestimmte Totlage als Ausgangspunkt anzunehmen, von welchem aus die Cosinuslinien r_I, r_{III}, r_{IV} aufgetragen und daraus die Resultierende für Zylinder 1 ermittelt wird.

Zu beachten ist die Phasenverschiebung um 90° bei Bestimmung der Resultierenden für den zweiten Zylinder. Die geometrische Addition beider Resultierenden ergibt die der Konstruktion der Massenwuchtkurve zugrunde zu legende Linie der reduzierten Triebwerksgewichte.

Sternmaschinen.

Auch die Sternmaschinen können auf Reihenmaschinen zurückgeführt werden. Man kann sich z.B. die Zweizylindersternmaschine aus der Zweizylinder-Reihenmaschine mit 180° Kurbelversetzung entstanden denken, wenn Zylinder 2 samt Kurbel um 180° in die Ebene von Zylinder 1 gedreht wird.

Bei Zurückführung z.B. einer Fünfzylinder-Sternmaschine ergibt sich eine Fünfzylinder-Reihenmaschine mit regelmäßiger, 72° betragender Kurbelversetzung.

Zahlentafel 2. *Zur Konstruktion des Massenwuchtdiagramms für verschiedene Zylinderzahlen und -anordnungen.*

	Reihen-Maschinen					V-Maschinen		Sternmaschinen		
	1 Zylinder	2 Zylinder	4 Zylinder	6 Zylinder	8 Zylinder	2 Zylinder 90° V-Winkel	8 Zyl. 90° V-Winkel	2 Zylinder	3 Zylinder	5 Zylinder
Zündabstände gleichmäßig	720°	—	180°	120°	90°	—	90°	—	240°	144°
„ ungleichmäßig	—	180, 540°	—	—	—	270, 450°	—	180, 540°	—	—
Kurbelversetzungswinkel, Sternwinkel .	—	180°	180°	120°	90°	—	90°	180°	120°	72°
Arbeitsperiode, welche der Konstruktion des Arbeitsdiagramms, des Diagramms der reduzierten Gewichte und des Massenwuchtdiagramms zugrunde zu legen ist in Grad Kurbelwinkel	720°	720°	180°	120°	90°	720°	90°	720°	240°	144°
Die geschlossene Massenwuchtkurve verläuft über einen Kurbelwinkel von	720°	720°	180°	120°	90°	720°	90°	720°	240°	144°
Anzahl und Ordnung der wirksamen Drehstrecken (Cosinuslinien) im Gewichtsdiagramm, die nach Überlagerung aller Zylinder verbleiben	r_I, r_{II} r_{III}, r_{IV}	r_{II}, r_{IV}	r_{II} r_{IV}	r_{III}	r_{IV}	r_I, r_{III} r_{IV}	r_{IV}	r_{II}, r_{IV}	r_{III}	M. w. Kurve = Gerade v. d. Höhe d. Arbeitsüberschußdiagr.
Anzahl und Ordnung der sich bei Überlagerung aller Zylinder zu 0 ergänzenden Drehstrecken auf jeder Seite	—	r_I, r_{III}	r_I, r_{III}	r_I, r_{II} r_{IV}	r_I, r_{II} r_{III}	r_{II}	r_I, r_{II} r_{III}	r_I, r_{III}	r_I, r_{II} r_{IV}	r_I, r_{II}, r_{III} r_{IV}
Anzahl der Umkehrpunkte der Massenwuchtkurve	8	8	2	2	2	5, 3	2	4	2, 1	keine

Die Cosinuslinien der veränderlichen Triebwerksgewichte ergänzen sich für alle höheren Zylinderzahlen als 3 zu Null, d.h. die Sternmaschinen haben keinen schwankenden Gewichtsanteil mehr. Das Massenwuchtdiagramm wird eine lotrechte Gerade von der Höhe des Arbeitsüberschußdiagramms.

7. Massenkräfte und Massenmomente in Kolbenmaschinen, ihr Ausgleich bzw. ihre Abstimmung auf ein Minimum.

Bezeichnungen.

a Abstand der Zylindermitten [cm].
G_R Gewicht der umlaufenden Triebwerksteile [kg].
G_H Gewicht der oszillierenden Triebwerksteile [kg].
G_g Gegengewichte [kg].
h_1, h_2, h_3 Abstand der Zylindermitten von Schwerebene [cm].
M_R Massenmoment der umlaufenden Triebwerksteile [kgcm].
M_I, M_{II} Massenmoment der oszillierenden Triebwerksteile [kgcm].
m_R Masse der umlaufenden Triebwerksteile [kgsec²/cm].
m_H Masse der oszillierenden Triebwerksteile [kgsec²/cm].
P_R Massenkraft der umlaufenden Triebwerksteile [kg].
P_H, P_I, P_{II} Massenkraft der oszillierenden Triebwerksteile [kg].
r Kurbelradius [cm].
r_g Radius der Gegengewichte [cm].
x Abstand der Gegengewichte [cm].
α Kurbelwinkel [°].
λ Pleuelstangenverhältnis.
ω Winkelgeschwindigkeit [1/sec].

7.1 Allgemeine Ausführungen.

7.11 Ursache der Entstehung und Auswirkung der Massenkräfte.

Die fortwährenden Ortsveränderungen und die sich daraus ergebenden Beschleunigungen oder Verzögerungen der Triebwerksteile sind die Entstehungsursachen der Massenkräfte.

Besonders sorgfältig müssen Fahrzeugmotoren ausgeglichen werden, da die nicht ausgeglichenen, nach außen hin übertragenen Massenkräfte im Schiffsrumpf oder Fahrzeugaufbau ein gut schwingungsfähiges System vorfinden und dieses in Resonanzschwingungen mit allen ihren unangenehmen Folgeerscheinungen versetzen können.

Nochmals sei auf die beiden folgenden grundlegenden Feststellungen hingewiesen:

a) Gas- oder Dampfkräfte bewirken an dem System: „Bewegtes Triebwerk-Maschinengehäuse-Fundament" (Aufhängung) nach außen hin als innere Kräfte keine Veränderung. Der Gesamtschwerpunkt des Systems bleibt in Ruhe.

b) Nicht ausgeglichene Massenkräfte wirken vom bewegten Triebwerk über die Hauptlager auf das Maschinengehäuse und weiter auf das Fundament oder die Aufhängung als äußere Kräfte. Sie versuchen das System Motorblock-Fundament (Aufhängung) gegenläufig zur Bewegung der Triebwerksteile zu verschieben und den Gesamtschwerpunkt des ganzen Systems in Ruhe zu halten.

Das Nutzdrehmoment M_d der Maschine ist die zweite nach außen hin übertragene Kraftwirkung. Ihm wirkt das Moment des Gleitbahndruckes N, N' (Abb. 32) in jeweils gleicher Größe entgegen und wird vom Fundament oder der Aufhängung — als im Beharrungszustand fast unveränderliche Kraftwirkung — aufgenommen.

Folgerung aus diesen Feststellungen: Wird erschütterungsfreier Lauf einer Kolbenkraftmaschine angestrebt, müssen die Massenkräfte und Massenmomente entweder durch Zylinder- und Kurbelanordnung auf natürlichem Wege, oder durch Gegengewichte ganz oder teilweise ausgeglichen werden. Wichtig ist es, schon an dieser Stelle den verschiedenen Zweck der an der Kurbelwelle anzubringenden Gegengewichte klar herauszustellen:

a) dienen Gegengewichte bei Triebwerken mit nicht ausgeglichenen Massenkräften dem teilweisen oder vollkommenen Massenausgleich;

b) bei an sich auf natürlichem Wege bezüglich der Massenkräfte (Momente) ausgeglichenen Triebwerken erfüllen die Gegengewichte nur den Zweck, die Hauptlagerdrücke der Maschine zu verkleinern;

c) manchmal erscheint es vorteilhaft, beide Wirkungen zusammenzufassen.

7.12 Gemachte Annäherungen.

Um eine möglichst einfache Problemstellung und gute Anschaulichkeit zu erreichen, muß vorausgesetzt werden, daß Kurbelwelle und Maschinengehäuse als starr aufgefaßt werden können. — Weiter ist eine Reihe von vereinfachenden Annahmen notwendig. Diese sind:

a) die Maschine drehe sich vollkommen gleichförmig (wie wir bei der Bestimmung des Ungleichförmigkeitsgrades gesehen haben, trifft dies nicht genau zu, doch sind die entstehenden Winkelbeschleunigungen bei Betrachtung des Massenausgleichs praktisch bedeutungslos);

b) es sollen die bewegten Massen der mit der Maschine verbundenen Steuerungen und der Hilfsmaschinen vernachlässigt werden;

c) sollen auch Reibungswiderstände in den Lagern und Führungen als nicht vorhanden angenommen werden. (Diese müßten den äußeren Kräften zugezählt werden.)

d) Außerdem wurden im Kräfteplan des Triebwerks die durch die schwingende Bewegung der Pleuelstange um den Kolbenbolzen entstehenden Massenkräfte vernachlässigt.

7.2 Betrachtung der beiden Möglichkeiten zur Untersuchung des Massenausgleichs.

An Hand des bereits angeführten Satzes, daß der Gesamtschwerpunkt der Maschine in Ruhe bleiben soll, ist es möglich, mit Hilfe der Schwerpunktsbahn der bewegten Triebwerksteile die Hauptgleichungen des Massenausgleichs analytisch abzuleiten.

Man kann sich auch durch unmittelbare Berechnung der Massenkräfte und ihre zeichnerische Darstellung in anschaulicher Weise über den vorzunehmenden Ausgleich Rechenschaft geben. Dieser Weg ist für den Konstrukteur leicht verständlich und soll auch in diesem Abschnitt bei Behandlung des Massenausgleichs für die verschiedenen Bauformen der Kolbenmaschine beibehalten werden.

7.3 Berechnung der Massenkräfte.

7.31 Massenkräfte der umlaufenden Teile.

Sie werden erzeugt durch:

a) Kurbelwangen und Kurbelzapfen,

b) den umlaufenden Anteil der Pleuelstange.

Ihre Größe wurde auf S. 42 errechnet zu: $P_R = r \cdot \omega^2 \cdot m_R$. P_R hat bei unveränderlicher Drehzahl auf Grund der oben vorausgesetzten Annäherungen während einer ganzen Umdrehung gleiche Größe.

7.32 Massenkräfte der hin und her gehenden Teile.

Annahme: Der Schwerpunkt des Kolbens soll in die Mitte des Kolbenbolzens fallen. Die Masse von Kolben, Kolbenbolzen und schwingendem Pleuelanteil (m_H) ist auf den Kolbenbolzen zu reduzieren. Die Massenkraft P_H wurde nach S. 42 errechnet zu:

für unendliche Schubstangenlänge $P_H = m_H \cdot r \cdot \omega^2 \cdot \cos\alpha$ [kg] . (76a)

für endliche Schubstangenlänge $P_H = m_H \cdot r \cdot \omega^2 \cdot (\cos\alpha \pm \lambda \cos 2\alpha)$ [kg] (76)

oder wenn die Massenkräfte höherer als 2. Ordnung ermittelt werden sollen:

$$P_H = m_H \cdot r \cdot \omega^2 \cdot \left[\cos\alpha \pm \left(\lambda + \frac{\lambda^3}{4} + \frac{15\lambda^5}{128}\right)\cos 2\alpha \mp \left(\frac{\lambda^3}{4} + \frac{3\lambda^5}{16}\right)\cos 4\alpha \left.\pm \frac{9\lambda^5}{128}\cos 6\alpha\right] \right\} \text{ [kg]}. \quad (77)$$

Die weiteren Betrachtungen werden der Einfachheit halber mit Hilfe von Gl. (76) durchgeführt. Ebenso kann jedoch ohne Schwierigkeit Gl. (77) für die Beurteilung des Massenausgleiches zugrunde gelegt werden.

7.33 Wirkungsrichtung, Zerlegung der Massenkräfte am Kurbelzapfen.

Die Massenkräfte der umlaufenden Triebwerksteile wirken jeweils in Richtung der Kurbel.

Die Massenkräfte der hin und her gehenden Massen wirken stets in der Richtung der Zylinderachse. Diese Tatsache ist ohne weiteres verständlich, da ja die Beschleunigungskräfte von der Bewegung des Kolbens in der Zylinderachse herrühren. Die Zerlegung der Massenkräfte am Kurbelzapfen wurde auf S. 45 behandelt.

Zu beachten ist, daß die Kraftrichtung für die Massenkräfte 1. Ordnung in den beiden Totpunkten entgegengesetzt ist. Für die Kräfte 2. Ordnung vollzieht sich der Richtungswechsel bei 45°, 135° usw., d. h. in allen jenen Punkten, in welchen $\cos 2\alpha = 0$ ist. Sie sind in den beiden Totlagen in voller Größe und gleichgerichtet wirksam, bei 90° bzw. 270° erreichen sie einen negativen Höchstwert. Abb. 58 zeigt die Massenkräfte der umlaufenden und hin und her gehenden Triebwerksteile während einer Kurbelumdrehung. Dieses Schaubild ist gleichzeitig der Massenkraftverlauf einer nicht ausgeglichenen Einzylindermaschine. P_R und P_H werden vektoriell addiert und ergeben die resultierende Massenkraft des Triebwerks in polarer Darstellung.

Zweckmäßig wird P_R dem Kurbelhalbmesser gleichgemacht. Zeichnet man um den

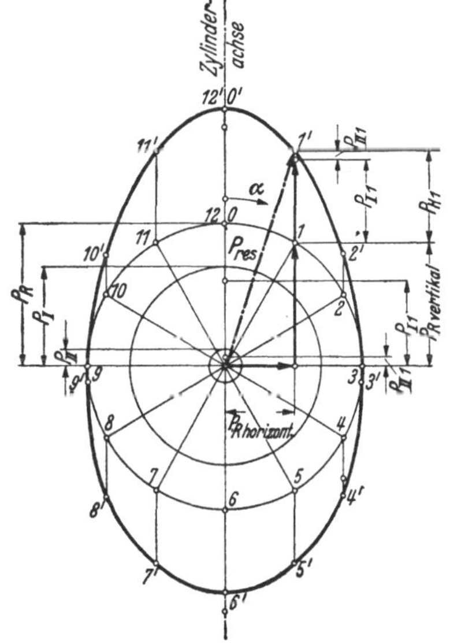

Abb. 58. Polardiagramm für die Massenkräfte einer nicht ausgeglichenen Einzylindermaschine.

Kurbelmittelpunkt zwei weitere Kreise, deren Halbmesser P_I und P_{II} sind, so lassen sich die Massenkräfte P_I und P_{II} für jede beliebige Kurbelstellung sofort konstruieren, wenn der dem Kreis P_I bzw. P_{II} zugehörige, durch die Kurbelstellung gegebene Punkt auf die Zylinderachse projiziert wird. Diese Projektion ist die in dem betrachteten Punkt wirksame Massenkraft. Bei der Ermittlung von P_{II} ist zu beachten, daß der Kurbelwinkel jeweils verdoppelt wird.

Vielfach wird angenommen, daß die Massenkräfte P_H Null werden, wenn Pleuelstange und Kurbel einen rechten Winkel bilden. Wie auf S. 36 auseinandergesetzt wurde, ist diese Annahme eine Näherung und nur bei bestimmten Schubstangenverhältnissen zulässig.

7.4 Möglichkeit eines Massenausgleichs bei der Einzylindermaschine.

7.41 Umlaufende Massen.

Es ist ohne weiteres verständlich, daß die radial wirkenden, von den umlaufenden Massen herrührenden Fliehkräfte stets durch ein Gegengewicht ausgeglichen werden können, das an der Kurbel um 180° zum Kurbelzapfen versetzt angebracht wird. Der Schwerpunkt dieses Gegengewichtes muß naturgemäß mit dem Schwerpunkt der gesamten umlaufenden Massen in einer Ebene liegen, wenn ein Auftreten von Kippmomenten vermieden werden soll. Das Gegengewicht hat die Größe:

$$G_g = \frac{G_R \cdot r}{r_g} \,[\text{kg}]; \tag{117}$$

bzw.

$$G_g' = \frac{1}{2} \cdot \left(\frac{G_R \cdot r}{r_g} \right) [\text{kg}], \tag{117a}$$

da aus konstruktiven Gründen das Gegengewicht zu jeder Kurbel zweiteilig gemacht werden muß. Abb. 59 zeigt das polare Massenkraftdiagramm für ein Einzylindertriebwerk, wenn die P_R durch ein Gegengewicht ausgeglichen sind.

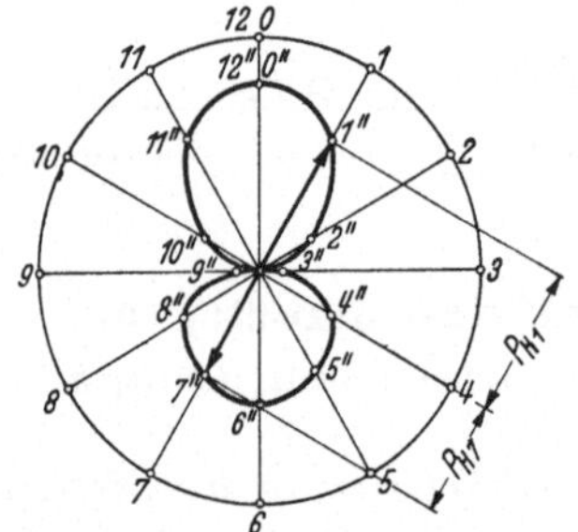

Abb. 59. Polardiagramm der Massenkräfte für ein Einzylindertriebwerk, wenn die Massenkräfte P_R durch ein Gegengewicht ausgeglichen werden.

7.42 Ausgleich der Massenkräfte P_H.

Vielfach wurde versucht, auch für die Einzylindermaschine einen vollkommenen Ausgleich der Massenkräfte P_I und P_{II} vorzunehmen. Dieser führt aber zu ziemlich verwickelten Zusatzeinrichtungen, die bei leichten, schnellaufenden Kolbenmaschinen meistens wirtschaftlich nicht tragbar sind. Am Ende dieses Abschnitts wird eine Möglichkeit für den vollkommenen Massenausgleich angegeben. In der Regel begnügt man sich mit einem *zusätzlichen* umlaufenden Gewicht, das zusammen mit den Gegengewichten zum Ausgleich der umlaufenden Massen auf der entgegengesetzten Seite der Kurbel angebracht wird, *und meistens der Hälfte der hin und her gehenden Gewichte* gleichgemacht wird. Die Gesamtgröße des Ausgleichgewichts wird demnach:

$$G_{gH} = \left(G_R + \frac{1}{2}\,G_H \right) \cdot \frac{r}{r_g} \,[\text{kg}]; \tag{118}$$

bzw.

$$G_{gH}' = \frac{1}{2} \left(G_R + \frac{1}{2}\,G_H \right) \cdot \frac{r}{r_g} \,[\text{kg}]. \tag{118a}$$

für eine Kurbelhälfte.

In Abb. 60 ist dieser Ausgleich in polarer Darstellung gezeigt. Die schraffierten Flächen bedeuten die nicht ausgeglichenen Massenkräfte P_H.

Verfolgt man die Bewegung des Gegengewichts $G_{g\,H}$ während der Kurbelumdrehung , so ersieht man, daß es den hin und her gehenden Triebwerksteilen entgegenläuft. Man denkt sich die Fliehkräfte *von $G_{g\,H}$ in eine vertikal- und eine horizontalwirkende Komponente zerlegt*. Erstere wirkt in jeder Kurbelstellung den Massenkräften P_I entgegen und vermindert sie. *Die horizontale Komponente versucht, die Maschine in einer Ebene normal zur Kurbelwelle um den Schwerpunkt zu kippen.* Man hat es in der Hand, das Gegengewicht so abzustimmen, daß entweder ein Überwiegen der vertikalen oder horizontalen Fliehkraftkomponente stattfindet. Bei stehenden Maschinen ist es zweckmäßig, die vertikale Komponente

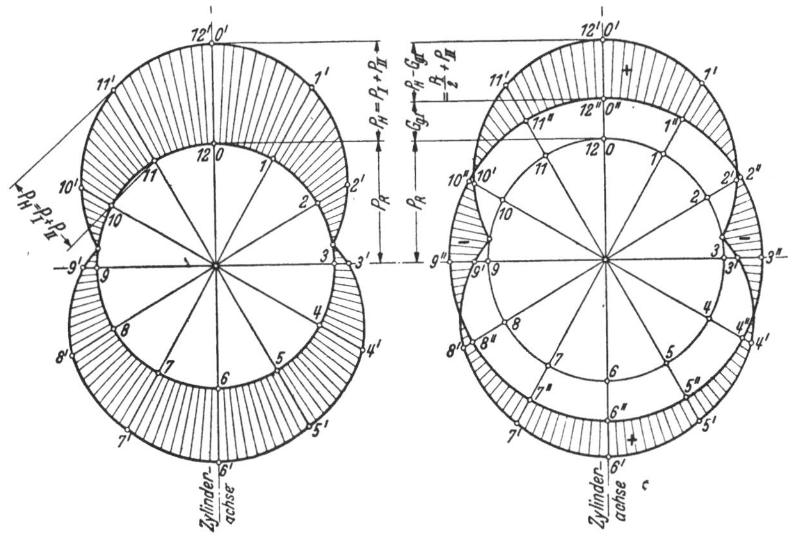

Abb. 60. Darstellung des Massenausgleiches der Einzylindermaschine, *wenn die P_H in Richtung der Fliehkräfte aufgetragen werden.*
a) Ausgleich der Massenkräfte der umlaufenden Triebwerksteile $G_g = G_R$.
b) Ausgleich der Massenkräfte des umlaufenden und eines Teiles der hin- und hergehenden Triebwerksteile Gegengewicht $G_g = G_R + \frac{1}{2} G_H$ (am Kurbelradius wirkend) (nach RIEDEL).

überwiegen zu lassen, man vermeidet dadurch ein Pendeln des Motors um seine Aufhängung. $G_{g\,H}$ wird also kleiner zu machen sein als $^1/_2 \cdot G_H$. Abb.61 zeigt das resultierende Massenkraftdiagramm, wenn ein Ausgleich nach Gl.(118) vorgenommen wird. Um den Mittelpunkt ist mit der Fliehkraft des Gegengewichtes ein Kreis geschlagen und dieser in Kurbelstellungen unterteilt. Durch die gefundenen Punkte werden Vertikalen gelegt, die die Fliehkraft in eine vertikale und horizontale Komponente zerlegen. Auf der vertikalen Komponente werden die Summen aller vertikalen Kräfte ($G_{g\,vertikal}$ und P_H) gebildet. Diese ergeben die mit Nullenkreisen bezeichneten Punkte. Der gestrichelte Pfeil vom Mittelpunkt (- - -) ergibt die vektorielle Summe von vertikalen Kräften und verbliebener horizontaler Fliehkraftkomponente; also die resultierende Kraft in *Größe* und *Richtung* für die dabei geschriebene Kurbelstellung.

Ein vollständiger Ausgleich der hin und her gehenden Gewichte läßt sich nur durch Anbringen von zwei rotierenden Gegengewichten bewerkstelligen, die nach Abb.62 angeordnet werden. Die Gegengewichte zum Ausgleich von P_I haben je die halbe Größe von G_H (Abb.62a). Sie laufen mit der Kurbelwelle in gleicher Umdrehungszahl, zueinander aber in entgegengesetzter Richtung. Werden die

Fliehkräfte dieser Gegengewichte wieder in senkrechte und waagerechte Komponenten zerlegt, so heben sich die waagerechten Komponenten in jeder Stellung auf. Für den Ausgleich wirksam sind nur die Vertikalkomponenten, die jeweils die gleiche Größe von P_I haben und sich mit diesen zu Null ergänzen.

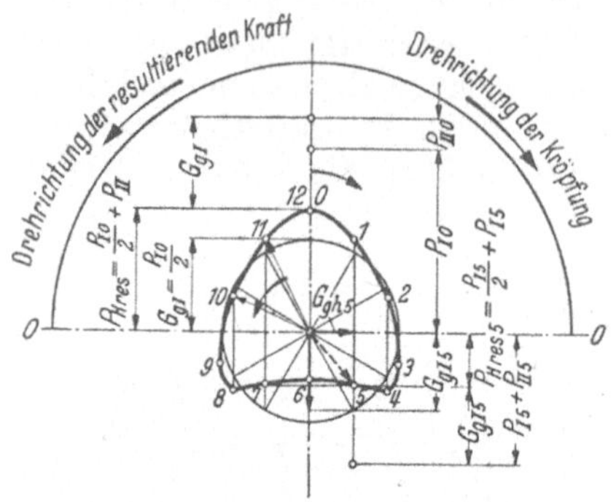

Abb. 61. Polardiagramm der Massenkräfte für ein Einzylindertriebwerk, wenn die P_R und die Hälfte der P_I durch ein Gegengewicht ausgeglichen werden. Größe des am Kurbelradius wirkenden Gegengewichts $G_g = G_R + \tfrac{1}{2} G_H$.

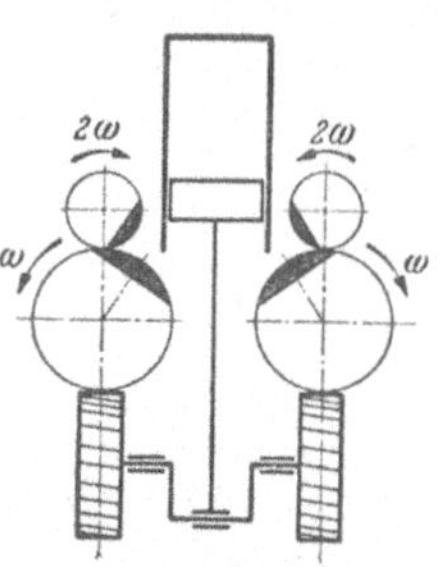

Abb. 62. Anordnung der Gegengewichte bei vollkommenem Massenausgleich des Einzylindertriebwerks.

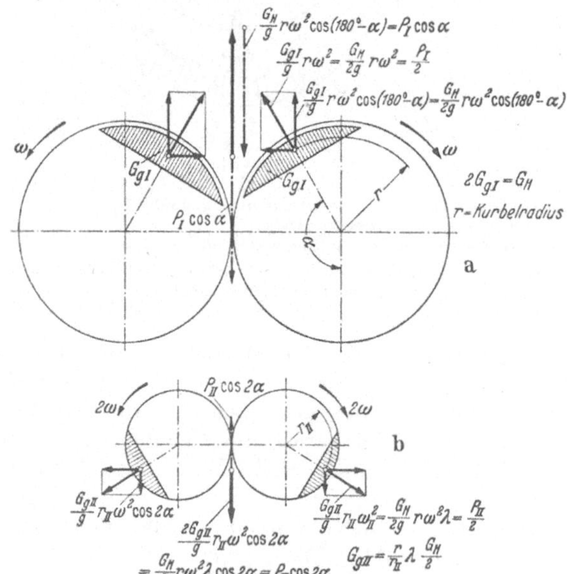

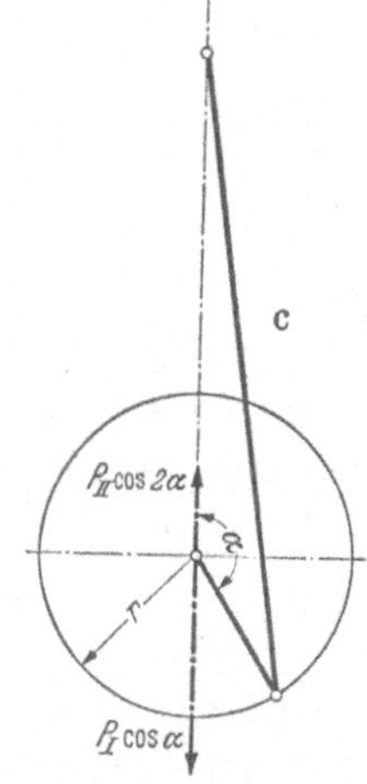

Abb. 63a, b, c. Vollkommener Massenausgleich bei der Einzylindermaschine durch mit ω bzw. $2\,\omega$ umlaufende Gegengewichte. c) Kurbelstellung für die gezeichnete Stellung der Gegengewichte (Maßstab von P_{II} vergrößert).

Die Massenkräfte 2. Ordnung P_{II} werden ausgeglichen, indem man zwei mit doppelter Drehzahl der Kurbelwelle entgegengesetzt umlaufende Gegengewichte anordnet, deren Größe sich berechnet zu:

$$G_{g\,II} = \frac{\lambda \cdot G_H}{8} \cdot \frac{r}{r_{II}} \ \text{(Abb. 68b) [kg]},$$

denn es ist:

$$\omega_{II} = 2\,\omega$$

und
$$\frac{G_{gII}}{g} \cdot r_{II} \cdot \omega_{II}^2 = \frac{G_H}{2g} \cdot r \cdot \omega^2 \cdot \lambda = \frac{P_{II}}{2}$$

$$\frac{G_{gII}}{g} \cdot r_{II} \cdot 4\,\omega^2 = \frac{G_H}{2g} \cdot r \cdot \omega^2 \cdot \lambda \,.$$

7.5 Die Massenkräfte bei Mehrzylindermaschinen und Entstehung der Massenmomente.

In den weitaus meisten Fällen wird man bei schnellaufenden Kolbenmaschinen die Triebwerke aller Zylinder einander gleich machen. Die Massenkräfte der ein-zelnen Zylinder wirken in parallelen Ebenen, die vom Gesamtschwerpunkt der Maschine verschieden weit entfernt sind. Durch das Zusammenwirken der Kräfte in diesen einzelnen Zylinderebenen bilden sich Massenmomente aus und zwar: M_R, M_I und M_{II}, je nachdem sie von P_R, P_I oder P_{II} bewirkt werden.

Man denkt sich die Massenkräfte P_R, P_I und P_{II} in jene, zu den einzelnen Zylinderebenen parallele Ebene gelegt, die durch den Schwerpunkt der Maschine geht. Nach einem bekannten Satz der Mechanik ist eine Einzelkraft ersetzbar durch ein Moment und eine Einzelkraft, die der ursprünglichen Kraft gleichlaufend ist (Abb. 64). Da die daraus entstehenden Momente im nächsten Absatz eingehend betrachtet

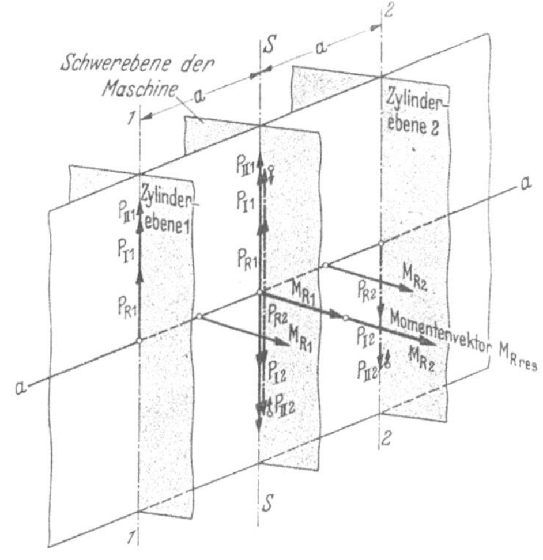

Abb. 64. Verlegung der in den einzelnen Zylinderebenen wirkenden Kräfte in die Schwerebene der Maschine (Zweizylinder-Reihenmaschine).

werden, genügt für uns jetzt die Tatsache, daß wir alle in den verschiedenen Zylindern wirkenden Massenkräfte nach der Schwerebene der Maschine verschieben können.

7.51 Massenkräfte der umlaufenden Teile.

Diese sind bei gleichen Triebwerken für alle Zylinder einander gleich und wirken stets in Richtung des Kurbelarmes. Betrachtet man z.B. eine Siebenzylinder-Zweitaktmaschine in Reihenanordnung, so sind die einzelnen Kröpfungen der Kurbelwelle in gleichen Winkeln zueinander versetzt und zeigen in Stirnansicht den in Abb. 65 dargestellten Kurbelstern. Man

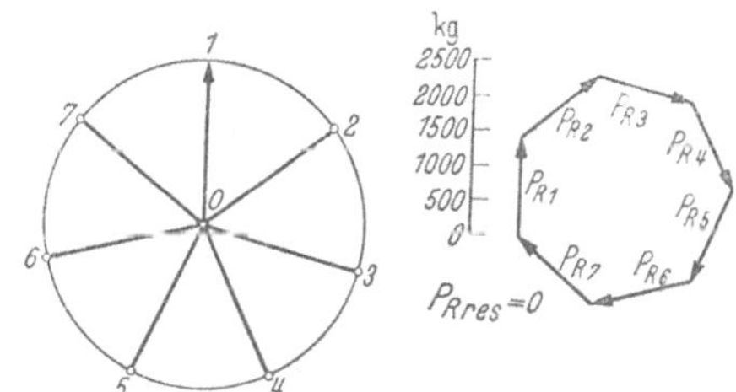

Abb. 65. Bestimmung der resultierenden Massenkräfte P_{Rres} der umlaufenden Triebwerksteile (Siebenzylinder-Reihenmaschine).

denkt sich die in Richtung der Kurbeln in den einzelnen Zylinderebenen wirkenden Kräfte P_R nach der Schwerebene der Maschine verschoben und hier in Form eines Kraftecks aneinandergereiht (Abb. 65). Die sich ergebende Resultierende ist Null, da gleiche Kräfte und gleiche Winkel ein in sich geschlossenes Vieleck bilden. Die Massenkräfte der umlaufenden Teile gleichen sich bei dieser Maschine von selbst ohne jedes Gegengewicht aus.

Zur Untersuchung des Massenausgleichs der umlaufenden Massenkräfte P_R ergibt sich die für alle Zylinderzahlen in **Reihenanordnung** geltende **Vorschrift:**

a) Den Kurbelstern der Maschine zeichnen.

b) Berechnung der Größe von P_R.

c) Nach Wahl eines bestimmten Kräftemaßstabes, bei Kurbel 1 beginnend, P_R aufgetragen.

d) Vom Endpunkt in Richtung der Kurbel 2, P_{R2} antragen usw. bis alle Kurbeln durchlaufen sind.

e) Die Schlußlinie des Kraftecks ziehen, diese ergibt eine evtl. auftretende resultierende Massenkraft P_{Rres} der Größe und Richtung nach (Abb.66).

7.52 Massenkräfte 1. Ordnung der hin und her gehenden Teile.

Die Massenkräfte 1. Ordnung kann man sich ebenfalls in Richtung der Kurbelarme wirkend vorstellen, wenn man beachtet, daß jeweils nur die Projektion der Kurbelstellungen auf die Zylinderachse wirksam ist.

Es ist nun ganz gleichgültig, ob diese Projektion für jede Kurbelstellung der einzelnen Zylinder für sich durchgeführt wird, oder ob man die P_I in der Schwerebene der Maschine in Richtung der Kurbelarme und mit ihrer vollen Größe an einanderreiht, und die Resultierende auf die Zylinderachse projiziert.

Vorschrift zur Ermittlung der resultierenden Massenkräfte P_{Ires} für Mehrzylindermaschinen in Reihenbauart:

a) Es ist der Kurbelstern zu zeichnen.

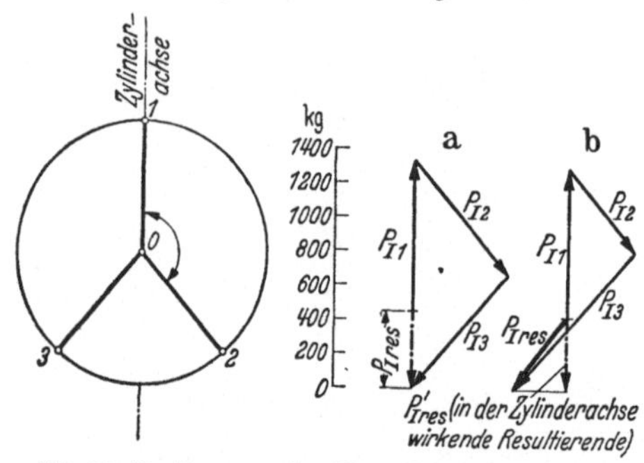

Abb. 66. Bestimmung der Massenkräfte 1. Ordnung. (P_I bei einem Dreizylindertriebwerk mit ungleichen Kurbelabständen.) a) Für gleiche Triebwerksgewichte. b) Für ungleiche Triebwerksgewichte.

b) Die Massenkräfte $P_{I1} = \dfrac{G_H}{g} \cdot r \cdot \omega^2$ berechnen.

c) Nach Wahl eines Kräftemaßstabes von Stellung der Kurbel 1 beginnend in Richtung der einzelnen Kurbeln vektoriell aneinanderreihen und die Resultierende bilden.

d) *Diese Resultierende auf die Richtung der Zylinderachsen projiziert*, ergibt die resultierende Massenkraft *1. Ordnung P_{Ires} der Größe und Richtung* nach (Abb.66).

7.53 Resultierende Massenkräfte 2. Ordnung.

Bei ihrer Bestimmung ist zu beachten, daß sie mit dem Faktor $\cos 2\alpha$ behaftet sind, also mit der doppelten Winkelgeschwindigkeit von P_I ihre Größe verändern.

Bei Mehrzylindermaschinen kann man diese Eigenart sehr leicht dadurch berücksichtigen, daß man einen neuen Kurbelstern zeichnet, in dem die Winkel der einzelnen Kurbeln — vom Ausgangspunkt Zylinder 1 gemessen — verdoppelt werden (Abb.67). Auch hier wirken nur die vertikalen Projektionen. Sinngemäß ergibt sich wieder folgende Vorschrift zur Bestimmung von P_{IIres}:

a) Einen Kurbelstern 2. Ordnung zeichnen, in dem alle Kurbelwinkel verdoppelt sind.

b) Die Größe $P_{II} = \dfrac{G_H}{g} \cdot r \cdot \omega^2 \cdot \lambda$ berechnen.

c) Diese Kräfte in einem gewählten Maßstab, ausgehend von Kurbel 1 in Richtung der einzelnen Kurbelkröpfungen, aneinanderreihen.

d) Die sich ergebende Schlußlinie des Kraftecks wird auf die Zylinderachse projiziert und ergibt in dieser Projektion die resultierende Massenkraft $P_{II\,res}$ ihrer Größe und Richtung nach (Abb.67).

7.54 Massenkräfte 4. und höherer Ordnung.

Die Massenkräfte 4. und höherer Ordnung können sinngemäß nach dem angegebenen zeichnerischen Verfahren ermittelt werden. Die Größe von P_{IV} P_{VI} usw. ist zu berechnen, die Kurbelsterne 4., 6. usw. Ordnung zu zeichnen,

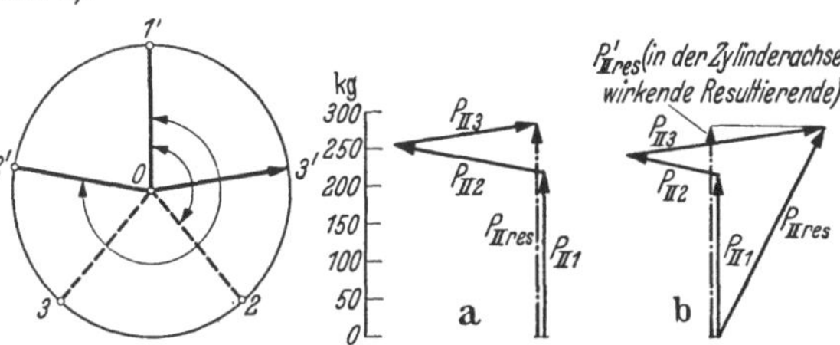

Abb.67. Bestimmung der Massenkräfte 2. Ordnung (P_{II} für das Triebwerk in Abb. 66).
a) Für gleiche Triebwerksgewichte.
b) Für ungleiche Triebwerksgewichte.

die vektorielle Aneinanderreihung vorzunehmen, die Resultierende zu bilden und auf die Zylinderachse zu projizieren.

Es ist interessant, sich in diesem Zusammenhang über die numerische Auswirkung des Fehlers Aufschluß zu geben, der entsteht, wenn für die Berechnung der Massenkräfte die vereinfachte Formel (76) statt der genauen Formel (77) zugrunde gelegt wird. Wird angenommen, daß $\lambda = \tfrac{1}{4}$ sei, so beträgt der Fehler gegenüber der Näherungsgleichung 0,00008%. Es kann daher im Hinblick auf den Massenausgleich in der Regel darauf verzichtet werden, Massenkräfte 4. und höherer Ordnung zu berücksichtigen. (Nur im Resonanzfall können sich Massenkräfte höherer Ordnung störend bemerkbar machen.)

7.6 Massenmomente in Mehrzylindermaschinen.

Für die Beurteilung der Massenmomente ist immer die Längsansicht der Kurbelwelle maßgebend. Bei der Zweizylinderreihenmaschine mit 180° Kurbelversetzung z.B. wirken die Massenkräfte P_R und P_I beider Zylinder in den Totlagen in entgegengesetzter Richtung. Werden die Kräfte in die durch die Mitte der Maschine gehende Schwerebene verschoben, so heben sie sich hier gegenseitig auf, es verbleibt aber ein Massenmoment von der Größe z.B. $M_R = 2a \cdot P_R$ (Abb. 64).

Das Massenmoment M_R der umlaufenden Teile bleibt in der gleichen Größe während der ganzen Umdrehung bestehen und läuft mit der Kurbelebene um. Die Massenmomente 1. und 2. Ordnung $M_I = P_I \cdot 2a$ bzw. $M_{II} = P_{II} \cdot 2a$ ändern ihre Größe verhältnisgleich den Massenkräften. Sie wirken in der Ebene, die durch die Zylinderachsen festgelegt ist und versuchen die Maschine um ihren Schwerpunkt zu kippen. Sie werden deshalb auch *Längskippmomente* oder kurz *Kippmomente* genannt. Bei Beurteilung des Massenausgleichs wird in der Praxis von den Querkippmomenten meistens abgesehen, die durch den Gleitbahndruck des Kolbens am entsprechenden Hebelarm hervorgebracht werden und dem Nutzdrehmoment in gleicher Größe entgegenwirken.

Ist die Kurbelwelle in der Längsrichtung bezüglich des Abstandes der einzelnen Zylinder unsymmetrisch gebaut, was z.B. bei großen Dieselmaschinen vorkommt, so wird die Schwerebene der Maschine nach folgendem Annäherungsverfahren genügend genau ermittelt.

Abb.68 zeigt die geteilte, durch eine Kupplung verbundene Kurbelwelle einer Siebenzylindermaschine mit untereinander gleichen Triebwerken. Werden ihre

Gewichte gleich 1 gesetzt, so ergibt sich folgende Momentengleichung, bezogen auf die Ebene des Zylinders 1:

$$1 \cdot (5a + b) + 1 \cdot (4a + b) + 1 \cdot (3a + b) + 1 \cdot (2a + b) + 1 \cdot 2a + 1 \cdot a = 7 \cdot x \, ,$$

daraus errechnet sich der Abstand der Schwerebene von Zylinder 1 mit:

$$x = \frac{17a + 4b}{7} \, . \tag{119}$$

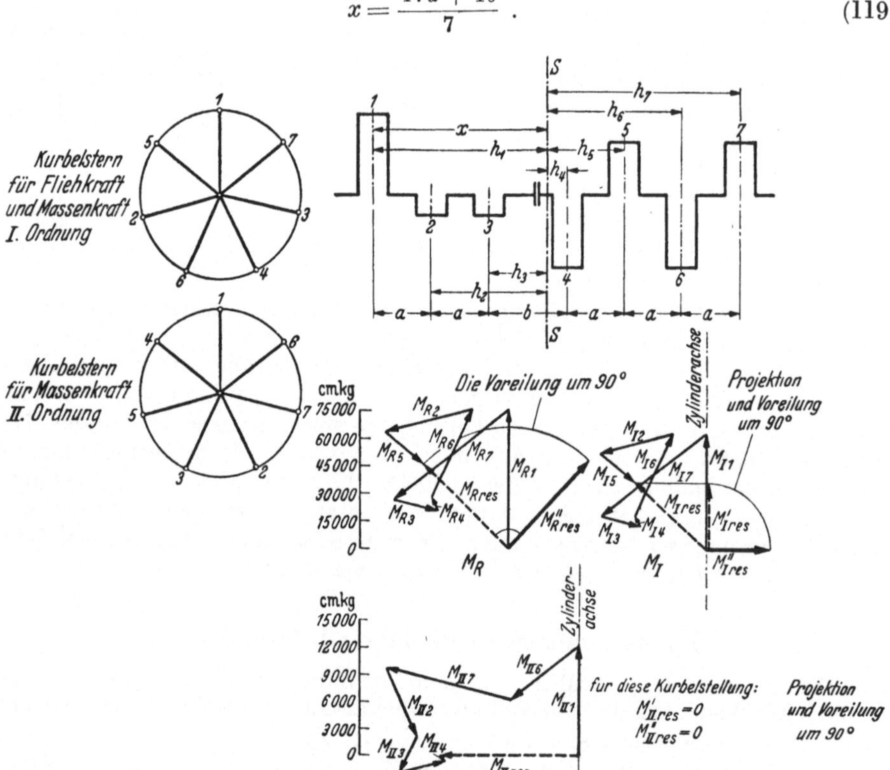

Abb. 68. Bestimmung der Schwerebene SS und der resultierenden Massenmomente $M_{R\,res},\ M_{I\,res},\ M_{II\,res}$ für eine Siebenzylinder-Reihenmaschine.

Durch die Schwerebene SS sind auch die Hebelarme für die einzelnen Zylinderebenen festgelegt. Es ist also z. B.

$$M_{R1} = P_{R1} \cdot h_1, \quad M_{I1} = P_{I1} \cdot h_1 \text{ und } M_{II1} = P_{II1} \cdot h_1.$$

Ein in einer Ebene wirkendes Moment $P \cdot a$ kann man sich durch einen Vektor ersetzt denken, der senkrecht auf der Momentenebene steht und dessen Länge die Größe des Momentes ergibt. Die Richtung des Vektors wird z. B. so festgelegt, daß bei einem vom Betrachter aus gesehenen, rechtsdrehenden Moment der Vektor auf den Betrachter zugerichtet ist. Der Momentenvektor kann auf der Momentenebene beliebig verschoben werden, ohne daß dadurch an seiner Wirkung etwas verändert wird.

Beziehen wir diese Betrachtung auf die Zweizylindermaschine (Abb. 64), so steht der Momentenvektor für das Moment $P_{R1} \cdot a$ senkrecht auf der Vertikalebene und auf den Beschauer zu gerichtet. Für Zylinder 2 hat der Vektor des Momentes

$P_{R2} \cdot a$ die gleiche Richtung, wenn die Kräfte P_{R1} und P_{R2} verschiedene Vorzeichen haben. Im vorliegenden Fall trifft dies zu, da ja die beiden Kräfte entgegengesetzt gerichtet sind. Mithin können beide Vektoren addiert werden, so daß sich für das Kippmoment M_R ergibt:

$$M_R = P_{R1} \cdot a + (-P_{R2}) \cdot a = (P_{R1} - P_{R2}) \cdot a = P_{R1} \cdot 2a \ [\text{cmkg}], \qquad (120)$$

wenn: $-P_{R2} = +P_{R1}$ ist.

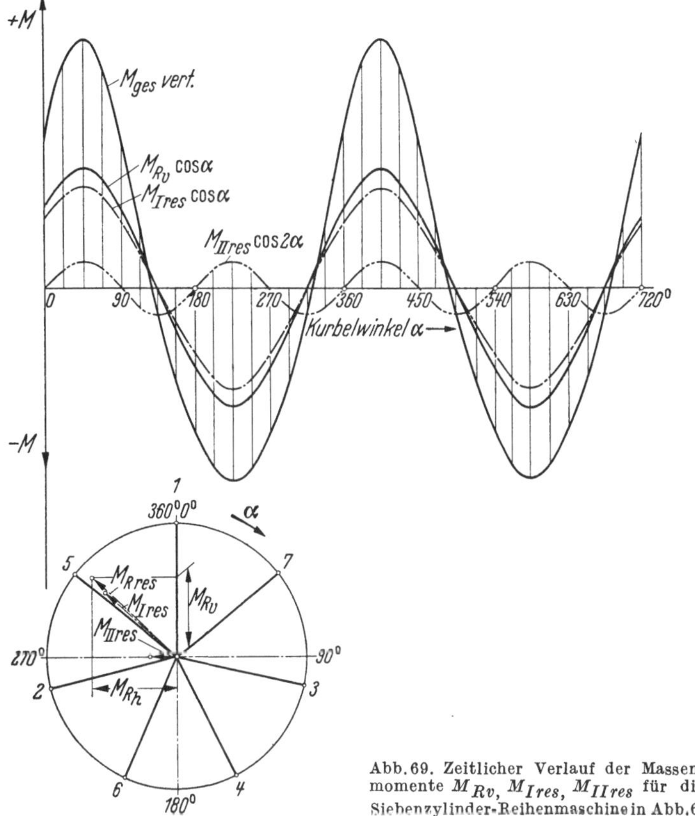

Abb. 69. Zeitlicher Verlauf der Massenmomente M_{Rv}, M_{Ires}, M_{IIres} für die Siebenzylinder-Reihenmaschine in Abb. 68.

Für die Momente der Massenkräfte 1. und 2. Ordnung:

$$M_{I,II} = P_{H1} \cdot a + (-P_{H2}) \cdot a = a \cdot (P_{H1} - P_{H2}) \ [\text{cmkg}]$$

wird für $P_{H1} - P_{H2}$ eingesetzt, so folgt:

$$|P_{I1}| = |P_{I2}|$$
$$|P_{II1}| = |P_{II2}|$$

$$M_{I,II} = a \cdot [P_{I1} \cdot \cos\alpha + P_{II} \cdot \cos 2\alpha - P_{I2} \cdot \cos\alpha\,(180° + \alpha) - P_{II2} \cdot \cos 2\,(180° + \alpha)];$$

$$M_{I,II} = a \cdot [2P_I \cdot \cos\alpha + P_{II} \cdot 0] = P_I \cdot 2a \cdot \cos\alpha \ [\text{cmkg}]. \qquad (121)$$

Gl. (121) besagt, daß ein Moment der Kräfte 2. Ordnung nicht vorhanden ist, da die beiden Momente M_{II1} und M_{II2} gleich groß sind, aber im entgegengesetzten

Sinne drehen. Wird die Bezugsebene nicht in der Symmetrieebene SS der Maschine angenommen, bestehen auch Momente 2. und höherer Ordnung verschiedener Größe und Wirkungsrichtung.

Nicht ausgeglichene Kräfte geben also bei allen Mehrzylindermaschinen je nach der Lage der Bezugsebene Momente verschiedener Größe und Wirkungsrichtung.

Ersetzt man dieses Kippmoment durch einen in der Schwerebene liegenden Momentenvektor (z.B. $M_{R1} + M_{R2} = M_{Rres}$ in Abb. 64), so lassen sich bei Mehrzylindermaschinen die resultierenden Massenmomente mit Hilfe der ihrer Größe nach durch die Massenkräfte und zugehörigen Hebelarme festgelegten Vektoren ebenfalls mittels geometrischer Addition finden.

7.61 Bestimmung der resultierenden Momente der umlaufenden Massen.

In erster Linie wird die Größe der einzelnen Momente M_R aus P_R mal zugehörigem Hebelarm errechnet. Wieder wird der Kurbelstern aufgezeichnet und die Momentenvektoren in geeignetem Maßstab von Kurbel 1 beginnend, in Richtung der einzelnen Kurbelarme aneinandergereiht. Die sich allenfalls ergebende Schlußlinie ist der resultierende Vektor M_{Rres}.

Für die geometrische Addition der einzelnen Vektoren ist es gleichgültig, welche Stellung des Triebwerks herausgegriffen wird — man beginnt also mit Kurbel 1 — wenn in der Folge nur beachtet wird, daß der resultierende Momentenvektor M_{Rres} mit der gleichen Winkelgeschwindigkeit der Kurbelwelle umläuft.

Bei der in Abb. 68 gezeichneten Siebenzylinder-Kurbelwelle wirkt z.B. das Moment $M_{R1} = P_{R1} \cdot h_1$ in einer Vertikalebene. Mithin steht der Vektor dieses Momentes normal auf der Wirkungsebene, wäre im Vektordiagramm also horizontal aufgetragen.

Allgemein gilt, daß der Vektor eines Momentes diesem um $90°$ voreilt. An sich ist es gleichgültig, ob für jeden einzelnen Zylinder die Wirkungsrichtung des Momentenvektors durch Drehung der betreffenden Kurbelrichtung um $90°$ festgelegt und die Vektoren ihrer Größe *und* Richtung nach zusammengesetzt werden, oder ob sie der Größe nach in den einzelnen Kurbelrichtungen aneinandergereiht und erst nach Bildung der Resultierenden diese um $90°$ in ihre Wirkungsrichtung gedreht wird. Letzteres Verfahren ist übersichtlicher und wird auch in der Folge beibehalten.

Bei der Aneinanderreihung der Vektoren im Krafteck ist ihre Richtung zu beachten, denn es wirken z.B. die links von der Schwerebene SS liegenden Momente von Zylinder *1, 2, 3 nach aufwärts bzw. abwärts*, während die rechts von SS liegenden *Momente die entgegengesetzte Drehrichtung* haben. Die Vektoren dieser Momente müssen also das entgegengesetzte Vorzeichen erhalten. Dies erreicht man ganz einfach dadurch, daß im Kurbelstern die Richtung aller jener Kurbeln, die auf der rechten Seite von SS liegen umgekehrt, also vom Umfang auf den Mittelpunkt zu wirkend, gedacht wird.

Vorschrift zur Ermittlung der resultierenden Massenmomente.

a) Die Momente sind für die einzelnen Zylinder festzulegen. Z.B. Zylinder $1: M_{R1} = P_R \cdot h_1$. P_R hat bei gleichen Triebwerken immer dieselbe Größe.

b) Der Kurbelstern und die Längsansicht der Kurbelwelle sind zu zeichnen.

c) Nach Wahl des Maßstabs, die einzelnen Momente in Richtung der Kurbeln, beginnend bei 1, aneinanderreihen. Für alle rechts von der Schwerebene SS liegenden Kröpfungen sind die Richtungen der Momentenvektoren umzukehren.

d) Die Schlußlinie des Kraftecks wird bestimmt und um $90°$ im Uhrzeigersinn gedreht. Der resultierende Momentenvektor M_{Rres}'' ist hiermit seiner Größe und Richtung nach festgelegt.

7.62 Momente der Massenkräfte 1. Ordnung (Abb. 68).

Die auf Grund der Massenkräfte 1. Ordnung auftretenden Kippmomente können nur in der durch die Zylinderachsen festgelegten Ebene wirken, da die P_I nur in Richtung der Zylinderachsen auftreten.

Die Massenmomente 1. Ordnung ändern also ihre Größe während einer Kurbelumdrehung von einem positiven zu einem negativen Höchstwert.

Der Unterschied der Momente der umlaufenden und hin und her gehenden Teile ist mithin der gleiche wie bei den beiden Arten von Massenkräften. Letztere werden für jeden Zylinder nur mit einem konstanten Faktor (Hebelarm) multipliziert, um die Massenmomente zu ergeben. — Damit müssen diese den gleichen Gesetzen wie die Massenkräfte unterliegen.

Die Massenmomente 1. und 2. Ordnung ermittelt man ebenfalls nach dem oben gezeigten zeichnerischen Verfahren. Die Momentenvektoren werden in der Schwerebene der Maschine aneinandergereiht und die Schlußlinie gebildet. Diese wird auf die Richtung der Zylinderachse projiziert und ergibt hier die Größe des resultierenden Momentes 1. Ordnung.

Um den Momentenvektor seiner richtigen Lage im Raum nach zu erhalten, muß er um 90° im Uhrzeigersinn gedreht werden.

Besonders zu beachten ist, daß Richtung und Größe des so ermittelten Momentenvektors *nur für die jeweils gezeichnete Stellung der Kurbelwelle gelten*.

Er wird für jene Kurbelstellung ein Höchstwert, in welcher die Schlußlinie des Momentenpolygons in die Richtung der Zylinderachse fällt, also wenn die Schlußlinie und ihre Projektion gleiche Größe haben.

Die zeitliche Änderung des resultierenden Momentes 1. Ordnung läßt sich mit Hilfe einer Cosinuslinie darstellen, die im Takte der Drehzahl verläuft.

Die Maschine wird durch den umlaufenden Momentenvektor $M''_{I\,res}$ um die durch den Schwerpunkt gehende Querachse gekippt. Es ist die Aufgabe des Massenausgleichs, *Kurbelfolge und Zylinderzahl so zu wählen, daß $M''_{I\,res}$ möglichst 0 wird*. Bei welchen Maschinen dies der Fall ist, wird bei der Besprechung der einzelnen Bauarten gezeigt werden.

Zur Ermittlung der Massenmomente 1. Ordnung ergibt sich mithin folgende **Vorschrift:**

a) Die Momente werden für die einzelnen Zylinder ihrem Größtwert nach festgelegt. Also z. B.

Zylinder 1: $M_{I1} = P_I \cdot h_1$,
Zylinder 2: $M_{I2} = P_I \cdot h_2$ usw.,

wobei P_I bei gleichen Triebwerken immer gleich groß bleibt.

b) Der Kurbelstern und die Längsansicht der Kurbelwelle sind zu zeichnen und

c) die einzelnen Momente in einem entsprechend gewählten Maßstab, beginnend mit Kurbel 1 in Richtung der Kurbeln aneinanderzureihen. Hierbei ist zu beachten, daß für alle Kröpfungen, die rechts von der Schwerebene SS liegen, die Richtung der Momentenvektoren umzukehren ist, d. h. diese Vektoren sind im Kurbelstern der Richtung nach von außen zum Mittelpunkt hin zu nehmen. Für alle linksseitig von SS liegenden Kurbeln verläuft die Richtung von der Mitte des Kurbelsterns nach außen.

d) Die Schlußlinie ist zu ermitteln und auf die Zylinderachse zu projizieren. Diese Projektion ergibt das resultierende Massenmoment 1. Ordnung $M''_{I\,res}$.

e) Die Wirkungsrichtung wird erhalten, wenn $M''_{I\,res}$ um 90° im Uhrzeigersinn gedreht wird.

7.63 Momente der Massenkräfte 2. Ordnung (Abb. 68).

Die Ermittlung der resultierenden Momente $M''_{II\,res}$ erfolgt in der oben gezeigten Weise. Die Größen der Momente für die einzelnen Zylinder bei beliebiger Kurbelstellung sind z. B. für:

$$\left.\begin{aligned}\text{Zylinder 1:}\ &M_{II1}= P_{II1}\cdot h_1 \cos 2\alpha_1, \\ \text{Zylinder 2:}\ &M_{II2}= P_{II2}\cdot h_2 \cos 2\alpha_2 \ \text{usw.}\end{aligned}\right\} \tag{122}$$

Die Höchstwerte treten in den Totlagen für $\cos 2\alpha=1$ auf, also z. B. Zylinder 1: $M_{II1\,max}= P_{II1}\cdot h_1=\lambda\cdot P_I\cdot h_1$. Sie sind den Momenten 1. Ordnung proportional.

Vorschrift zur Bestimmung von $M''_{II\,res}$. a) Ermittlung der Momente 2. Ordnung ihrem Höchstwert nach für die einzelnen Zylinder.

b) Aufzeichnen des Kurbelsterns 2. Ordnung, d. h. verdoppeln der Kurbelwinkel für die einzelnen Kröpfungen.

c) Die Momentenvektoren im Maßstab von Kurbel 1 beginnend in Richtung der Kurbeln aneinanderreihen, wobei die Richtung für links von SS liegende Kurbeln vom Mittelpunkt nach außen, für rechts liegende von außen nach innen zu nehmen ist.

d) Zeichnen und Projizieren der Schlußlinie auf die Zylinderachsen ergibt $M''_{II\,res}$ seiner Größe nach für die betreffende Kurbelstellung.

e) Die Wirkungsrichtung des Momentenvektors wird durch Drehung um 90° im Uhrzeigersinne erhalten.

$M''_{II\,res}$ ändert seinen Wert während jeder Kurbelumdrehung zweimal von einem positiven zu einem negativen Maximum. Ebenso wechselt die Drehrichtung des Momentes während jeder Umdrehung zweimal.

Man kann die resultierenden Massenmomente 2. Ordnung ebenfalls durch geeignete Wahl der Kurbelfolge und Zylinderzahl zum Verschwinden bringen.

7.64 Verlauf der resultierenden Massenmomente M_R, M_I, M_{II} während einer Kurbelumdrehung.

Massenmomente der umlaufenden Massen. Da $M_{R\,res}$ während der ganzen Kurbelumdrehung die gleiche Größe hat, kann es als sich überlagernde Sinus- und Cosinuslinie dargestellt werden (Abb. 69). Die Amplitude ist der Höchstwert von $M_{R\,res}$. Dabei schwingen diese beiden Linien, eine in horizontaler, die andere in vertikaler Ebene.

Zeitlicher Verlauf der Massenmomente der hin und her gehenden Massen. $M_{I\,res}$ und $M_{II\,res}$ ergeben — über dem Kurbelweg aufgetragen — zwei Cosinuslinien, deren erste *eine*, die zweite *zwei* volle Schwingungen während jeder Kurbelumdrehung ausführt.

In den Momentenpolygonen für M_I und M_{II} haben die beiden Schlußlinien verschiedene Richtungen zueinander. Dies bedeutet, daß der Höchstwert der Massenmomente beider Ordnungen bei verschiedenen Kurbelstellungen auftritt.

Das Massenmoment der umlaufenden Teile wird in eine in der Zylinderebene wirkende Komponente $M_{R\,res}\cos\alpha$ und eine Komponente $M_{R\,res}\sin\alpha$ zerlegt, die in der dazu senkrechten Ebene wirkt.

Nach dem Auftragen der 3 Linienzüge über dem Kurbelweg addiert man sie geometrisch. Die Resultierende stellt den zeitlichen Verlauf des Zusammenwirkens der Kippmomente in den beiden Ebenen dar. Die einzelnen Ordinaten der resultierenden Momente ergeben die für den betreffenden Zeitpunkt wirkende Unwucht.

7.65 Ausgleich der Massenmomente bzw. deren Abstimmung auf einen Kleinstwert.

Soll eine gestaltete Maschine hinsichtlich des Ausgleiches der Massenmomente beurteilt werden, so genügt die Bestimmung von M_{Ires} und M_{IIres}. Man hält sich hier am besten an bereits ausgeführte Triebwerke, bei welchen die Auswirkung der Massenmomente bekannt ist. Es ergeben sich auf diese Weise Erfahrungswerte, die einer Beurteilung zugrunde zu legen sind.

Als Hilfsmittel, die Größe der Massenmomente zu beeinflussen, gilt im allgemeinen eine probeweise Änderung der Kurbelfolge. Die *Massenkräfte* werden durch Veränderung der Kurbelfolge *nicht* beeinflußt. Man kann so in vielen Fällen bezüglich der Momente zu einem günstigen Massenausgleich kommen. Allerdings unterliegt diese Möglichkeit bei Viertaktmaschinen der Beschränkung, gleichmäßige Zündabstände zu erhalten.

Bei Zweitaktmaschinen, deren Zündfolge bekanntlich beliebig verändert werden kann, läßt sich durch Änderung der Kurbelfolge viel erreichen. Allerdings ist dieses Hilfsmittel besonders bei vielzylindrigen Maschinen sehr zeitraubend, da die möglichen Kurbelfolgen mit steigender Zylinderzahl sehr rasch anwachsen. Untersuchungen in dieser Richtung wurden von Prof. SCHRÖN in seinem Buch „Kurbelwellen mit kleinsten Massenmomenten" durchgeführt, wo auch einige Verfahren zur Abkürzung der Rechen- und Zeichenarbeit angegeben sind.

7.7 Beurteilung des Massenausgleichs bei Reihenmaschinen.

Für die Beurteilung des Massenausgleichs bei Reihenmaschinen ergibt sich folgender Merksatz:

a) Massenkräfte. Um festzustellen, ob eine Reihenmaschine freie Massenkräfte hat oder nicht, ist es erforderlich, die Kurbelsterne 1., 2. bzw. höherer Ordnung zu betrachten. Ist das Kurbelschema bezüglich des umschriebenen Kreises symmetrisch, so treten Massenkräfte der betreffenden Ordnung nicht auf, d.h. der Massenausgleich stellt sich auf natürlichem Wege ohne Gegengewichte ein. Aus der Zahlentafel 3 ist zu entnehmen, daß die Vier-, Sechs-, Achtzylinder-Reihenmaschinen Massenkräfte höherer Ordnung aufweisen, die aber — wie in Abs. 7.54 ausgeführt wurde — unbedenklich vernachlässigt werden können.

b) Massenmomente. Um feststellen zu können, ob Massenmomente auftreten, ist die Kurbelwelle der Maschine in Längsansicht zu betrachten. Liegen sämtliche Kurbeln symmetrisch zur Schwerebene SS, so sind Momente irgendwelcher Art nicht vorhanden. Im gegenteiligen Fall ergeben sich bei beliebiger Kurbelfolge immer resultierende Momente M_R, M_I, M_{II}, von denen einzelne durch entsprechende Wahl der Kurbelfolge zu Null gemacht werden können. Die Maschine ist daraufhin besonders zu untersuchen.

Aus obigen Ausführungen ergeben sich zwei Begriffe:

1. Vollsymmetrische Kurbelwelle. Vollsymmetrisch sind alle jene Kurbelwellen, bei welchen sowohl der Kurbelstern, als auch die Anordnung der Kurbeln in Längsansicht symmetrisch sind (z.B. Sechszylinder-Kurbelwelle).

2. Teilsymmetrische Kurbelwelle. Als solche werden alle jene Kurbelwellen bezeichnet, die zwar einen symmetrischen Kurbelstern, aber unsymmetrische Kurbelanordnung in Reihe haben.

Alle vollsymmetrischen Kurbelwellen haben vollkommenen Ausgleich der Massenkräfte der umlaufenden Massen, sowie der Massenkräfte 1. Ordnung. Die Massenkräfte höherer Ordnung sind soweit ausgeglichen, als der betreffende Kurbelstern in bezug auf den umschriebenen Kreis symmetrisch ist. Massenmomente irgendwelcher Art sind nicht vorhanden.

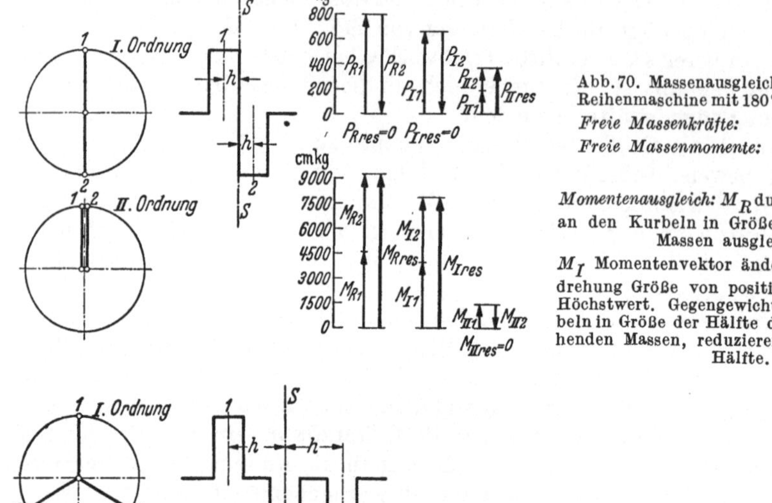

Abb. 70. Massenausgleich der Zweizylinder-Reihenmaschine mit 180° Kurbelversetzung.

Freie Massenkräfte: $\quad P_{II\,res} = 2\,P_{II}$

Freie Massenmomente: $\quad M_{R\,res} = 2\,P_R \cdot h,$
$$M_{I\,res} = 2\,P_I \cdot h.$$

Momentenausgleich: M_R durch Gegengewichte an den Kurbeln in Größe der umlaufenden Massen ausgleichbar.

M_I Momentenvektor ändert bei einer Umdrehung Größe von positivem zu negativem Höchstwert. Gegengewichte an beiden Kurbeln in Größe der Hälfte der hin und her gehenden Massen, reduzieren die M_I auf die Hälfte.

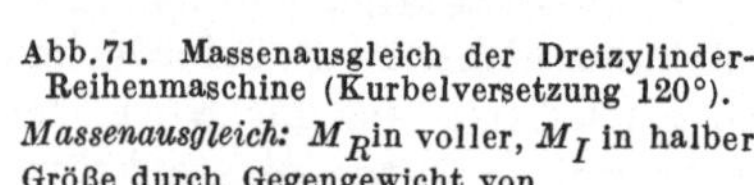

Abb. 71. Massenausgleich der Dreizylinder-Reihenmaschine (Kurbelversetzung 120°).

Massenausgleich: M_R in voller, M_I in halber Größe durch Gegengewicht von

$$G_g = \frac{r}{r_g} \cdot \left(G_R + \frac{1}{2}\,G_H \right)$$

ausgleichen.

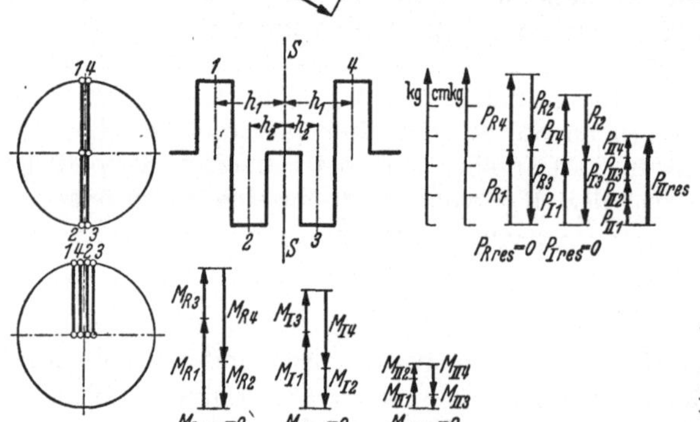

Abb. 72. Massenausgleich der Vierzylin-der-Reihenmaschine (Kurbelversetzung 180°).

Massenausgleich: Massenkräfte zweiter, vierter usw. Ordnung vorhanden. Ausgleich selten angewandt.

Für die teilsymmetrische Kurbelwelle gilt hinsichtlich der Massenkräfte das gleiche, sie hat aber unvollkommenen Momentenausgleich.

In den Abb. 70 bis 75 ist der Massenausgleich der am häufigsten vorkommenden Reihenmaschinen zeichnerisch dargestellt. An Hand der Zahlentafeln 3 und 4 können die verbleibenden Restkräfte und Momente festgestellt werden.

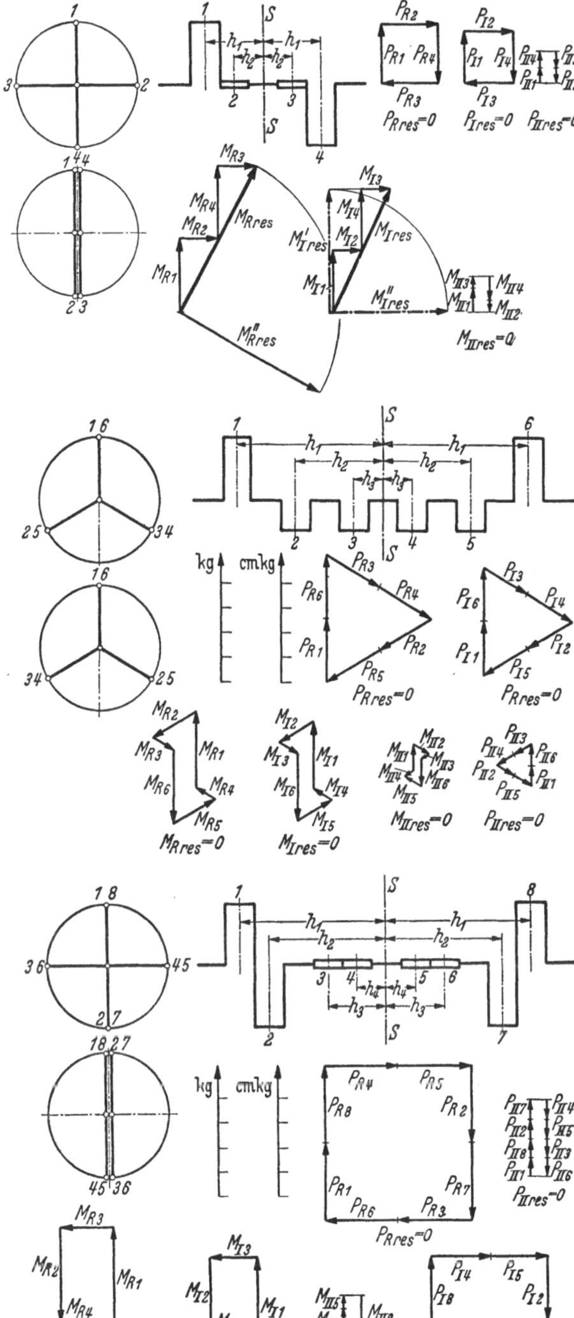

Abb. 73. Masensausgleich der Vierzylinder-Reihenmaschine (Kurbelversetzung 90°, Zweitaktverfahren).

Massenausgleich: Auszugleichen sind M_R und M_I (s. Abb. 70).

Abb. 74. Massenausgleich der Sechszylinder-Reihenmaschine (Kurbelversetzung 120°). Massenkräfte 6. und 12. Ordnung vorhanden, Ausgleich nicht möglich.

Abb. 75. Massenausgleich der Achtzylinder-Reihenmaschine (Kurbelversetzung 90°).

Zahlentafel 3. *Massenausgleich bei Reihenmaschinen.*

Viertakt

#	Bezeichnung		1	2	3	4	5	6	8	12
	Zylinderzahl		1	2	3	4	5	6	8	12
1	Kurbelversetzung		—	180°	120°	180°	72°	120°	90°	60°
2	Zündabstand		720°	180°/540°	240°	180°	144°	120°	90°	60°
3	Vollsymmetrische Kurbelwelle							*	*	*
4	Teilsymmetrische Kurbelwelle			*	*	*	*			
5	Resultierende Massenkraft	$P_{R\,res}$	$\mathbf{P_R}$	—	—	—	—	—	—	—
6		$P_{I\,res}$	P_I	—	—	—	—	—	—	—
7		$P_{II\,res}$	P_{II}	$2\,P_{II}$	—	$4\,P_{II}$	—	—	—	—
8		$P_{IV\,res}$	P_{IV}	$2\,P_{IV}$	—	$4\,P_{IV}$	—	—	$8\,P_{IV}$	—
9		$P_{VI\,res}$	P_{VI}	$2\,P_{VI}$	$3\,P_{VI}$	$4\,P_{VI}$	—	$6\,P_{VI}$	—	$12\,P_{VI}$
10		$P_{VIII\,res}$	P_{VIII}	$2\,P_{VIII}$	—	$4\,P_{VIII}$	—	—	$8\,P_{VIII}$	—
		$P_{X\,res}$	P_X	$2.\,P_X$	—	$4\,P_X$	$5\,P_X$	—	—	—
11	Resultierendes									
12	Massenmoment	$M_{R\,res}$	—	$2\,\mathbf{M_R}\cdot h_1$	$\mathbf{M_R}\cdot 3\,h_1$	—	[1] $\mathbf{M_{R\,res}}$	—	—	—
13		$M_{I\,res}$	—	$2\,M_I\cdot h_1$	$M_I\cdot 3\,h_1$	—	[1] $M_{I\,res}$	—	—	—
14		$M_{II\,res}$	—	[2] —	$M_{II}\cdot 3\,h_1$	—	[1] $M_{II\,res}$	—	—	—
15		$M_{IV\,res}$	—	[2] —	$M_{IV}\cdot 3\,h_1$	—	[1] $M_{IV\,res}$	—	—	—
16		$M_{VI\,res}$	—	[2] —	[2]	—	[1] $M_{VI\,res}$	—	—	—
17		$M_{VIII\,res}$	—	[2] —	$M_{VIII}\cdot 3\,h_1$	—	[1] $M_{VIII\,res}$	—	—	—
18		$M_{X\,res}$	—	[2] —	$M_X\cdot 3\,h_1$	—	—	—	—	—

Zweitakt

#	1	2	3	4	5	6	7	8	10
1	—	0°	120°	90°	72°	60°	51,4°	45°	36°
2	360°	360°	120°	90°	72°	60°	51,4°	45°	36°
3									
4		*	*	*	*	*	*	*	*
5	$\mathbf{P_R}$	$2\,\mathbf{P_R}$	—	—	—	—	—	—	—
6	P_I	$2\,P_I$	—	—	—	—	—	—	—
7	P_{II}	$2\,P_{II}$	—	—	—	—	—	—	—
8	P_{IV}	$2\,P_{IV}$	—	$4\,P_{IV}$	—	—	—	—	—
9	P_{VI}	$2\,P_{VI}$	$3\,P_{VI}$	—	—	$6\,P_{VI}$	—	—	—
10	P_{VIII}	$2\,P_{VIII}$	—	$4\,P_{VIII}$	—	—	—	$8\,P_{VIII}$	—
11	P_X	$2\,P_X$	—	—	$5\,P_X$	—	—	—	$10\,P_X$
12									
	—	—	$P_R\cdot 3\,h_1$	$\mathbf{M_{Rres}}$	$\mathbf{M_{Rres}}$	$\mathbf{M_{Rres}}$	$\mathbf{M_{Rres}}$	$\mathbf{M_{Rres}}$	$\mathbf{M_{Rres}}$
13	—	—	$P_I\cdot 3\,h_1$	$M_{RI\,res}$	$M_{I\,res}$	$M_{I\,res}$	$M_{I\,res}$	$M_{I\,res}$	$M_{I\,res}$
14	—	—	$P_{II}\cdot 3\,h_1$	[2] —	[1] $M_{II\,res}$	[2] —	[1] $M_{II\,res}$	[2] —	[2] —
15	—	—	$P_{IV}\cdot 3\,h_1$	[2] —	[1] $M_{IV\,res}$	[2] —	[1] $M_{IV\,res}$	[2] —	[2] —
16	—	—	[2] —	[2] —	[1] $M_{VI\,res}$	[2] —	[1] $M_{VI\,res}$	[2] —	[2] —
17	—	—	$P_{VIII}\cdot 3\,h_1$	[2] —	[1] $M_{VIII\,res}$	[2] —	[1] $M_{VIII\,res}$	[2] —	[2] —
18	—	—	$P_X\cdot 3\,h_1$	[2] —	[1] —	[2] —	[1] $M_{X\,res}$	[2] —	[2] —

Anmerkungen:

[1] Die mit 1) bezeichneten Momente können durch entsprechende Wahl der Kurbelfolge auf einen Kleinstwert reduziert werden. [2] Diese Momente sind Null, wenn als Bezugsebene die Symmetrieebene SS der Maschine gewählt wird.

halbfett: durch Gegengewichte vollkommen ausgeglichen.
kursiv: durch Gegengewichte teilweise ausgeglichen.

In den Zahlentafeln 3 und 4 wurden die nicht ausgeglichenen Kräfte und Momente angeführt, wobei für die Kräfte und Momente der oszillierenden Triebwerksteile jeweils der Höchstwert angegeben wurde, der während eines Doppelhubes, je nach der Ordnungszahl der Massenkräfte $1 - x$ mal durchlaufen wird.

Bei den Zweitakt-Reihenmaschinen mit gerader Zylinderzahl sind nur dann die Massenmomente zweiter und höherer Ordnung Null, wenn eine Kurbelfolge gewählt wird, in der jeweils die Kurbeln jener Zylinder um 180° versetzt sind, die von der Symmetrieebene SS der Maschine gleichweit entfernt sind, also z.B. 1 und 6, 2 und 5, 3 und 4 bei einem Sechszylindermotor, Voraussetzung hierfür ist, daß als Bezugsebene die Symmetrieebene SS gewählt wird.

Wird eine beliebige andere Kurbelfolge gewählt, so bestehen auch Massenmomente höherer Ordnung, mit Ausnahme der Massenmomente jener Ordnungen, die

a) bei geradzahligen Zylinderzahlen der Zylinderzahl bzw. deren Vielfachen,

b) bei ungradzahligen Zylinderzahlen der doppelten Zylinderzahl und deren Vielfachen

entsprechen. (In den Zahlentafeln mit * bezeichnet.)

Das gleiche gilt auch für die V-Maschinen.

Zahlentafel 4. *Massenausgleich bei Boxermotoren.*

Zylinderzahl	2	4	6	8	12
Kurbelversetzung	180°	180°	120°	90°	120°
Zündabstand	360°	180°	120°	90°	60°
$P_{R\,res}$	—	—	—	—	—
$P_{I\,res}$	—	—	—	—	—
$P_{II\,res}$	—	—	—	—	—
$P_{IV\,res}$	—	—	—	—	—
$P_{VI\,res}$	—	—	—	—	—
$P_{VIII\,res}$	—	—	—	—	—
$P_{X\,res}$	—	—	—	—	—
$M_{R\,res}$	$\mathbf{2\,P_R \cdot h_1}$	—	$\mathbf{M_{R\,res}}$	—	—
$M_{I\,res}$	$2\,P_I \cdot h_1$	—	$M_{I\,res}$	—	—
$M_{II\,res}$	$2\,P_{II} \cdot h_1$	$2\,P_{II} \cdot (h_2-h_1)$	$^1)$ —	$2\,P_{II} \cdot (h_4+h_3-h_2-h_1)$	—
$M_{IV\,res}$	$2\,P_{IV} \cdot h_1$	$2\,P_{IV} \cdot (h_2-h_1)$	$^1)$ —	$2\,P_{IV} \cdot (h_4+h_1-h_3-h_2)$	—
$M_{VI\,res}$	$2\,P_{VI} \cdot h_1$	$2\,P_{VI} \cdot (h_2-h_1)$	$^1)$ —	$2\,P_{VI} \cdot (h_4+h_3-h_2-h_1)$	—
$M_{VIII\,res}$	$2\,P_{VIII} \cdot h_1$	$2\,P_{VIII} \cdot (h_2-h_1)$	$^1)$ —	$2\,P_{VIII} \cdot (h_4+h_1-h_3-h_2)$	—
$M_{X\,res}$	$2\,P_X \cdot h_1$	$2\,P_X \cdot (h_2-h_1)$	$^1)$ —	$2\,P_X \cdot (h_4+h_3-h_2-h_1)$	—

$h_1 \quad = $ Abstand der innersten Kurbelmitten von Symmetrieachse der Maschine,

$h_2 . h_3 = $ Abstand der zweiten bzw. dritten Kurbelmitte von Symmetrieachse,

$h_4 \quad = $ Abstand der äußersten Kurbelmitten von Symmetrieachse der Maschine.

halbfett: durch Gegengewichte vollkommen ausgeglichen.

kursiv: durch Gegengewichte teilweise ausgeglichen

$^1)$ Momente sind Null, wenn als Bezugsebene die Symmetrieebene gewählt wird.

7.8 V-(Gabel)-Maschinen.

Zweizylinder-V-Maschine mit V-Winkel 90°.

Unter V- oder Gabelmaschinen versteht man jene Zylinderanordnung, bei welcher immer zwei Zylinder in einer Ebene liegen, wobei die Zylinderachsen unter einem bestimmten Winkel, dem V-Winkel zueinander geneigt sind.

Die Schubstangen zweier gegenüberliegender Zylinder greifen an der gleichen Kurbelkröpfung an.

Annahme für Beurteilung des Massenausgleichs: Es wird angenommen, daß die Achsen der beiden Schubstangen durch den Kurbelzapfenmittelpunkt gehen. In der Praxis wird die eine Schubstange als Nebenpleuel ausgebildet und an der Hauptschubstange angelenkt, oder beide Schubstangen haben die gleiche Form und arbeiten nebeneinander auf dem Kurbelzapfen.

Neben der Wahl der Zylinderzahl und der Form der Kurbelwelle besteht bei den V-Maschinen noch die Möglichkeit, den V-Winkel nach bestimmten Gesichtspunkten festzulegen. Beim Viertaktverfahren ist der V-Winkel meistens durch die Forderung bedingt, gleiche Zündabstände zu erhalten.

Die Zündabstände bei der Zweizylinder-V-Maschine mit 90° V-Winkel sind 270° bzw. 450°. Die Besprechung des Massenausgleichs dieser Bauart soll etwas ausführlicher behandelt werden, da sie das Grundelement für die Mehrzylinder-V-Maschinen darstellt.

Massenkräfte. a) *Massenkräfte der umlaufenden Massen.* Wie bereits dargelegt wurde, wirken diese Massenkräfte in radialer Richtung in Form von Fliehkräften (Abb. 76). Die umlaufenden Triebwerksteile bestehen aus der Kurbelwelle und zwei rotierenden Anteilen der Pleuelstange, mithin errechnet sich die Massenkraft

$$P_R = (G_{KW} + G_{R\,Schubst\,1} + G_{R\,Schubst\,2})\,\frac{r \cdot \omega^2}{g}\ \ [\text{kg}]. \tag{123}$$

Die Wirkung der Massenkräfte kann durch ein umlaufendes Gegengewicht der Größe

$$G_{g\,R} = \frac{r}{r_g} \cdot (G_{KW} + G_{R\,Schubst\,1} + G_{R\,Schubst\,2})\ \ [\text{kg}] \tag{124}$$

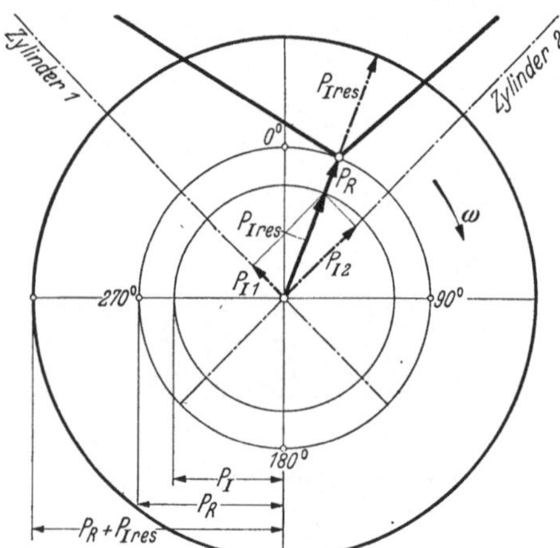

Abb. 76. Polardiagramm der Massenkräfte P_R und P_I für die Zweizylinder-V-Maschine (V-Winkel 90°).

ausgeglichen werden.

b) *Massenkräfte 1. Ordnung der hin und her gehenden Triebwerksteile.* Diese wirken für das Triebwerk jedes Zylinders in den zugehörigen Zylinderachsen I bzw. II. In Abb. 76 ist das Massenkraftdiagramm für die P_I in polarer Darstellung für beide Zylinder aufgetragen. Der Maßstab für die Kräfte möge so gewählt werden, daß der Radius des Kurbelkreises den Massenkräften P_R entspricht.

Die in den einzelnen Punkten des Kurbelkreises aufeinander senkrecht stehenden P_I lassen sich nun für jeden Punkt zu einer Resultierenden zusammensetzen. Bei der Zweizylinder-V-Maschine mit einem V-Winkel von 90° hat die Resultierende über die ganze Umdrehung die gleiche Größe, das Polardiagramm ist daher ein Kreis. Diese Tatsache ergibt sich auch durch folgende Überlegung: Die Massenkräfte 1. Ordnung verlaufen für beide Zylinder in Form einer Cosinuslinie (s. Abb. 36). Unter Berücksichtigung des V-Winkels ergibt sich für beide Cosinuslinien eine Phasenverschiebung von 90°, mithin muß die Resultierende über den ganzen Kurbelweg konstante Größe besitzen.

$$P_{I\,res} = \sqrt{P_{I1}^2 + P_{I2}^2} = \sqrt{P_{I\,res}^2 \cdot \cos^2\alpha + P_{I\,res}^2 \cdot \sin^2\alpha}\ \ [\text{kg}]. \tag{125}$$

Setzt man die Resultierende in den einzelnen Kräfteparallelogrammen für die verschiedenen Kurbelstellungen $= 1$, so sind die beiden Katheten der rechtwinkligen Dreiecke $\sin\alpha$ bzw. $\cos\alpha$. Nach dem pythagoräischen Lehrsatz gilt:

$$\sin^2\alpha + \cos^2\alpha = 1.$$

c) *Massenkräfte 2. Ordnung.* In Abb. 77 sind die P_{II} in ihrer Wirkungsrichtung und in jenen Kurbelstellungen (Totlagen für beide Zylinder) gezeichnet, in welchen sie Größtwerte annehmen. Man kann die hier wirkenden P_{II} zu einer resultierenden Massenkraft $P_{II\,res}$ zusammensetzen, deren Größe ist:

$$P_{II\,res} = P_{II} \cdot \sqrt{2} = \frac{G_H}{g} \cdot r \cdot \omega^2 \cdot \lambda \cdot \sqrt{2} \quad [\text{kg}]. \tag{126}$$

Wird der Kurbelwinkel α von der oberen senkrechten Stellung der Kurbel aus gemessen, so liegt dieser Punkt von den Zylinderachsen aus gesehen bei 45° bzw. 315°. Da die Massenkräfte P_{II} ihre Größe mit $\cos 2\alpha$ verändern, sind für alle Stellungen, in welchen der verdoppelte Kurbelwinkel 90° bzw. 270° ist, die $P_{II} = 0$. Mithin ergeben die Kurbelstellungen 0°, 90°, 180°, 270° Nullwerte der Massenkräfte 2. Ordnung.

Werden die resultierenden Massenkräfte $P_{II\,res}$ über einer Kurbelumdrehung ermittelt und mit $P_{R\,res}$ bzw. $P_{I\,res}$ in einem Polardiagramm vereinigt, erhält man die in Abb. 77 dargestellte herzförmige Kurve.

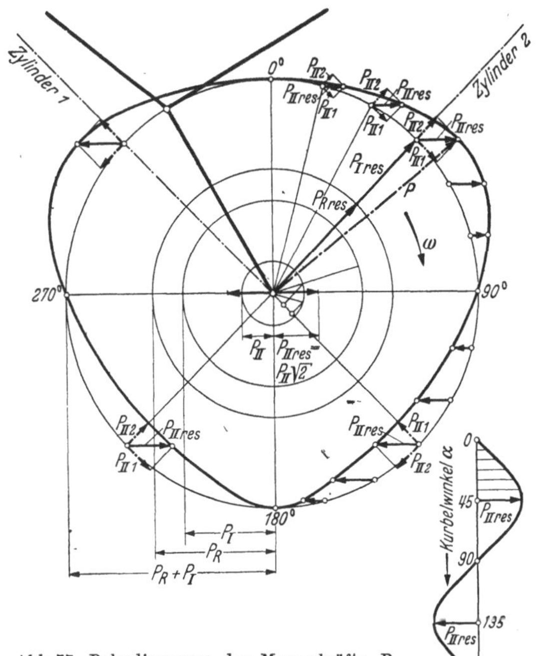

Massenmomente. Massenmomente sind unter Berücksichtigung der oben gemachten Annäherung nicht vorhanden.

Massenausgleich. Aus dem Polardiagramm, Abb. 77, ist ohne weiteres ersichtlich, daß die Massenkräfte P_R und P_I vollkommen ausgeglichen werden können, da sie im Zusammenwirken eine zeitlich unveränderliche, als Fliehkraft wirkende Resultierende ergeben.

Abb. 77. Polardiagramm der Massenkräfte P_R, P_I, P_{II} für die Zweizylinder-*V*-Maschine.

Die Größe des Gegengewichts G_g errechnet sich zu:

$$G_g = \frac{r}{r_g} \cdot \left(G_{KW} + G_{R\,Schubst\,1} + G_{R\,Schubst\,2} + \frac{1}{2}\,G_H \right) \quad [\text{kg}], \tag{127}$$

worin G_H die hin und her gehenden Gewichte *beider* Zylinder bezeichnet. Nach einem auf diese Weise durchgeführten Massenausgleich verbleibt nur die freie Massenkraft 2. Ordnung, die vom Kurbelwellenmittelpunkt horizontal abwechselnd nach rechts und links mit dem doppelten Takt der Drehzahl wirkt. In Abb. 77 ist der zeitliche Verlauf von $P_{II\,res}$ dargestellt.

Für unendliche Schubstangenlänge ist der Massenausgleich vollkommen.

Zweizylinder-*V*-Maschine mit *V*-Winkel 60°.

Dieser Winkel wird oftmals deshalb gewählt, weil die Zündfolge bei dieser Anordnung eine gleichmäßigere wird. Es ergeben sich die Zündabstände von 300° bzw. 420°.

Massenkräfte. Die Massenkräfte der umlaufenden Teile berechnen sich in der früher gezeigten Weise.

In Abb. 78 ist das Polardiagramm für die Trägheitskräfte der hin und her gehenden Teile beider Zylinder gezeichnet.

Massenmomente treten nicht auf.

Massenausgleich. Die Wirkung der umlaufenden Triebwerksteile kann durch ein Gegengewicht von der Größe

$$G_{gR} = \frac{r}{r_g} \cdot (G_{KW} + G_{R\,Schubst\,1} + G_{R\,Schubst\,2}) \; [kg] \qquad (128)$$

ausgeglichen werden.

Es verbleiben die resultierenden Massenkräfte 1. und 2. Ordnung, die als strichlierte Linie gekennzeichnet sind. Wird ein Gegengewicht gewählt, das die Größe des eingeschriebenen Kreises hat, ergibt sich als verbleibende resultierende Massenkraft die stark ausgezogene Kurve der Abb. 79.

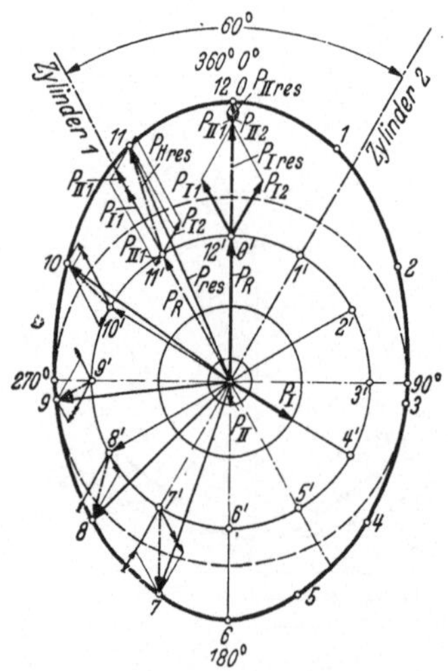

Abb. 78. Bestimmung der resultierenden Massenkräfte und des Kräfteverlaufs bei der Zweizylinder-*V*-Maschine. *V*-Winkel 60°.

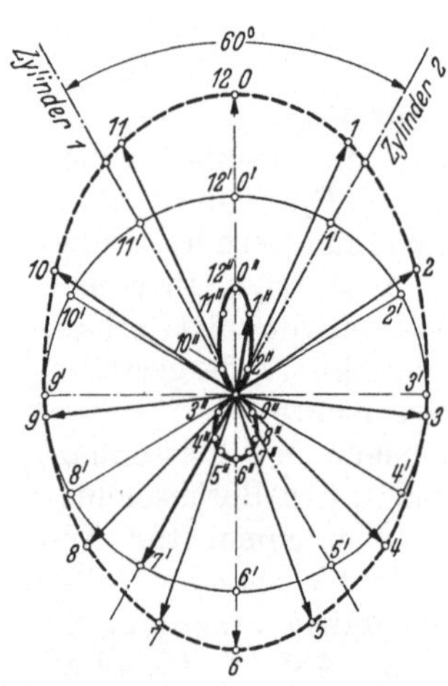

Abb. 79. Polardiagramm der verbleibenden Massenkräfte der Zweizylinder-*V*-Maschine mit *V*-Winkel 60°, wenn ein Gegengewicht vorgesehen wird, dessen P_R dem eingeschriebenen Kreis entspricht.

Vierzylinder-*V*-Maschine mit *V*-Winkel 90°.

Die Zündabstände und die Kurbelversetzung betragen 180°. Die Vierzylinder-*V*-Maschine entsteht durch Aneinanderreihung zweier Gabelelemente oder Aneinanderfügung zweier Zweizylinder-Reihenmaschinen unter dem *V*-Winkel von 90°.

Massenkräfte. Die Massenkräfte der umlaufenden Triebwerksteile sowie die Kräfte 1. Ordnung gleichen sich wie bei der Zweizylinder-Reihenmaschine auf natürlichem Wege aus.

Die Massenkräfte 2. Ordnung setzen sich, ähnlich wie beim Gabelelement, zu einer waagerecht im Kurbelmittelpunkt wirkenden resultierenden Kraft zusammen, deren Größtwert ist:

$$P_{II\,res} = 2\,(P_{II} \cdot \sqrt{2}) = \frac{2\,G_H}{g} \cdot r \cdot \omega^2 \cdot \lambda \cdot \sqrt{2} \; [kg]. \qquad (129)$$

Massenmomente. Wirksam sind die Momente der Trägheitskräfte der rotierenden Massen sowie der Massenkräfte 1. Ordnung. Ihre Größe berechnet sich zu:

$$M_{R\,res} = P_{R\,res} \cdot 2a \,,$$
$$M_{I\,res} = P_I \cdot 2a \,.$$

Da $P_{R\,res}$ und $P_{I\,res}$ über die ganze Kurbelumdrehung gleiche Größe haben, sind auch die Momentenvektoren $M_{R\,res}$ und $M_{I\,res}$ unveränderlich und laufen im Takte der Drehzahl um.

Massenmomente der Kräfte 2. Ordnung sind nicht vorhanden, da sie sich schon bei der Zweizylinder-Reihenmaschine mit 180° Kurbelversetzung aufhoben.

Massenausgleich. Auszugleichen sind die eben besprochenen Momente M_R und M_I. Man bringt an beiden Kurbeln Gegengewichte in der Größe von:

$$G_g = \frac{r}{r_g} \cdot (G_{KW} + G_{R\,Schubst\,1} + G_{R\,Schubst\,2} + \frac{1}{2}\,G_H) \text{ [kg]}. \tag{127}$$

an, und erzielt auf diese Weise einen vollkommenen Ausgleich der M_R bzw. einen teilweisen Ausgleich der M_I.

Die Massenkräfte 2. Ordnung können durch einfache Maßnahmen nicht zum Verschwinden gebracht werden.

Achtzylinder-V-Maschine mit V-Winkel 90° und Kurbelversetzung 90° (Abb. 80).

Massenkräfte. Der Kurbelstern 1. und 2. Ordnung ist bei dieser Anordnung vollsymmetrisch. Alle Massenkräfte für beide Vierzylinderreihen müssen sich daher in der Maschine ausgleichen. Die Zündabstände sind 90° und regelmäßig. Man könnte nun die Kurbelfolge in Längsrichtung der Welle beliebig wählen. Die beste Anordnung aus allen möglichen Ausführungen ist die in Abb. 73 u. 80 dargestellte, da sich bei dieser Form der Kurbelwelle die Massenmomente 2. Ordnung aufheben.

Alle modernen V-Acht-Maschinen werden mit dieser Kurbelwelle versehen.

Massenmomente. Bei der gezeichneten Kurbelanordnung ergeben sich resultierende Momente $M_{R\,res}$ und $M_{I\,res}$.

Die Massenmomente der umlaufenden Massen bleiben während der ganzen Umdrehung in gleicher Größe bestehen und zwar sind sie z. B. für das äußere Kurbelpaar $M_{R1,4} = P_R \cdot 2h_2$ und für das innere Kurbelpaar $M_{R2,3} = P_R \cdot 2h_1$.

Die Massenmomente 1. Ordnung sind in der gezeichneten Stellung für das äußere Kurbelpaar $M_{I1,4} = P_I \cdot 2h_2$, für das innere Kurbelpaar $= 0$.

Die Massenmomente der beiden Kröpfungspaare setzen sich zu einem resultierenden Momentenvektor zusammen, der während der ganzen Umdrehung unveränderliche Größe hat. In Abb. 80 ist dieser Momentenvektor für einige Kurbelstellungen gezeichnet. Man kann sich dies noch deutlicher machen, wenn man von der Betrachtung der Massenkräfte P_R und P_I des Gabelelements ausgeht. Diese besitzen über den ganzen Kurbelkreis unveränderliche Größe, mithin müssen auch die Momente — die ja nur durch Multiplikation des konstanten Hebelarmes mit diesen Kräften entstehen — über die ganze Kurbelumdrehung den gleichen Wert beibehalten.

Man ersieht hieraus, daß die Massenmomente durch ein einfaches Gegengewicht an jedem Kurbelende ausgeglichen werden können.

Massenausgleich. Das Gegengewicht zum Ausgleich der Momente der umlaufenden Massen errechnet sich zu:

$$G_{g\,R} = \frac{r}{r_g} \cdot (G_{Kröpfg} + G_{R\,Schubst\,1} + G_{R\,Schubst\,2}) \text{ [kg]}.$$

Das Gegengewicht zum Ausgleich der Massenmomente 1. Ordnung wird nach:

$$G_{g\,H} = \frac{r}{r_g} \cdot \frac{1}{2}\,G_H \text{ [kg]}$$

gewählt. Diese Ausgleichsgewichte sind selbstverständlich an allen vier Kröpfungen anzubringen.

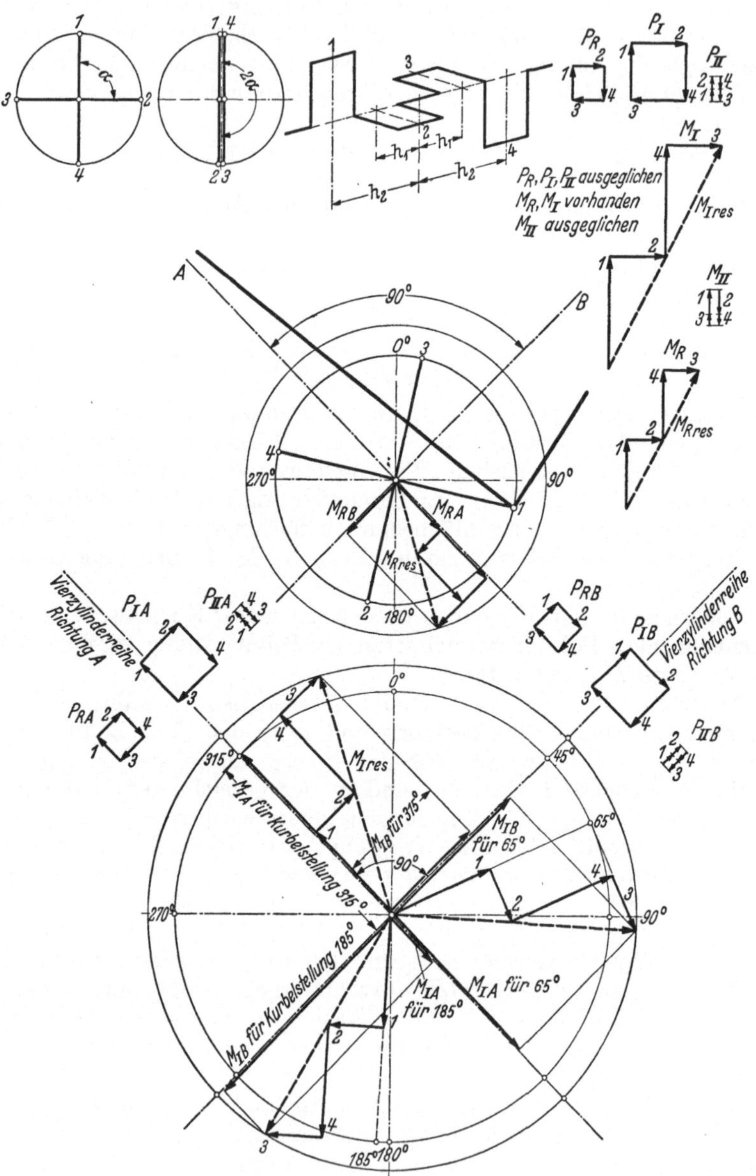

Abb. 80. Achtzylinder-V-Maschine. V-Winkel und Kurbelversetzung 90°. P_R = Massenkraft aller umlaufenden Triebwerksteile für ein Gabelelement (Kurbelzapfen + 2 umlaufende Pleuelanteile.)

Die zum Ausgleich erforderlichen Zusatzgewichte können noch auf andere Weise berechnet werden. Die Größe des resultierenden Momentenvektors ($M_{R\,res}$ und $M_{I\,res}$) ist maßstäblich festgelegt, und hat die Dimension kgcm. Es besteht nun die Möglichkeit, den Hebelarm des zu diesem Vektor gehörigen Moments zu

Zahlentafel 5. *Massenausgleich bei Gabelmaschinen.*

Zylinderzahl	V-Winkel 90°					V-Winkel 60°				
	2	4	6	8	12	2	4	6	8	12
Kurbelversetzung		130°	120°	90°	120°		180°	120°	90°	120°
Zündabstand 4-Takt	450°, 270°	90° 270°	30°, 210°	90°	90°, 30°	420, °300°	60°, 300°	180°, 60°	150°, 30°	60°
Zündabstand 2-Takt	90°, 270°	90°	90°, 30°			60°, 300°	60°, 120°	60°		
Resultierende Massenkraft $P_{R\,res}$	$\mathbf{P_{R\,res}}$	—	—	—	—	$\mathbf{P_{R\,res}}$	—	—	—	—
$P_{I\,res}$	P_I	—	—	—	—	$3/2\,P_I$	—	—	—	—
$P_{II\,res}$	$P_{II} \cdot 2$	$2\,P_{II} \cdot 2$	—	—	—	$P_{II} \cdot 3$	$P_{II} \cdot 3$	—	·	—
$P_{IV\,res}$	$P_{IV} \cdot 2$	$2\,P_{IV} \cdot 2$	—	$4\,P_{IV} \cdot 2$	—	$P_{IV} \cdot 3/2$	$P_{IV} \cdot 3$	—	$2\,P_{IV} \cdot 3$	—
$P_{VI\,res}$	$P_{VI} \cdot 2$	$2\,P_{VI} \cdot 2$	$3\,P_{VI} \cdot 2$	—	$6\,P_{VI} \cdot 2$	$P_{VI} \cdot 3$	$2\,P_{VI} \cdot 3$	$P_{VI} \cdot 3$	—	$6\,P_{VI} \cdot 3$
$P_{VIII\,res}$	$P_{VIII} \cdot 2$	$2\,P_{VIII} \cdot 2$	—	$4\,P_{VIII} \cdot 2$	—	$P_{VIII} \cdot 3/2$	$P_{VIII} \cdot 3$	—	$2\,P_{VIII} \cdot 3$	—
$P_{X\,res}$	$P_X \cdot 2$	$2\,P_X \cdot 2$	—	—	—	$P_X \cdot 3/2$	$P_X\ 3$	—	—	—
Resultierendes Massenmoment $M_{R\,res}$		$2\,\mathbf{P_{R\,res}} \cdot h_1$	$\mathbf{P_{R\,res}} \cdot 3\,h_1$	$2\,\mathbf{P_{R\,res}} \cdot (h_1^2 + h_1^2)$	—	—	$2\,\mathbf{P_{R\,res}} \cdot h_1$	$2\,\mathbf{P_{Res}} \cdot h_1$	$2\,\mathbf{P_{R\,res}} \cdot (h_1^2 + h_1^2)$	—
$M_{I\,res}$		$2\,\mathbf{P_I} \cdot h_1$	$\mathbf{P_I} \cdot 3\,h_1$	$2\,\mathbf{P_I} \cdot (h_1^2 + h_2^2)$	—	—	$2 \cdot 3/2\,P_I \cdot h_1$	$3/2\,P_I \cdot h_1$	$M_{I\,res}$	—
$M_{II\,res}$		[1] —	—	[1] —	—	—	[1] —	$3/2\,P_{II} \cdot h_1$	[1] —	—
$M_{IV\,res}$		[1] —	$P_{II}\ \ 6\,h_1$	[1] —	—	—	[1] —	$3/2\,P_{IV} \cdot h_1$	[1] —	—
$M_{VI\,res}$		[1] —	$P_{IV}\ \ 6\,h_1$	[1] —	—	—	[1] —	[1] —	[1] —	—
$M_{VIII\,res}$		[1] —	$P_{VIII}\ \ 6\,h_1$	[1] —	—	—	[1] —	$3/2\,P_{VIII} \cdot h_1$	[1] —	—
$M_{X\,res}$		[1] —	$P_X\ \ 6\,h_1$	[1] —	—	—	[1] —	$3/2\,P_X \cdot h_1$	[1] —	—

halbfett: durch Gegengewichte vollkommen ausgeglichen.

kursiv: durch Gegengewichte teilweise ausgeglichen.

[1] Momente sind Null, wenn als Bezugsebene die Symmetrieebene SS gewählt wird.

wählen und das Gegengewicht zu errechnen. Es ergibt sich, wenn mit x der gewählte Abstand der beiden Gegengewichte bezeichnet wird, für die beiden Zusatzgewichte die Größe:

$$M_{R\,res} = x \cdot G_{g\,R}\,,$$

$$M_{I\,res} = x \cdot G_{g\,H}\,.$$

Bei der Wahl der Gegengewichte nach dieser Methode ist aber die Phasenverschiebung zwischen Kurbelkröpfung und der Lage des für diese Kurbelstellung konstruierten Momentenvektors zu beachten. Die Gegengewichte sind daher um 180° versetzt zur gezeichneten Lage des Momentenvektors anzubringen.

In der Praxis werden meistens die Ausgleichgewichte zweier benachbarter Kröpfungen zu einem Gewicht zusammengefaßt, dessen Schwerpunkt dann in der Symmetralen beider Kröpfungen liegt.

7.9 Sternmaschinen.

Zweizylinder-Sternmaschine (Abb. 81)

Als Zweizylinder-Sternmaschine bezeichnet man jene Anordnung, bei welcher die Zylinderachsen zusammenfallen, die Zylinder um 180° versetzt sind und die Schubstangen an der gleichen Kurbel angreifen. Sie kann auf ein Gabelelement mit einem V-Winkel von 180° zurückgeführt werden. Die Zündabstände sind 180° bzw. 540°.

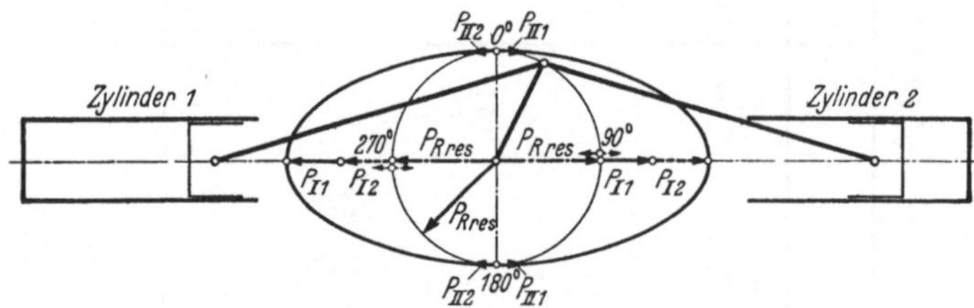

Abb. 81. Massenkraftdiagramm der Zweizylinder-Sternmaschine.

Massenkräfte. Die umlaufenden Triebwerksteile werden wieder auf den Kurbelzapfen reduziert gedacht, ihre Größe errechnet sich zu:

$$P_{R\,res} = (G_{KW} + 2\,G_{R\,Schubst})\,\frac{r \cdot \omega^2}{g}\ [\text{kg}]\,.$$

Die Massenkräfte 1. Ordnung der hin und her gehenden Gewichte wirken für beide Zylinder im Kurbelzapfen jeweils in gleicher Größe und gleicher Richtung. Es gilt also für die Massenkräfte 1. Ordnung für den Höchstwert: $P_{I\,res} = 2\,P_I$ für einen beliebigen Kurbelwinkel ist die Massenkraft 1. Ordnung:

$$P_{I\,res} = 2\,P_I \cdot \cos\alpha = 2\,\frac{G_H}{g} \cdot r \cdot \omega^2 \cdot \cos\alpha\ [\text{kg}]\,. \tag{130}$$

Die Massenkräfte 2. Ordnung wirken in jeder Kurbelstellung mit der gleichen Größe für beide Zylinder, sind aber entgegengesetzt gerichtet, und gleichen sich in jedem Punkt aus.

Die endliche Schubstangenlänge hat also bei dieser Anordnung keinen Einfluß auf die Massenkräfte.

Massenmomente. Da bei allen Sternmaschinen die Zylinderachsen in einer Ebene liegen, mithin alle Pleuelstangen auf die gleiche Kröpfung der Kurbelwelle arbeiten, können Massenmomente nicht auftreten.

Massenausgleich. Die Massenkräfte der umlaufenden Teile werden durch ein Gegengewicht von der Größe $G_{gR} = \dfrac{r}{r_g} \cdot G_R$ ausgeglichen.

Die Wirkung der Massenkräfte 1. Ordnung kann durch ein umlaufendes Gegengewicht an der Kurbel nicht vollkommen aufgehoben, sondern nur gemildert werden. Je nach der Größe der gewählten Ausgleichsmasse entstehen freie vertikale Komponenten, da sich nur die Horizontalkomponenten in Richtung der Zylinderachse mit den Massenkräften 1. Ordnung ausgleichen. Es gilt hierfür das unter Absatz 7.42 beim Einkurbeltrieb Gesagte.

Dreizylinder-Sternmaschine (Abb. 82).

Die Achsen der Zylinder sind symmetrisch zum Kurbelkreis um 120° versetzt. Die Zündabstände betragen 240°.

Ganz allgemein gilt für alle im Viertakt arbeitenden Sternmaschinen die Vorschrift, daß ungerade Zylinderzahlen gewählt werden müssen. Bei Bestimmung der Zündfolge geht man von Zylinder 1 aus, überspringt jeweils einen Zylinder, um nach zweimaligem Umfahren des Kurbelkreises wieder zu Zylinder 1 zu gelangen.

Alle Sternmaschinen mit ungerader Zylinderzahl haben gleichmäßige Zündabstände, der Zündwinkel ist doppelt so groß wie der Winkel zwischen zwei benachbarten Zylindern.

Massenkräfte. a) Die Massenkräfte der umlaufenden Triebwerksteile setzen sich aus denjenigen der Kurbelwelle und drei umlaufenden Schubstangenanteilen zusammen. Die Pleuelstangen bei den Sternmaschinen werden so ausgeführt, daß eine Hauptschubstange das Kurbelzapfenlager trägt, die Schubstangen der anderen Zylinder werden als sog. Nebenpleuel an die Hauptschubstange angelenkt. Der Berechnung der P_R sind

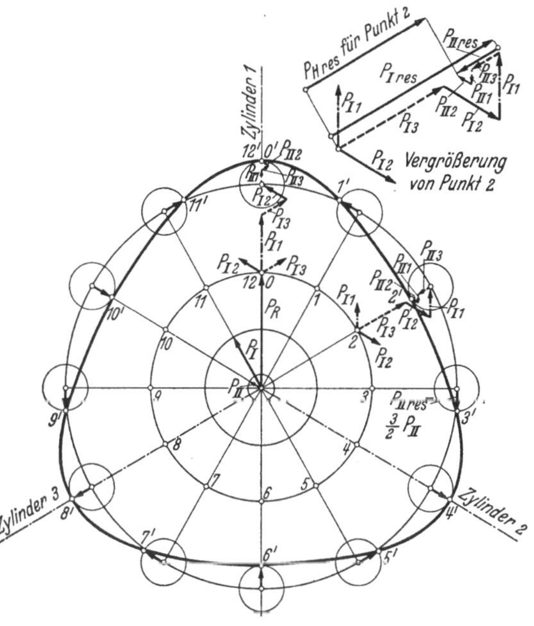

Abb. 82. Polardiagramm der Massenkräfte bei der Dreizylinder-Sternmaschine. Für die Kräftezusammensetzung wurde die Kurbel einmal in Punkt 0 (Zylinderachse 1), das andere Mal in Punkt 2 (Zylinderachse 3) stehend gedacht.

näherungsweise die umlaufenden Anteile der Hauptschubstange und der Nebenpleuel zugrunde zu legen. Da die Drehung der Nebenpleuel nicht um die Kurbelzapfenachse sondern um den Anlenkpunkt erfolgt, treten Restkräfte auf, die den Massenausgleich verschlechtern. Die Berücksichtigung dieser Restkräfte im Massenausgleich ist verhältnismäßig verwickelt, so daß hiervon Abstand genommen werden soll. Die Massenkräfte P_{Rres} errechnen sich dann zu:

$$P_{Rres} = (G_{KW} + G_{R\,Hauptpleuel} + 2\,G_{R\,Nebenpleuel}) \cdot \frac{r \cdot \omega^2}{g} \ [\text{kg}]. \tag{131}$$

b) *Massenkräfte 1. Ordnung.* Wird die Kurbel im oberen Totpunkt von Zylinder 1 angenommen, so wirkt für diese Stellung P_{I_1} in voller Größe nach aufwärts. Die Massenkräfte der beiden anderen Zylinder wirken in deren Achsen und haben für die gezeichnete Kurbelstellung einen Wert, der sich aus der Projektion von P_I auf die jeweilige Zylinderachse ergibt. Die vektorielle Zusammensetzung dieser drei Kräfte (dies ist möglich, da sie am gleichen Kurbelzapfen wirken), ergibt als Schlußlinie des Kraftecks eine Resultierende, deren Größe

$$P_{I\,res} = \tfrac{3}{2}\,P_I \text{ ist.} \tag{132}$$

Wird diese Kräftezusammensetzung für jede beliebige andere Kurbelstellung vorgenommen, so findet man für die resultierende Massenkraft $P_{I\,res}$ immer die gleiche Größe $\tfrac{3}{2}\,P_I$.

c) *Massenkräfte 2. Ordnung.* Man kann sich ihre Wirkung in ähnlicher Weise verdeutlichen, wie dies beim Gabelelement geschehen ist. Wird im Kurbelzapfenmittelpunkt für eine beliebige Stellung ein Kreis von der Größe $P_{II} = \lambda \cdot P_I$ gezeichnet und die Wirkungsrichtung der drei Zylinderachsen entsprechend eingetragen, so lassen sich die P_{II} mit den Massenkräften 1.Ordnung zu einer Resultierenden zusammensetzen und man erhält in der in Abb.82 gezeigten Kurve das Polardiagramm der Massenkräfte P_H. Betrachtet man die Totpunktstellung für Zylinder 1, so ergibt sich für die Resultierende $P_{II\,res} = \tfrac{3}{2} \cdot P_{II}$.

Für das Zusammenwirken von $P_{I\,res}$ und $P_{II\,res}$ in diesem Punkt gilt:

$$P_{I+II\,res} = \tfrac{3}{2}\,(P_I + P_{II}) = \tfrac{3}{2}\,P_I\,(1 + \lambda)\ [\text{kg}]\,. \tag{133}$$

Bei der Darstellung der P_{II} mit Hilfe eines Kreises um den Kurbelzapfen ist zu beachten, daß für einen beliebigen Kurbelwinkel α der Winkel im Hilfskreis mit 2α einzusetzen ist. An Hand des Polardiagramms kann man sich den Einfluß von P_{II} auf die resultierende Massenkraft auch so verdeutlichen, daß man sich vorstellt, das in Abb.82 im oberen Totpunkt gezeichnete Kräftepolygon $(P_{II_1},\ P_{II_2},\ P_{II_3})$ werde mit dem Kurbelzapfen in Drehrichtung weiter geschoben und rotiere gleichzeitig um den Kurbelzapfenmittelpunkt entgegengesetzt der Kurbeldrehrichtung mit der doppelten Kurbelgeschwindigkeit.

Massenausgleich. Durch ein Gegengewicht von der Größe:

$$G_g = \frac{r}{r_g} \cdot (G_{KW} + G_{R\,Hauptpleuel} + 2\,G_{R\,Nebenpleuel} + \tfrac{3}{2}\,G_H)\ [\text{kg}] \tag{134}$$

sind die Massenkräfte der umlaufenden Teile und diejenigen 1. Ordnung der hin und her gehenden Triebwerksgewichte nahezu vollkommen ausgleichbar. Für die Massenkräfte 2. Ordnung ist ein Massenausgleich nur durch Hilfsmassen, die mit doppelter Drehzahl umlaufen, möglich.

Vier-, Sechs-, Achtzylinder-Sternmaschinen (Abb.83a, b, c).

Alle Sternmotoren mit gerader Zylinderzahl können nur im Zweitakt arbeiten, wenn gleichmäßige Zündabstände erzielt werden sollen.

Massenkräfte. Die Massenkräfte der umlaufenden Triebwerkteile haben die Größe:

$$P_{R\,res} = [G_{KW} + G_{R\,Hauptpl} + (i-1) \cdot G_{R\,Nebenpl}]\frac{r \cdot \omega^2}{g}\ [\text{kg}]\,. \tag{131a}$$

Wenn i die Zahl der Zylinder bezeichnet und die nicht zentrische Anlenkung der Nebenpleuel vernachlässigt werden soll.

Massenkräfte 1. Ordnung. In Abb.83c sind die P_I für einen SechszylinderSternmotor für die Kurbelstellungen 45°, 60° und 90° ermittelt.

Bei einem Kurbelwinkel z.B. von 45° sind die Massenkräfte 1. Ordnung (für alle Zylinder gleich) in Richtung des Strahles 45° angetragen. Betrachtet man z.B. Zylinder 1 und 4, so ist für diese Kurbelstellung nur die Projektion von P_I auf die Zylinderachsen von 1 und 4 maßgebend (in diesem Fall vertikal), weiter

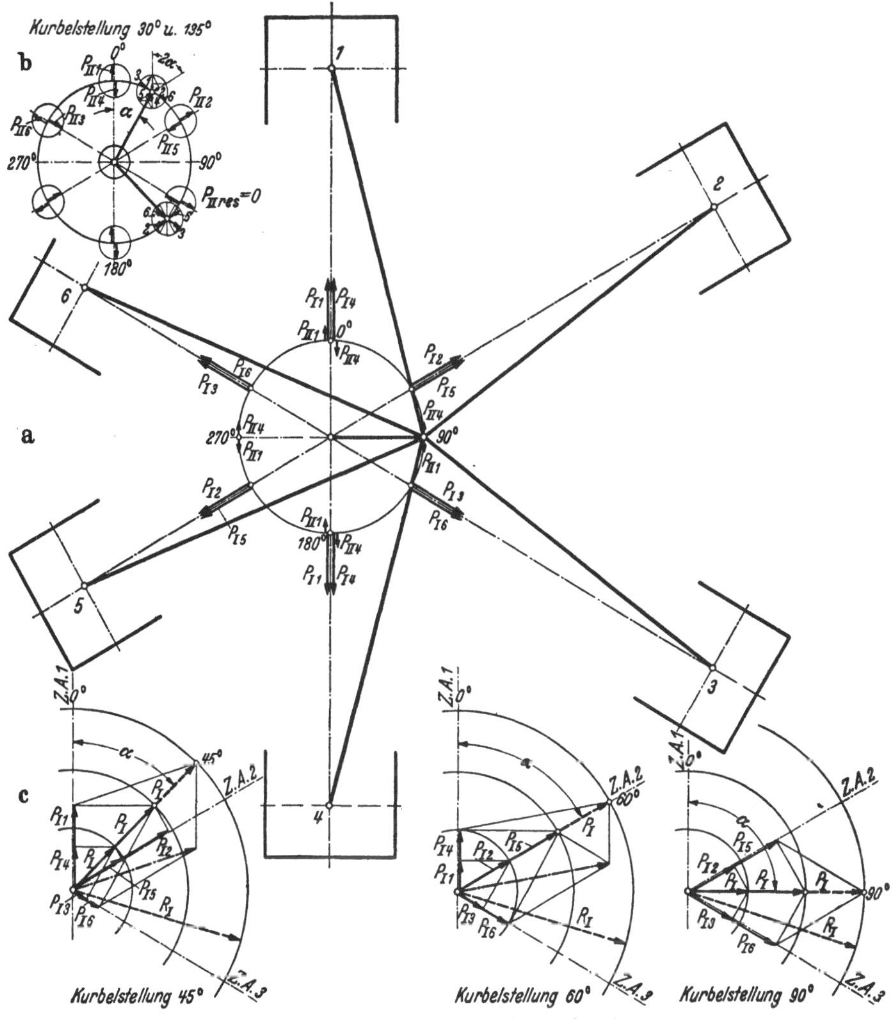

Abb. 83. a, b, c. Massenausgleich eines Sechszylinder-Sternmotors.

sind die P_I auf die Richtungen der Zylinder 5 und 2 bzw. 3 und 6 zu projizieren. Nennt man die in den Zylinderachsen wirkenden Projektionen von P_I, P_{I_1}, P_{I_2} usw., so stellen diese Kräfte die in der Kurbelstellung von 45° wirkenden Massenkräfte 1. Ordnung aller Zylinder dar. Durch geometrische Addition ergibt sich die Resultierende:

$$P_{I\,res} = \frac{6}{2}\,P_I\,.$$

Ganz allgemein läßt sich sagen, daß die resultierende Massenkraft 1. Ordnung für alle Zylinderzahlen gleich ist:

$$P_{I\,res} = \frac{i}{2}\cdot P_I\ [\text{kg}]\,, \tag{135}$$

Zahlentafel 6. Massenausgleich bei Sternmotoren.

Zylinderzahl	2	3	4	5	6	7	8	9	10	11	12
Zylinderwinkel	180°	120°	90°	72°	60°	51,4°	45°	40°	36°	32,7°	30°
Zündfolge 4-Takt		240°		144°		102,8°		80°		65,4°	
Zündfolge 2-Takt	180°		90°		60°		45°		36°		30°
P_{Rres}	P_{Rres}	P_{Rres}	P_{Rres}	P_{Rres}	P_{Rres}	P_{Rres}	P_{Rres}	P_{Rres}	P_{Rres}	P_{Rres}	P_{Rres}
P_I	$2\,P_I$	$\frac{3}{2}P_I$	$\frac{4}{2}P_I$	$\frac{5}{2}P_I$	$\frac{6}{2}P_I$	$\frac{7}{2}P_I$	$\frac{8}{2}P_I$	$\frac{9}{2}P_I$	$\frac{10}{2}P_I$	$\frac{11}{2}P_I$	$\frac{12}{2}P_I$
P_{II}	—	$\frac{3}{2}P_{II}$	—	—	—	—	—	—	—	—	—
P_{IV}	—	$\frac{3}{2}P_{IV}$	—	$\frac{5}{2}P_{IV}$	—	—	—	—	—	—	—
P_{VI}	—	—	—	$\frac{5}{2}P_{VI}$	—	$\frac{7}{2}P_{VI}$	—	—	—	—	—
P_{VIII}	—	$\frac{3}{2}P_{VIII}$	—	—	—	$\frac{7}{2}P_{VIII}$	—	$\frac{9}{2}P_{VIII}$	—	—	—
P_X	—	$\frac{3}{2}P_X$	—	—	—	—	—	$\frac{9}{2}P_X$	—	—	—

halbfett: durch Gegengewichte vollkommen ausgeglichen.

wobei i die Zylinderzahl bezeichnet. P_{Ires} hat während der ganzen Umdrehung unveränderliche Größe und wirkt in Kurbelrichtung.

Massenkräfte 2. Ordnung. In Abb. 83b sind die Massenkräfte 2. Ordnung für die Kurbelstellung 30° dargestellt. Nach vektorieller Zusammensetzung ergibt sich für 30°, als auch für jeden anderen Kurbelwinkel die Resultierende Null. Man kann zu diesem Resultat auch durch Beachtung der Tatsache gelangen, daß die Sechszylinder-Sternmaschine aus drei Zweizylinder-Elementen zusammengesetzt ist, für welche sich — wie oben besprochen wurde — die Massenkräfte 2. Ordnung ebenfalls aufheben.

Massenausgleich. Alle Sternmaschinen mit geraden Zylinderzahlen von vier aufwärts sind vollkommen ausgleichbar.

Das für den vollkommenen Ausgleich[1] von P_{Rres} und P_{Ires} anzubringende Gegengewicht errechnet sich zu:

$$G_g = \frac{r}{r_g} \cdot \left(G_{Rres} + \frac{i}{2}\,G_H\right)\ \text{[kg]}. \qquad (136)$$

Fünf-, Sieben- usw. Zylinder-Sternmaschinen (Abb. 84a, b, c).

Massenkräfte. Die Massenkräfte der umlaufenden Massen errechnen sich nach der Gleichung:

$$P_{Rres} = [G_{KW} + G_{R\,Hauptpl} + (i-1)\,G_{R\,Nebenpl}] \cdot \frac{r \cdot \omega^2}{g}\ \text{[kg]}. \qquad (131a)$$

Massenkräfte 1. Ordnung. In Abb. 84c ist die Ermittlung von P_{Ires} gezeigt. Das für einen Zylinder errechnete P_I wird in Kurbelrichtung von 25,7° aufgetragen. Diese Strecke wird auf die Achsen aller sieben Zylinder projiziert und die sich ergebenden Projektionen geometrisch addiert. Man erhält eine resultierende Massenkraft von der Größe $P_{Ires} = \frac{7}{2} P_I$. Auch für die Sternmaschinen mit ungerader Zylinderzahl berechnet sich die resultierende Massenkraft 1. Ordnung zu: $P_{Ires} = \frac{i}{2} P_I$. Sie ist wieder über die ganze Umdrehung konstant.

---

[1] Abgesehen von den durch die Anlenkung der Nebenpleuel verursachten Restkräfte.

Massenkräfte 2. Ordnung. In Abb. 84b ist für die Kurbelstellung von 25,7° das Kräftebündel der P_{II} gezeichnet. Die Größe P_{II} wird rechnerisch ermittelt und in Wirkungsrichtung angetragen. Für die gezeichnete Kurbelstellung wirkt z. B. P_{II5} (unterer Totpunkt für Zylinder 5) in voller Größe. Werden auch die Zylinderachsen der übrigen sechs Zylinder eingetragen, so findet man die in dieser Kurbel-

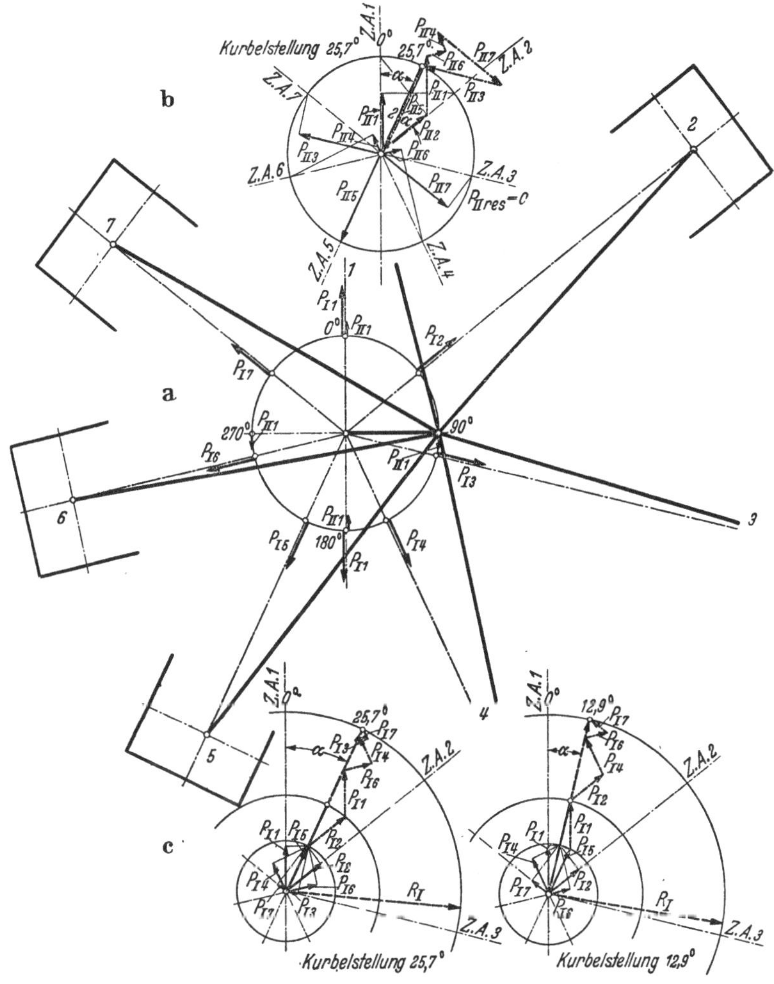

Abb. 84 a, b, c. Massenausgleich eines Siebenzylinder-Sternmotors.

stellung wirkenden P_{II} für die anderen Zylinder folgendermaßen: Da die P_{II} mit $\cos 2\alpha$ umlaufen, ist der Kurbelwinkel, z. B. zwischen Zylinder 1 und der Kurbelstellung — ausgehend von Zylinder 1 — zu verdoppeln. Wird diese gedachte Kurbelstellung von 2α auf die Achse von Zylinder 1 projiziert, so erhält man die hier wirkende Massenkraft 2. Ordnung P_{II1} ihrer Größe und Richtung nach. Auf die gleiche Weise ist bei den übrigen Zylindern zu verfahren. Es ergibt sich also folgender **Merksatz:** Von der betreffenden Zylinderachse als Nullstellung ausgehend, den Kurbelwinkel feststellen, diesen von der Kurbelstellung in Drehrichtung nochmals antragen. Hat der Radius des Kreises die Größe von P_{II}, so ergibt die Projektion des so erhaltenen Kreispunktes auf die jeweilige Zylinderachse die Massenkraft P_{II} ihrer Größe und Richtung nach.

Die geometrische Addition der so ermittelten Kräfte für alle sieben Zylinder ergibt die Resultierende Null.

Das gleiche Resultat findet man für jede beliebige andere Kurbelstellung.

Massenkräfte 2. Ordnung sind bei allen Sternmaschinen von fünf und mehr Zylindern nicht vorhanden.

Massenausgleich. Auszugleichen sind die Massenkräfte der umlaufenden Triebwerksteile und diejenigen erster Ordnung der hin und her gehenden Gewichte.

Das an der Kurbel anzubringende Gegengewicht hat die Größe:

$$G_g = \frac{r}{r_g} \cdot \left(G_{R\,res} + \frac{i}{2} \cdot G_H \right) \text{ [kg]} . \tag{136}$$

8. Die Berechnung der Lagerdrücke in Kolbenkraftmaschinen.

Bezeichnungen.

A, A_1, A_2 Auflagerdruck [kg].
a, a_{11}, a_{22} Abstand der Kraftwirkungslinie von Stützlager [cm].
B, B_1, B_2 Auflagerdruck [kg].
b, b_{11}, b_{22} Abstand der Kraftwirkungslinie von Stützlager [cm].
C, C_a Auflagerdruck [kg].
E Elastizitätsmodul [kg/cm²].
M, M_A, M_B Biegungsmomente [kgcm].
h_{11}, h_{22}, F_1, F_2 Biegungsmomente [kgcm]./
H Polabstand [cm].
J Aequatoriales Trägheitsmoment [cm⁴].
$l, \Delta l$, Länge [cm].
l, l_1, l_2 Abstand der Auflager [cm].
M, M_A, M_B Biegungsmomente [kgcm].

m Masse [kgsec²/cm].
P_A Pleuelkraft [kg].
P_{st} Pleuelkraft [kg].
P, P_{11}, P_{22} Kräfte [kg].
q Last [kg].
r Kurbelradius [cm].
ds Wegelement [cm].
W Widerstandsmoment [cm³].
x, x_2 Abstand der Resultierenden von Stützlager [cm].
y Abstand [cm].
α Dehnzahl.
ε Dehnung.
$\varphi, \varphi_1, \varphi_2$ Neigungswinkel [°].
σ Biegespannung [kg/cm²].
ω Winkelgeschwindigkeit [1/sec].

8.1 Einleitung.

Beim Entwurf einer Kolbenkraftmaschine ist es notwendig, sich über die Abmessungen der Pleuel- und Kurbelwellenlager Klarheit zu verschaffen. Man geht in erster, ganz grober Annäherung so vor, daß man für die Belastung der Lager den höchsten, im Zylinder auftretenden Verbrennungsdruck der Berechnung zugrunde legt und danach die Lagerlänge bestimmt.

Daß dieses Verfahren nur ganz überschlägig für die erste Festlegung der Hauptabmessungen dienen kann, erklärt sich aus folgenden Gesichtspunkten:

a) sind neben den Gaskräften bei schnellaufenden Kolbenkraftmaschinen auch die Massenkräfte von ausschlaggebender Bedeutung;

b) ändern sowohl die Gas- als auch die Massenkräfte während zweier bzw. einer Kurbelumdrehung ihre Größe erheblich;

c) wird die Lagerbelastung eines Lagers durch die Kolbenkräfte beeinflußt, die an anderen, nicht benachbarten Kurbelkröpfungen angreifen;

d) ist für die Bemessung eines Hauptlagers auch die Größe des Schwungrades bzw. des Propellers maßgebend.

Um nun zu richtigen, den Betriebskräften entsprechenden Größenverhältnissen des Lagers, der Lage der Ölzuführungsnuten usw. zu kommen, ist sorgfältig zu überlegen, in welcher Weise die Lagerdrücke für ein bestimmtes Lager während einer Arbeitsperiode wechseln. Diese Überlegung ist für das Kurbelzapfenlager (Pleuellager) und das Wellenzapfenlager (Haupt- oder Grundlager) anzustellen.

8.2 Berechnung der Lagerdrücke im Pleuellager.

Die Verhältnisse liegen hier insofern einfach, als das Lager am Kurbelzapfen nur die Kräfte des zugehörigen Triebwerks aufzunehmen hat. Diese bestehen für den Beharrungszustand der Maschine aus den

Gaskräften,

Massenkräften des umlaufenden Schubstangenanteils,

Massenkräften der hin und her gehenden Massen.

Beim Anfahren sind unter Umständen nur die Gaskräfte wirksam.

Die Gaskräfte und die Massenkräfte der hin und her gehenden Massen wirken am Kolbenbolzen und ergeben durch Addition unter Berücksichtigung des durch die endliche Pleuelstangenlänge entstehenden Gleitbahndruckes N, die Pleuelstangenkraft P_{st}.

Da die Massenkräfte des umlaufenden Schubstangenanteils im Kurbelzapfen wirken, muß auch die Stangenkraft P_{st} in diesen Punkt verlegt werden und für alle Kurbelstellungen mit der dort wirkenden Fliehkraft des rotierenden Pleuelanteils zusammengesetzt werden. Die sich ergebende resultierende Kraft wird in Polarkoordinaten für die einzelnen Kurbelstellungen aufgetragen und das auf diese Weise erhaltene Kräftediagramm stellt die über eine Kurbelumdrehung wechselnde Lagerbelastung des Pleuellagers dar.

8.21 Ermittlung der Pleuelstangenkraft P_{st}.

Dafür ist erstmals notwendig, die in der Zylinderachse wirkenden resultierenden Kräfte am Kolbenbolzen zu bestimmen. Da die Pleuelstangenkraft P_{st} am Kurbelzapfen zur Wirkung kommt, zeichnet man die Gas- und Massenkräfte P_H in einem Schaubild gleich über dem abgewickelten Kurbelkreis (Abb. 39).

Gaskräfte. Die Gaskräfte werden in bekannter Weise aus dem Indikator- oder Kolbenkraftdiagramm für die betreffenden Kolbenstellungen abgegriffen und in das Schaubild Abb. 39 über dem zugehörigen Kurbelwinkel eingetragen.

Massenkräfte der hin und her gehenden Massen. Diese werden aus dem Massenkraftdiagramm über dem Kolbenweg entnommen und die Massendrucklinie ermittelt. Nach Addition der beiden Kurven wird die am Kolbenbolzen wirkende Gesamtkraft, ihrem zeitlichen Verlauf nach, erhalten (Abb. 39).

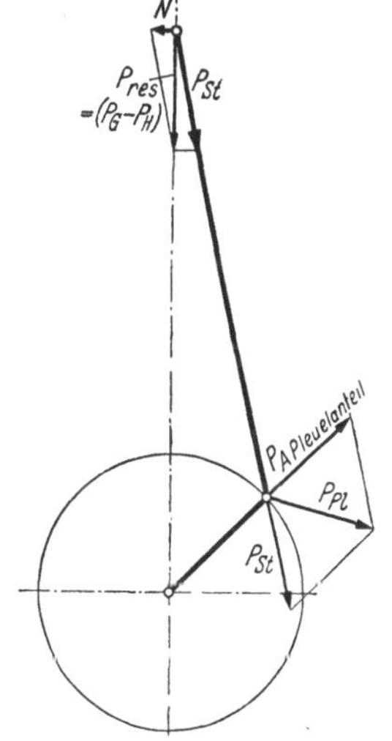

Abb. 85. Bestimmung der Pleuellagerkraft P_{Pl}.

Pleuelstangenkraft P_{st}. Aus Abb. 39 entnimmt man für die einzelnen Kurbelwinkel die resultierenden Kolbenkräfte und zerlegt sie für die zugehörigen Getriebestellungen in den Gleitbahndruck N und die Pleuelstangenkraft P_{st} (Abb. 85).

8.22 Bestimmung der am Kurbelzapfen wirkenden Lagerkraft, Aufzeichnen des Lagerkraftdiagramms.

Massenkräfte der umlaufenden Massen. Für das Pleuellager kommt nur der umlaufende Teil der Schubstange in Betracht (umlaufende Masse laut Absatz 5.22 $m_{RS} = m_S a/l$).

Die als Fliehkraft wirkende Massenkraft errechnet sich zu:

$$P_{A\,Pleuelanteil} = m_{RS} \cdot r \cdot \omega^2$$

und ist über die ganze Umdrehung konstant.

Lagerkraft P_{Pl}. Diese findet sich für die verschiedenen Kurbelstellungen aus der geometrischen Addition der Fliehkräfte $P_{A\,Pleuelanteil}$ und der in dem jeweiligen Punkt wirkenden Stangenkraft P_{st} (Abb. 85).

Polardiagramm der Lagerdrücke. Die so erhaltenen resultierenden Kräfte P_{Pl} vom Mittelpunkt aus ihrer Richtung nach aufgetragen und zu einem Linienzug verbunden, stellen in anschaulicher Weise die Belastung des Pleuellagers dar.

Für die Bemessung des Lagers und die Anordnung der Ölzuführungsnuten sind die ihrer Richtung und Größe nach aus dem Lagerkraftdiagramm erhaltenen Lagerdrücke zugrunde zu legen.

8.3 Lagerdrücke in den Grundlagern von Einzylindermaschinen.

Da bei Einzylindermaschinen die beiden Hauptlager gewöhnlich symmetrisch zur Zylinderachse liegen, sind die wirkenden Triebwerkskräfte je zur Hälfte auf beide Lager aufzuteilen.

Die am Kurbelzapfen wirkende Pleuelstangenkraft ist nun mit den Fliehkräften, herrührend von den umlaufenden Massen von Kurbelwelle und Schubstangenanteil, in der obengezeigten Weise zusammenzusetzen. Man zeichnet für die einzelnen Kurbelstellungen die resultierenden Kräfte und erhält das Polardiagramm für die in *einem* Grundlager (Abb. 86) wirkenden Kräfte durch Halbieren der ermittelten P_{HL}.

Außerdem wären noch die *Gewichte* des Triebwerks zu berücksichtigen, die aber an den anderen auftretenden Kräften gemessen, geringfügig sind. Zu beachten ist, daß Lagerkräfte nur jene Teile der Kurbelwelle erzeugen können, die nicht durch Gegengewichte ausgeglichen sind. Da bei fast allen modernen Motoren die Kurbelwellen statisch oder dynamisch ausgewuchtet sind, wirken in diesem Fall in den Grundlagern nur die Stangenkräfte P_{st} und der umlaufende Pleuelanteil. Die umlaufenden Triebwerksteile ergeben bei höheren Drehzahlen den weitaus größten Anteil an den Massenkräften und daher eine verhältnismäßig große Belastung der Grund- und Pleuellager. Aus diesem Grunde erklärt es sich auch, daß bei den meisten Mehrzylindermaschinen, deren Massenkräfte P_R sich auf natürlichem Wege ausgleichen, dennoch Gegengewichte angebracht werden bzw. die Kurbelwelle ausgewuchtet wird, um die Drücke in den Hauptlagern möglichst gering zu halten. Diese Entlastung ist auch notwendig, weil die aus anderen Gesichtspunkten heraus mit sehr geringer Baulänge bemessenen Lager (1 = 0,5 d) an und für sich schon hoch beansprucht sind.

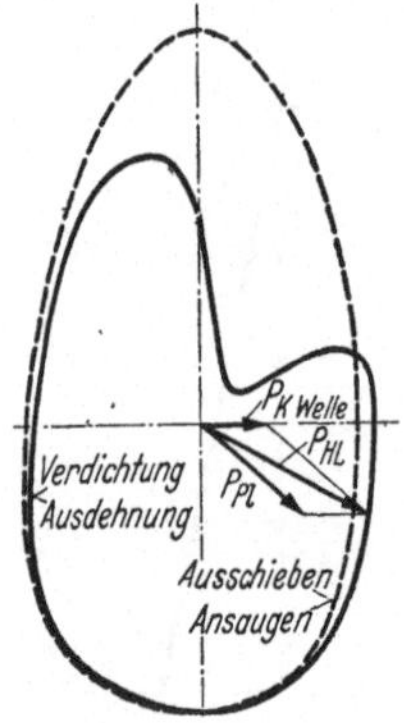

Abb. 86. Polardiagramm der Hauptlagerdrücke P_{HL} (nach KAMM).

8.4 Berechnung der Lagerdrücke in Mehrzylindermaschinen.

8.41 Einführung.

Wenn bei der Einzylindermaschine die Lagerstützkräfte auf beiden Seiten des Triebwerks jeweils die gleiche Größe haben, so ist das Problem bei Mehrzylindermaschinen ein verhältnismäßig verwickeltes. Bei Betrachtung z.B. eines Lagers zwischen zwei Kurbelkröpfungen ergibt sich folgendes Bild: Direkt wird dieses

Lager durch die Kräfte in den beiden benachbarten Triebwerken belastet. Diese sind für den gleichen Zeitpunkt von verschiedener Größe, d.h. sie haben eine durch die Kurbelversetzung bedingte Phasenverschiebung.

Außerdem werden auf dieses Lager durch die Kurbelwelle Biegemomente übertragen, die von der Einwirkung der Kräfte in den anderen, nicht benachbarten Triebwerken herrühren.

Für eine bestimmte Stellung kann man eine mehrmals gelagerte, durch die Gas- und Massenkräfte der verschiedenen Zylinder belastete Kurbelwelle als einen Träger über mehrere Öffnungen auffassen.

Um die gestellte Aufgabe, für alle Lager einer Mehrzylindermaschine ein Polardiagramm der Lagerbelastung aufzustellen, korrekt durchführen zu können, ist es nötig, schrittweise so vorzugehen, daß erstmals der Einfluß der Kräfte *eines* Triebwerks während eines Arbeitsspieles auf alle Lager der Maschine untersucht werden muß. Danach wäre Triebwerk 2, 3 usw. in seiner Wirkung zu betrachten, bis man aus soundso vielen Lagerbelastungsdiagrammen ein kombiniertes Lagerdruckdiagramm erhält, das dann den wirklichen Verlauf der Kräfte aller Zylinder während einer Arbeitsperiode darstellt.

Der angegebene Rechnungsweg ist langwierig und wenig übersichtlich.

Ein anderer Weg zur Bestimmung der Lagerkräfte wäre, für sämtliche Kröpfungen die jeweils dort auftretenden Kräfte auf der als Träger gedachten Kurbelwelle in der Wirkungsebene und Richtung anzubringen und nach der Drei-Momenten-Gleichung die Auflagerdrücke zu errechnen. Auch hierfür benötigt man eine größere Anzahl von Kurbelstellungen, um den zeitlichen Verlauf der resultierenden Lagerkräfte kennenzulernen.

Meistens begnügt man sich damit, die Rechnung der Auflagerdrücke für jene Stellung der Kurbelwelle durchzuführen, in der die Triebwerkskräfte die Lager am ungünstigsten belasten.

Dieser Fall tritt fast immer ein, wenn die Kräfte der beiden mittleren Kröpfungen am größten sind, also in den beiden Totlagen. Es soll nun an Hand der Drei-Momenten-Gleichung gezeigt werden, wie man für mehrfach gekröpfte und gelagerte Kurbelwellen die unbekannten Auflagerdrücke ermitteln kann.

8.42 Entwicklung der Drei-Momenten-Gleichung (Clapeyronschen Gleichung) für eine dreimal gelagerte Vierzylinder-Kurbelwelle.

Um das Verfahren zur Berechnung der Lagerkräfte als Ganzes verständlich zu machen, sollen einige an sich bekannte Gesetze der Festigkeitslehre angeführt werden.

Die in Abb. 87 dargestellte Kurbelwelle wird als Träger über zwei Öffnungen und drei Auflagern betrachtet. Werden die Gleichgewichtsbedingungen auf dieses System angewandt,

Summe aller Kräfte $= 0$,

Summe aller Momente $= 0$,

so zeigt sich, daß das System statisch einfach unbestimmt ist.

Allgemein gilt: Ein n-fach gelagerter Balken ist $(n-2)$-fach statisch unbestimmt. Um die Auflagerdrücke berechnen zu können, müssen zu den beiden Gleichgewichtsbedingungen noch $n-2$-Elastizitätsgleichungen hinzutreten.

Notwendige Elastizitätsgleichungen. *Differentialgleichung der elastischen Linie.*

Wird ein Träger belastet, so erleidet seine Achse eine bestimmte Durchbiegung. Die entstehende Kurve ist die elastische Linie.

Es wird angenommen, daß ursprünglich ebene Querschnitte auch nach der Biegung eben bleiben und das Hooksche Gesetz gilt.

Dieses lautet: $\varepsilon = \alpha \cdot \sigma = \dfrac{\sigma}{E}$.

Es bezeichnet: $\alpha = \dfrac{1}{E}$ die Dehnzahl

und $\varepsilon = \dfrac{\varDelta l}{l} = \dfrac{l_1 - l}{l}$ die Dehnung.

Mit den Bezeichnungen von Abb. 88 ist die Verlängerung der Faser im Abstand y: $y \cdot d\varphi$; und die Dehnung:

$$\varepsilon = \frac{y \cdot d\varphi}{ds} ,$$

wenn ds die ursprüngliche Strecke war.

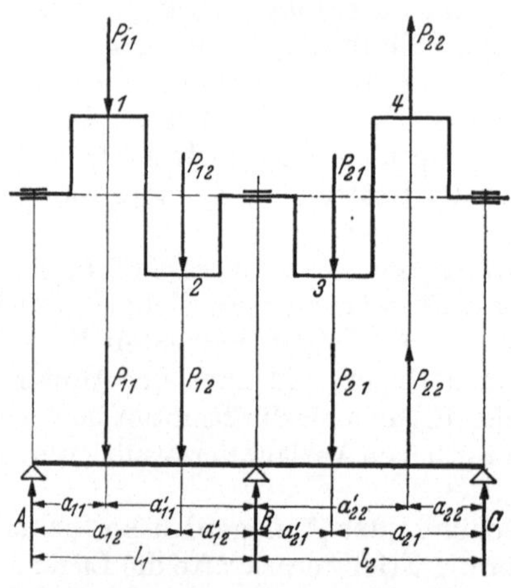

Abb. 87. Kurbelwelle als Träger über zwei Öffnungen.

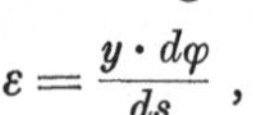
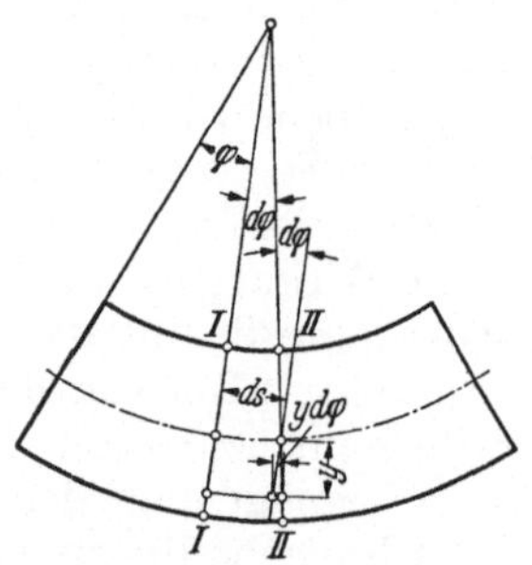

Abb. 88. Ermittlung der Biegespannung (n. DUBBEL).

Wird dieser Wert in die Hooksche Gleichung eingesetzt, so ergibt sich:

$$\sigma = E \cdot y \cdot \frac{d\varphi}{ds} .$$

Die Biegespannung eines Stabes errechnet sich nach der Gleichung:

$$\sigma = \frac{M}{W} = \frac{M}{J} \cdot e_1 ,$$

wobei e_1 die Entfernung der Randfaser von der Stabachse ist.

Man erhält die Biegespannung im Abstand y zu:

$$\sigma = \frac{M}{J} \cdot y = E \cdot y \cdot \frac{d\varphi}{ds} ;$$

oder

$$\frac{d\varphi}{ds} = \frac{M}{E \cdot J} . \tag{137}$$

Der Neigungswinkel der Tangente in Punkt C sei φ', der Neigungswinkel in Punkt A sei β (Abb. 89).

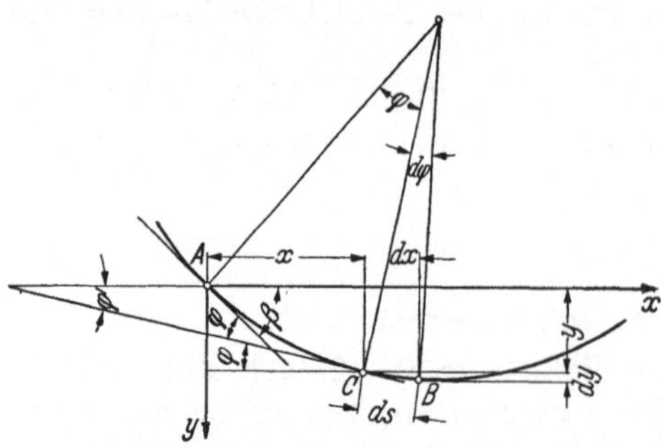

Abb. 89. Bestimmung der elastischen Linie (n. DUBBEL).

Man erhält den Winkel: $\varphi' = \beta - \varphi$

und $d\varphi' = - d\varphi ,$

daher ist

$$\frac{d\varphi'}{ds} = -\frac{M}{E \cdot J} \,. \tag{137a}$$

Dieser Ausdruck ist der reziproke Krümmungsradius, es ist:

$$\frac{1}{\varrho} = k = \frac{y''}{(1+y'^2)^{3/2}} = -\frac{M}{E \cdot J} \,. \tag{138}$$

Bei sehr schwacher Krümmung darf näherungsweise $y' = \mathrm{tg}\varphi'$ gegen 1 vernachlässigt werden. Es ergibt sich somit für die Differentialgleichung der elastischen Linie:

$$y'' = \frac{d^2 y}{dx^2} = -\frac{M}{E \cdot J} \,, \tag{139}$$

wobei y die jeweilige Durchbiegung bezeichnet.

Differentialgleichung der Seilkurve. Unter Seilkurve versteht man jenen Linienzug, den ein vollkommen biegsames Seil annimmt, wenn es mit einer stetigen Last q belastet wird.

Die Differentialgleichung für die Seilkurve lautet:

$$y'' = \frac{d^2 y}{dx^2} = \frac{1}{H} \cdot \frac{-q\,dx}{dx} = -\frac{q}{H} \,, \tag{140}$$

in welcher y die Durchbiegung des Seiles und H den Polabstand des Kraftecks bedeutet[1].

Ermittlung der elastischen Linie. Satz von Mohr. Die beiden entwickelten Differentialgleichungen können nun einander gleichgesetzt werden und man erhält auf diese Weise die elastische Linie des betrachteten Trägers:

$$\frac{M}{EJ} = \frac{q}{H} \,; \tag{141}$$

die Belastung entspricht dem Wert M/J, d.h. man muß sich den Träger mit seiner M/J-Fläche belastet denken (Abb. 90). Wird zu dem so belasteten Balken Kraft- und Seileck gezeichnet, wobei der Polabstand H gleich E gewählt wird, so sind die Ordinaten y des Seilecks ein Maß für die Durchbiegung des Trägers. Es gilt der Mohrsche Satz: „Die E-fachen Durchbiegungen sind gleich den Biegungsmomenten eines Trägers, der mit der M/J-Fläche belastet ist."

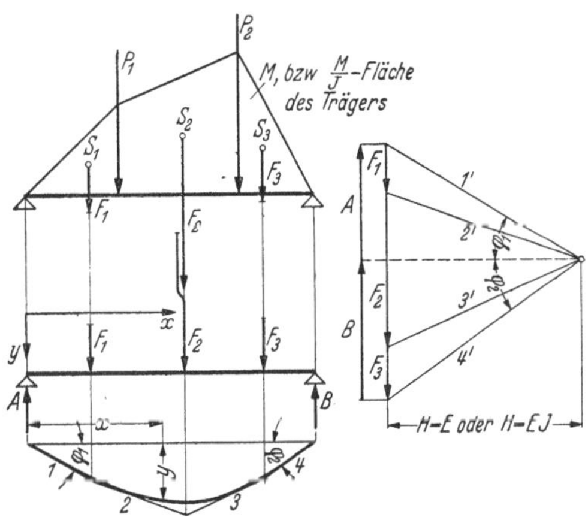

Abb. 90. Ermittlung der elastischen Linie nach dem Satz von MOHR.

Sonderfall: unveränderliches Trägheitsmoment J. Für diesen in der Praxis am häufigsten vorkommenden Fall wird eine Übereinstimmung zwischen den Differentialgleichungen der elastischen Linie und der Seilkurve erhalten, wenn als Belastung $q = M$ und als Polabstand $H = E \cdot J$ gewählt wird. In Abb. 90 ist ein Träger auf zwei Auflagern mit den Kräften P_1 und P_2 belastet dargestellt und dessen elastische Linie ermittelt. Es gilt auch hierfür der Satz von MOHR: „Die $E \cdot J$-fachen Durchbiegungen sind gleich den Biegungsmomenten eines Trägers, der mit der M-Fläche belastet ist."

---

[1] Ableitung siehe DUBBEL: Taschenbuch für den Maschinenbau.

Die Auflagerkräfte dieses Trägers sind gleich den $E \cdot J$-fachen Neigungen der elastischen Linie in den Auflagern. Mithin gilt für den Träger in Abb. 90 für das Auflager A:

$$A = E \cdot J \cdot \varphi_1 , \tag{142}$$

und für Auflager B:

$$B = E \cdot J \cdot \varphi_2 .$$

Diese Beziehungen ergeben die dritte Gleichung, die zur Lösung des statisch einfach unbestimmten Systems notwendig ist. In Abb. 91a ist die elastische Linie des Trägers gezeichnet, ebenso die Tangente an diese im Auflager B. Die Winkel, die die elastische Linie mit der Waagerechten einschließt, seien mit φ_1 und φ_2 bezeichnet. Sie müssen zweifelsohne gleich sein, da in Punkt B nur eine Tangente möglich ist. Der Träger ist mit den positiven und negativen Momentenflächen belastet. Diese Belastung ruft im Auflager B für die beiden Öffnungen die Biegemomente B_1 und B_2 hervor.

Werden B_1 und B_2 nach obigem als Auflagerkräfte aufgefaßt, so gilt:

$$\left.\begin{aligned} B_1 &= E \cdot J \cdot \varphi_1 , \\ B_2 &= E \cdot J \cdot \varphi_2 . \end{aligned}\right\} \tag{143}$$

Aus der Bedingung, daß φ_1 und φ_2 gleich, aber entgegengesetzt sein müssen, ergibt sich:

$$\varphi_1 = - \varphi_2 \tag{144}$$

und

$$B_1 = - B_2 . \tag{145}$$

Ermittlung der positiven Momentenflächen. Denkt man sich den Träger in Abb. 91a, b rechts von Auflager B durchgeschnitten, so wirken über der Öffnung $A B$ nur die Kräfte P_{11} und P_{12}. Die durch sie hervorgerufenen Auflagerkräfte errechnen sich zu:

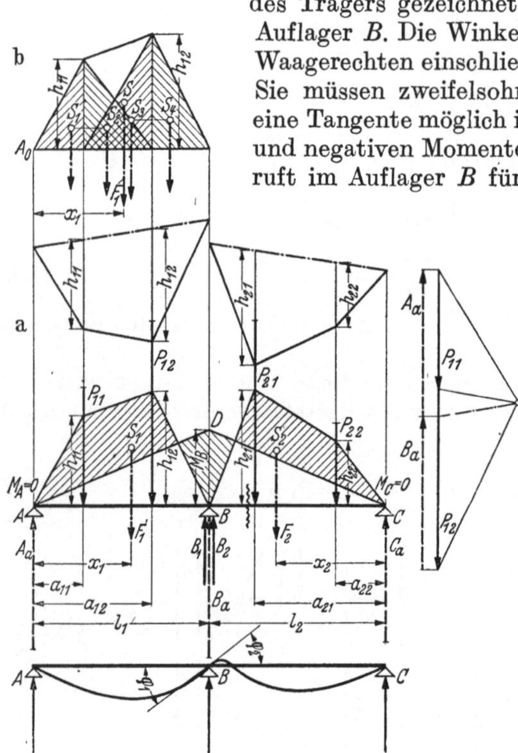

Abb. 91. a, b. Träger über zwei Öffnungen. Bestimmung des mittleren Auflagerdruckes B.
b) Zur Bestimmung der positiven Momentenflächen F_1 bzw. F_2.

$$A_a = \frac{P_{11} \cdot (l_1 - a_{11})}{l_1} + \frac{P_{12} \cdot (l_1 - a_{12})}{l_1} , \tag{146a}$$

$$B_a = \frac{P_{11} \cdot a_{11}}{l_1} + \frac{P_{12} \cdot a_{12}}{l_1} . \tag{146b}$$

Die positive Momentenfläche über Öffnung 1 erhält man in bekannter Weise durch Zeichnen des Kraftecks, des dazugehörigen Seilpolygons und der Schlußlinie. Wird letztere in die Waagerechte verlegt und von ihr aus die beiden Biegemomente h_{11} und h_{12} aufgetragen, ergibt sich die über die Öffnung 1 gezeichnete Momentenfläche.

Die Biegemomente h_{11} und h_{12} bzw. h_{21} und h_{22} errechnen sich aus der Beziehung:

$$h_{11} = B_a \cdot (l_1 - a_{11}) - P_{12} \cdot (a_{12} - a_{11}) , \tag{147a}$$

$$h_{12} = B_a \cdot (l_1 - a_{12}) , \tag{147b}$$

$$h_{21} = C_a \cdot a_{21} - P_{22} \cdot (a_{21} - a_{22}) , \tag{147c}$$

$$h_{22} = C_a \cdot a_{22} . \tag{147d}$$

Werden für die Auflagerdrücke A_a, B_a usw. die oben errechneten Werte eingesetzt, so ergibt sich für die Biegemomente:

$$h_{11} = \frac{P_{11}}{l_1} \cdot (l_1 a_{11} - a_{11}^2) + \frac{P_{12}}{l_1} \cdot (l_1 \cdot a_{11} - a_{11} \cdot a_{12}) , \tag{148}$$

$$h_{12} = \frac{P_{11}}{l_1} \cdot (l_1 \cdot a_{11} - a_{11} \cdot a_{12}) + \frac{P_{12}}{l_1} \cdot (l_1 \cdot a_{12} - a_{12}^2) ,$$

$$h_{21} = \frac{P_{21}}{l_2} \cdot (l_2 \cdot a_{21} - a_{21}^2) + \frac{P_{22}}{l_2} (l_2 \cdot a_{22} - a_{21} \cdot a_{22}) ,$$

$$h_{22} = \frac{P_{22}}{l_2} \cdot (l_2 \cdot a_{22} - a_{21} \cdot a_{22}) + \frac{P_{22}}{l_2} \cdot (l_2 \cdot a_{22} - a_{22}^2) .$$

Bestimmung der negativen Momentenflächen. Im mittleren Auflager B tritt eine resultierende Wirkung der Kräfte über beiden Öffnungen ein. Diese sich als Biegemoment äußernde Einwirkung wird auch als Stützmoment M_B bezeichnet. Für die Ermittlung des Auflagerdruckes B mit Hilfe der Elastizitätsgleichungen muß der durchlaufende Träger mit der Fläche der in ihm auftretenden Momente belastet gedacht werden. Mithin ist auch das Stützmoment M_B in Punkt B aufzutragen und mit den Ordinaten der Stützmomente der anderen Lager zu verbinden.

Für den betrachteten Sonderfall des Trägers über zwei Öffnungen müssen die Stützmomente M_A und M_C der beiden äußeren Lager $= 0$ sein, da seitens eines benachbarten Trägerteiles Biegemomente nicht übertragen werden. Die Ordinate des Stützmomentes M_B wird also mit den Nullpunkten A bzw. C verbunden und ergibt als negative Momentenfläche das Dreieck ADC.

Ermittlung des Stützmomentes M_B. Der mit den positiven und negativen Momentenflächen belastete Träger erhält als resultierende Belastung die in der Abb. 91a schraffiert gezeichneten Flächen. Nach Absatz 8.42 errechnen sich die als Auflagerkräfte gedachten Biegemomente B_1 und B_2, indem man für Drehpunkt A bzw. Drehpunkt C die Momentengleichung der als Kräfte aufgefaßten positiven und negativen Momentenflächen bildet.

Wird in der nachfolgenden Ableitung die positive Momentenfläche für Öffnung 1 und 2 mit F_1 und F_2, deren Schwerpunktsabstände von den Drehpunkten mit x_1 bzw. x_2 bezeichnet, so ergibt sich für

$$\text{Drehpunkt } A: \quad B_1 \cdot l_1 = F_1 \cdot x_1 + M_B \cdot \frac{1}{2} \cdot l_1 \cdot \frac{2}{3} l_1 , \tag{149}$$

$$\text{Drehpunkt } C: \quad B_2 \cdot l_2 = F_2 \cdot x_2 + M_B \cdot \frac{1}{2} \cdot l_2 \cdot \frac{2}{3} l_2 .$$

Werden beide Gleichungen mit 6 multipliziert und durch l_1 bzw. l_2 dividiert, so erhält man die als Auflagerkräfte gedachten Biegemomente B_1 und B_2 zu:

$$6 B_1 = 6 \frac{F_1 \cdot x_1}{l_1} + 2 M_B \cdot l_1 = 6 \varphi_1 E \cdot J ,$$

$$6 B_2 = \frac{6 F_2 \cdot x_2}{l_2} + 2 M_B \cdot l_2 = 6 \varphi_2 E \cdot J .$$
$$\left.\vphantom{\begin{array}{c}a\\a\\a\end{array}}\right\} \tag{150}$$

Nach der Elastizitätsgleichung werden beide gleichgesetzt. Es ergibt sich die

Gleichung:

$$B_1 = -B_2; \quad \frac{6\,F_1 \cdot x_1}{l_1} + 2\,M_B \cdot l_1 = -\frac{6\,F_2 \cdot x_2}{l_2} - 2\,M_B \cdot l_2$$

$$2\,M_B \cdot (l_1 + l_2) + 6\left(\frac{F_1 \cdot x_1}{l_1} + \frac{F_2 \cdot x_2}{l_2}\right) = 0. \tag{151}$$

In diesem Ausdruck stellt $F_1 \cdot x_1$ bzw. $F_2 \cdot x_2$ das statische Moment der positiven Momentenfläche für Öffnung $A\,B$ bzw. BC, bezogen auf die äußeren Stützsenkrechten $A\,C$ dar.

Berechnung des statischen Momentes der positiven Momentenfläche für Einzelkräfte. Da für den besonderen Fall der Kurbelwelle nur Belastung durch Einzelkräfte in Betracht kommt, soll das statische Moment $F_1 \cdot x_1$ bzw. $F_2 \cdot x_2$ für die gezeichneten Kräfte errechnet werden. Die in Abb.91b gezeichnete Momentenfläche kann in die vier schraffierten Dreiecke zerlegt werden. Es wird das statische Moment jeder einzelnen Dreiecksfläche bezüglich des linken und rechten Auflagers A_0 bzw. B_0 bestimmt. Die Addition dieser vier Momente ergibt das Gesamtmoment der Fläche F im Abstand x. Man erhält somit:

$$6\,F_1 \cdot x_1 = 6\left\{\frac{h_{11}}{2} \cdot a_{11} \cdot \frac{2}{3}\,a_{11} + \frac{h_{12}}{2} \cdot (l_1 - a_{12}) \cdot \left(a_{12} + \frac{l_1 - a_{12}}{3}\right)\right.$$

$$\left. + \frac{h_{11}}{2} \cdot (a_{12} - a_{11}) \cdot \left(a_{11} + \frac{a_{12} - a_{11}}{3}\right) + \frac{h_{12}}{2} \cdot (a_{12} - a_{11}) \cdot \left(a_{11} + \frac{2(a_{12} - a_{11})}{3}\right)\right\},$$

$$6\,F_2 \cdot x_2 = 6\left\{\frac{h_{21}}{2} \cdot (l_2 - a_{21}) \cdot \left(a_{21} + \frac{l_2 - a_{21}}{3}\right) + \frac{h_{22}}{2} \cdot a_{22} \cdot \frac{2}{3}\,a_{22}\right.$$

$$\left. + \frac{h_{21}}{2} \cdot (a_{21} - a_{22} \cdot \left(a_{22} + \frac{2}{3}\,[a_{21} - a_{22}]\right) + \frac{h_{22}}{2} \cdot (a_{21} - a_{22}) \cdot \left(a_{22} + \frac{a_{21} - a_{22}}{3}\right)\right\}. \tag{152}$$

Wird in diese Gleichungen der unter Gl. (148) errechnete Wert von h_{11}, h_{12} usw. eingesetzt und ausmultipliziert, so gehen Gl. (152) über in:

$$6\,F_1 \cdot x_1 = P_{11} \cdot a_{11} \cdot (l_1^2 - a_{11}^2) + P_{12} \cdot a_{12} \cdot (l_1^2 - a_{12}^2),$$

$$6\,F_2 \cdot x_2 = P_{21} \cdot a_{21} \cdot (l_2^2 - a_{21}^2) + P_{22} \cdot a_{22} \cdot (l_2^2 - a_{22}^2). \tag{153}$$

Wirken über Öffnung 1 bzw. Öffnung 2 beliebig viele Kräfte P_1 bzw. P_2, läßt sich Gl.(153) auch in allgemeiner Form schreiben:

$$6\,F_1 \cdot x_1 = \Sigma\,P_1 \cdot a_1 \cdot (l_1^2 - a_1^2),$$

$$6\,F_2 \cdot x_2 = \Sigma\,P_2 \cdot a_2 \cdot (l_2^2 - a_2^2). \tag{154}$$

Drei-Momenten-Gleichung für den dreimal gelagerten Träger über zwei Öffnungen. Berechnung der Auflagerkräfte A, B, C. Werden die nach Gl. (153) errechneten statischen Momente $6\,F_1 \cdot x_1$ und $6\,F_2 \cdot x_2$ in Gl.(151) eingesetzt, so erhält man unter Berücksichtigung, daß M_A und M_C Null sind, die Drei-Momenten-Gleichung für die betrachtete Kurbelwelle:

$$2\,M_B \cdot (l_1 + l_2) + \frac{P_{11} \cdot a_{11}}{l_1} \cdot (l_1^2 - a_{11}^2) + \frac{P_{12} \cdot a_{12}}{l_1} \cdot (l_1^2 - a_{12}^2) + \frac{P_{21} \cdot a_{21}}{l_2} \cdot (l_2^2 - a_{21}^2)$$

$$+ \frac{P_{22} \cdot a_{22}}{l_2} \cdot (l_2^2 - a_{22}^2) = 0. \tag{155}$$

Berechnung der Auflagerdrücke $A\,BC$, hervorgerufen durch die Kräfte P_{11}, P_{12}, P_{21} und P_{22}.

Da das Stützmoment M_B bekannt ist, kann man die gesuchten Lagerreaktionen A, B und C mit Hilfe der beiden, um Punkt B aufgestellten Momentengleichungen finden.

$$A = \frac{M_B}{l_1} + \frac{P_{11} \cdot (l_1 - a_{11})}{l_1} + \frac{P_{12} \cdot (l_1 - a_{12})}{l_1} \, . \tag{156}$$

$$C = \frac{M_B}{l_2} + \frac{P_{21} \cdot (l_2 - a_{21})}{l_2} + \frac{P_{22} \cdot (l_2 - a_{22})}{l_2} \, . \tag{157}$$

Der Auflagerdruck B ergibt sich an Hand der Gleichgewichtsbedingungen:

$$B = P_{11} + P_{12} + P_{21} + P_{22} - A - C.$$

$$B = \frac{P_{11} \cdot (l_2 + l_1 - a_{11}) + P_{12} \cdot (l_2 + l_1 - a_{12}) + P_{21} \cdot a_{21} + P_{22} \cdot a_{22} - A \cdot (l_1 + l_2)}{l_2} \, . \tag{158}$$

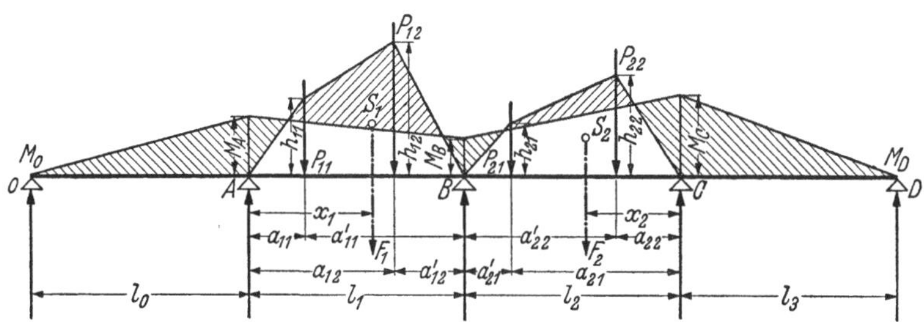

Abb. 92. Träger über fünf Öffnungen. Berechnung der Lagerdrücke O, A, B, C, D.

8.43 Entwicklung der Drei-Momenten-Gleichung für den allgemeinen Fall eines Trägers auf n-Auflagern.

In Abb. 92 sind zwei Öffnungen eines solchen Trägers gezeichnet, über welchen je zwei Einzelkräfte wirken sollen.

Mit den Bezeichnungen der Figur und den oben abgeleiteten Beziehungen findet man für die als Auflagerkräfte gedachten Biegemomente B_1 und B_2:

$$\left. \begin{aligned} B_1 \cdot l_1 &= F_1 \cdot x_1 + M_A \cdot \frac{1}{2} l_1 \cdot \frac{1}{3} l_1 + M_B \cdot \frac{1}{2} l_1 \cdot \frac{2}{3} l_1 \, . \\ B_2 \cdot l_2 &= F_2 \cdot x_2 + M_C \cdot \frac{1}{2} l_2 \cdot \frac{1}{3} l_2 + M_B \cdot \frac{1}{2} l_2 \cdot \frac{2}{3} l_2 \, . \end{aligned} \right\} \tag{159}$$

M_C und $M_A =$ Stützmomente in den Lagern A und C. Beide Gleichungen werden mit 6 multipliziert und durch l_1 und l_2 dividiert:

$$\left. \begin{aligned} 6\,B_1 &= \frac{6\,F_1 \cdot x_1}{l_1} + M_A \cdot l_1 + 2\,M_B \cdot l_1 = 6\,\varphi_1 \cdot E \cdot J \, . \\ 6\,B_2 &= \frac{6\,F_2 \cdot x_2}{l_2} + M_C \cdot l_2 + 2\,M_B \cdot l_2 = 6\,\varphi_2 \cdot E \cdot J \, . \end{aligned} \right\} \tag{160}$$

Wird $B_1 = -B_2$ gesetzt, so erhält man:

$$M_A \cdot l_1 + 2\,M_B \cdot (l_1 + l_2) + M_C \cdot l_2 + \frac{6\,F_1 \cdot x_1}{l_1} + \frac{6\,F_2 \cdot x_2}{l_2} = 0 \, . \tag{161}$$

Werden für die statischen Momente $6\,F_1 \cdot x_2$ und $6\,F_2 \cdot x_2$ die Werte aus Gl. (153) eingesetzt, so ergibt sich die Drei-Momenten-Gleichung für Belastung mit Einzelkräften zu:

$$M_A \cdot l_1 + 2 M_B \cdot (l_1 + l_2) + M_C \cdot l_2 + \frac{P_{11} \cdot a_{11}}{l_1}(l_1^2 - a_{11}^2) + \frac{P_{12} \cdot a_{12}}{l_1}(l_1^2 - a_{12}^2)$$

$$+ \frac{P_{21} \cdot a_{21} \cdot (l_2^2 - a_{21}^2)}{l_2} + \frac{P_{22} \cdot a_{22} \cdot (l_2^2 - a_{22}^2)}{l_2} = 0 \qquad (162)$$

oder für beliebig viele Einzelkräfte über den beiden Öffnungen:

$$M_A \cdot l_1 + 2 M_B \cdot (l_1 + l_2) + M_C \cdot l_2 + \Sigma \frac{P_1 \cdot a_1 \cdot (l_1^2 - a_1^2)}{l_1} + \Sigma \frac{P_2 \cdot a_2 \cdot (l_2^2 - a_2^2)}{l_2} = 0. \qquad (163)$$

Betrachtet man zwei beliebige aufeinanderfolgende Öffnungen n und $n+1$ und schreibt für die Indizes

$$A \ldots n-1$$
$$B \text{ und } 1 \ldots n$$
$$C \text{ und } 2 \ldots n+1,$$

so erhält man die Clapeyronsche Gleichung in allgemeiner Form:

$$M_{n-1} \cdot l_n + 2 M_n \cdot (l_n + l_{n+1}) + M_{n+1} \cdot l_{n+1} + \Sigma \frac{P_n \cdot a_n \cdot (l_n^2 - a_n^2)}{l_n}$$

$$+ \Sigma \frac{P_{n+1} \cdot a_{n+1} \cdot (l_{n+1}^2 - a_{n+1}^2)}{l_{n+1}} = 0. \qquad (164)$$

Nach Berechnen der einzelnen Stützmomente M_A, M_B, M_C findet man die gesuchten Auflagerkräfte A, B, C usw., indem man das Stützmoment für das betrachtete Auflager, z. B. M_C, gleichsetzt allen Momenten auf der rechten oder linken Seite bis zum Ende des Trägers, hervorgerufen durch die belastenden Kräfte P und die Auflagerdrücke A, B usw.

Sind die Stützmomente für den in Abb. 92 gezeigten Träger $M_0 - M_D$, so ergibt die Drei-Momenten-Gleichung:

1) $$2 M_A \cdot (l_0 + l_1) + M_B \cdot l_1 + \frac{P_{11} \cdot a_{11}' \cdot (l_1^2 - a_{11}'^2)}{l_1} + \frac{P_{12} \cdot a_{12}' \cdot (l_1^2 - a_{12}'^2)}{l_1} = 0.$$

2) $$M_A \cdot l_1 + 2 M_B \cdot (l_1 + l_2) + M_C \cdot l_2 + \frac{P_{11} \cdot a_{11} \cdot (l_1^2 - a_{11}^2)}{l_1} + \frac{P_{12} \cdot a_{12} \cdot (l_1^2 - a_{12}^2)}{l_1}$$

$$+ \frac{P_{21} \cdot a_{21} \cdot (l_2^2 - a_{21}^2)}{l_2} + \frac{P_{22} \cdot a_{22} \cdot (l_2^2 - a_{22}^2)}{l_2} = 0.$$

3) $$M_B \cdot l_2 + 2 M_C \cdot (l_2 + l_3) + \frac{P_{21} \cdot a_{21}' \cdot (l_2^2 - a_{21}'^2)}{l_2} + \frac{P_{22} \cdot a_{22}' \cdot (l_2^2 - a_{22}'^2)}{l_2} = 0.$$

Drei Gleichungen mit drei Unbekannten, die Stützmomente errechnen sich zu:
$M_0 = 0$; $M_D = 0$.

$$M_A = \frac{\left[l_1 + l_2 - \frac{l_2^2}{4(l_2 + l_3)}\right] \cdot \left[\frac{P_{11} \cdot a_{11}' \cdot (l_1^2 - a_{11}'^2)}{l_1} + \frac{P_{12} \cdot a_{12}' \cdot (l_1^2 - a_{12}'^2)}{l_1}\right] + l_1 \cdot \left[\frac{P_{21} \cdot a_{21}' \cdot (l_2^2 - a_{21}'^2)}{2} + \right.}{l_1^2(l_2 + l_3) - 4(l_0 + l_1)(l_1 + l_2)(l_2 + l_3) + l_2^2(l_0 + l_1)}$$

$$\frac{\left. + \frac{P_{22} \cdot a_{22}' \cdot (l_2^2 - a_{22}'^2)}{2}\right] - (l_2 + l_3) \cdot \left[P_{11} \cdot a_{11} \cdot (l_1^2 - a_{11}^2) + P_{12} \cdot a_{12} \cdot (l_1^2 - a_{12}^2) + \right.}{}$$

$$\frac{\left. + \frac{P_{21} \cdot l_1 \cdot a_{21} \cdot (l_2^2 - a_{21}^2)}{l_1} + \frac{P_{22} \cdot l_1 \cdot a_{22} \cdot (l_2^2 - a_{22}^2)}{l_2}\right]}{}.$$

$$M_B = \frac{2\,M_A \cdot (l_0 + l_1) + \dfrac{P_{11} \cdot a'_{11} \cdot (l_1^2 - a'^2_{11})}{l_1} + \dfrac{P_{12} \cdot a'_{12} \cdot (l_1^2 - a'^2_{12})}{l_1}}{l_1}.$$

$$M_C = \frac{M_B \cdot l_2 + \dfrac{P_{21} \cdot a'_{21} \cdot (l_2^2 - a'^2_{21})}{l_2} + \dfrac{P_{22} \cdot a'_{22} \cdot (l_2^2 - a'^2_{22})}{l_2}}{2\,(l_2 + l_3)}.$$

Die Lagerdrücke O, A, B, C, D des Trägers in Abb. 92 errechnen sich wie folgt:

1) $\quad M_A = O \cdot l_0$,

$\qquad$ daraus $O = \dfrac{M_A}{l_0}$.

2) $\quad M_B = O \cdot (l_0 + l_1) + A_1 \cdot l_1 - P_{11} \cdot a'_{11} - P_{12} \cdot a'_{12}$; oder O aus 1 eingesetzt ergibt:

$$A = -\,M_A \cdot \left(\frac{1}{l_0} + \frac{1}{l_1}\right) + \frac{M_B}{l_1} + \frac{P_{11} \cdot a'_{11}}{l_1} + \frac{P_{12} \cdot a'_{12}}{l_1}.$$

3) $\quad M_C = O \cdot (l_0 + l_1 + l_2) + A \cdot (l_1 + l_2) + B \cdot l_2 - P_{11} \cdot (l_2 + a'_{11}) - P_{12} \cdot (l_2 + a'_{22})$
$\qquad\quad -\, P_{21} \cdot a_{21} - P_{22} \cdot a_{22}.$

Die Werte für O und A eingesetzt:

$$B = -\,M_B \cdot \left(\frac{1}{l_1} + \frac{1}{l_2}\right) + \frac{M_A}{l_1} + \frac{M_C}{l_2} + \frac{P_{11} \cdot a_{11}}{l_1} + \frac{P_{12} \cdot a_{12}}{l_1} + \frac{P_{21} \cdot a_{21}}{l_2} + \frac{P_{22} \cdot a_{22}}{l_2}.$$

4) $\quad M_C = D \cdot l_3$, daraus

$\qquad D = \dfrac{M_C}{l_3}$.

5) $\quad M_B = D \cdot (l_2 + l_3) + C \cdot l_2 - P_{21} \cdot a'_{21} - P_{22} \cdot a'_{22}$, den Wert für D eingesetzt ergibt:

$$C = -\,M_C \cdot \left(\frac{1}{l_2} + \frac{1}{l_3}\right) + \frac{M_B}{l_2} + \frac{P_{21} \cdot a'_{21}}{l_2} + \frac{P_{22} \cdot a'_{22}}{l_2}.$$

8.44 Berechnung der Auflagerkräfte für eine siebenmal gelagerte Sechszylinder-Kurbelwelle.

Bei Untersuchung des Massenausgleichs für einen Sechszylinder-Reihen-Motor haben wir festgestellt, daß freie Massenkräfte irgendwelcher Art nicht auftreten, es findet also ein Ausgleich in der Maschine selbst statt. Aus diesem Grund sollen auch im vorliegenden Zahlenbeispiel an der Kurbelwelle keine Gegengewichte zum Ausgleich der Fliehkräfte der umlaufenden Massen vorgesehen werden.

Bei Berechnung der Lagerdrücke in den einzelnen Hauptlagern werden wir feststellen, daß die auftretenden Kräfte ganz erheblich sind und es mithin seinen guten Grund hat, wenn bei modernen, schnellaufenden Motoren auch bei vollkommenem Massenausgleich die umlaufenden Triebwerksteile durch Zusatzgewichte ausgeglichen werden.

Die Abmessungen der Kurbelwelle sind aus Abb. 93 ersichtlich. Außerdem sind gegeben:

$$
\begin{aligned}
&\text{Motorleistung} & N_e &= 60 \ [\text{PS}]. \\
&\text{Drehzahl} & n &= 1000 \ [\text{U/min}]. \\
&\text{Zylinderdurchmesser} & D &= 105 \ [\text{mm}]. \\
&\text{Hub} & s &= 130 \ [\text{mm}]. \\
&\text{Kolbengewicht} & G_k &= 1{,}4 \ [\text{kg}]. \\
&\text{Gewicht Pleuelstange} & G_P &= 2{,}0 \ [\text{kg}]. \\
&\text{Gewicht Kurbelwelle} & G_{Kw} &= 24{,}0 \ [\text{kg}]. \\
&\text{Zünddruck} & p_z &= 30{,}0 \ [\text{kg/cm}^2]. \\
&\text{Schubstangenlänge} & l &= 292 \ [\text{mm}]. \\
&\text{Schubstangenverhältnis} & \lambda &= 1:4{,}5.
\end{aligned}
$$

Alle Teile der Kurbelwelle, die zur Drehachse symmetrisch liegen, wie Lagerzapfen, Teile der Kurbelwangen, liefern, vom eigenen Gewicht abgesehen, keinen Anteil für die Lagerbelastung, weil sich die Fliehkräfte aufheben.

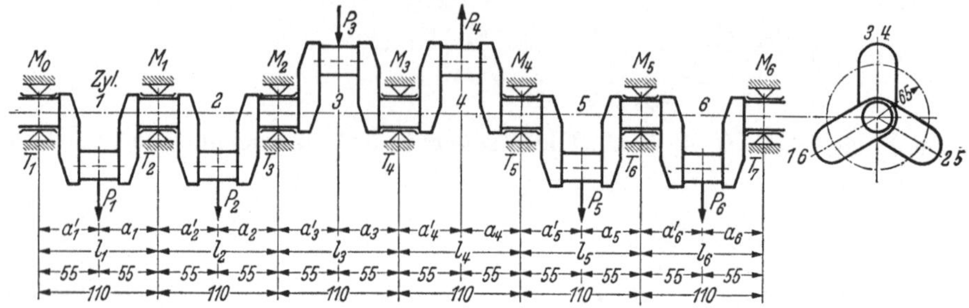

Abb. 93. Sechszylinder-Kurbelwelle.

Es wird die Annahme gemacht, daß das Eigengewicht der Kurbelwelle bei Bestimmung der Lagerdrücke außer Betracht bleibt.

Bestimmung der Massenkräfte der umlaufenden Triebwerksteile. Der Einfachheit halber sollen die Kurbelwangen als Rechtkante angenommen werden.

a) *Bestimmung der Gewichte von Kurbelzapfen und -Wangen.* Mit den Abmessungen von Abb. 94 ergibt sich für das Gewicht

des Kurbelzapfens:

$$G_{Kz} = \frac{D^2 \cdot \pi}{4} \cdot L \cdot \gamma = \frac{5,2^2 \cdot \pi}{4} \cdot 4,15 \cdot 7,85 \cdot 10^{-3} = 0,7 \text{ [kg]},$$

der Kurbelwange:

$$G_{Wange} = a \cdot b \cdot c \cdot \gamma = 1,85 \cdot 6,0 \cdot 12,5 \cdot 7,85 \cdot 10^{-3} = 1,05 \text{ [kg]}.$$

Für die Lagerdrücke kommt nur der strichliert gezeichnete Teil der Wange in Betracht, dessen Gewicht sich bestimmt zu:

$$G_{Wangenanteil} = 1,85 \cdot 6,5 \cdot 6 \cdot 7,85 \cdot 10^{-3} = 0,566 \text{ [kg]}.$$

Sein Schwerpunktsabstand von der Drehachse:
$s = 6,25$ cm.

Das Gewicht des Wangenanteils ist auf den Kurbelzapfen (Halbmesser r) zu reduzieren, und zwar nach der in Absatz 3.32 angegebenen Formel:

$$G_g = G_R \cdot \frac{r}{r_g}$$

Abb. 94. Kurbelwange (vereinfacht).

d. h. die Fliehkräfte müssen vor und nach der Reduktion die gleichen sein.

Die Reduktion dieser Masse auf den Kurbelzapfen ergibt:

$$G_{Wangenanteil\,red} = \frac{G_{Wangenanteil} \cdot s}{r} = \frac{0,566 \cdot 6,25}{6,5} = 0,543 \text{ [kg]}.$$

Umlaufende Massen der Kurbelwelle, die lagerbelastend wirken. Für eine Kröpfung gilt:

$$G_{R\,Kw} = G_{Kz} + 2\,G_{Wangenanteil\,red} = 0,7 + 2 \cdot 0,543 = 1,78 \text{ [kg]}.$$

oder

$$m_{RKw} = \frac{G_{R\,Kw}}{g} = \frac{1,78}{981} = 0,00181 \text{ [kgsec}^2\text{/cm]}.$$

b) *Umlaufender Pleuelstangenanteil.* Die Masse der Pleuelstange wird auf zwei Ersatzpunkte reduziert, wie in Abschnitt 3 angegeben wurde.

Die Masse der Schubstange:

$$m_P = \frac{G_P}{g} = \frac{2,0}{981} = 0,00204 \text{ [kgsec}^2\text{/cm]}.$$

Mit den Abmessungen von Abb. 95 ergibt sich für die reduzierte Masse im Kolbenbolzen:

$$m_1 = \frac{0{,}00204 \cdot 7{,}3}{29{,}2} = 0{,}00051 \; [\text{kgsec}^2/\text{cm}] ,$$

für die reduzierte Masse im Kurbelzapfen:

$$m_2 = \frac{0{,}00204 \cdot 21{,}9}{29{,}2} = 0{,}00153 \; [\text{kgsec}^2/\text{cm}] .$$

c) *Bestimmung der Fliehkräfte der umlaufenden Massen.*

$$m_{R\,Kurbelwelle} + m_{R\,Schubstangenanteil} = m_{R\,gesammt} = 0{,}00181 + 0{,}00153 = 0{,}00334\,[\text{kgsec}^2/\text{cm}].$$

Wird der Berechnung der Fliehkraft die volle Drehzahl zugrunde gelegt, so erhält man für

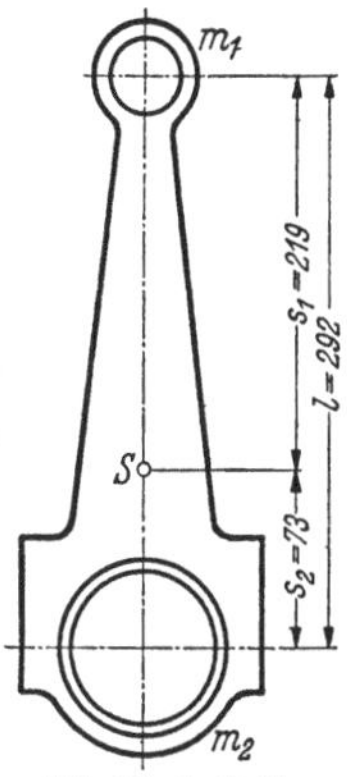

$$n = 1600 \; [\text{U/min}] \qquad \omega = \frac{\pi \cdot n}{30} = \frac{1600 \cdot \pi}{30} = 167{,}5 \cdot \; [1/\text{sec}] ,$$

daraus errechnen sich die Massenkräfte der umlaufenden Triebwerksteile für eine Kröpfung zu:

$$P_{R\,Gesamt} = m_{R\,ges} \cdot r \cdot \omega^2 = 0{,}00334 \cdot 6{,}5 \cdot 167{,}5^2 = 605 \; [\text{kg}] .$$

Ermittlung der Massenkräfte der hin und her gehenden Teile. Masse des Kolbens:

$$m_{Kolben} = \frac{G_{Kolben}}{g} = \frac{1{,}4}{981} = 0{,}00143 \; [\text{kgsec}^2/\text{cm}] .$$

Gesamtmasse der hin und her gehenden Teile:

$$m_{H\,Gesamt} = m_{Kolben} + m_{1\,Schubstangenanteil} = 0{,}00143 + 0{,}00051 =$$
$$= 0{,}00194 \; [\text{kgsec}^2/\text{cm}] .$$

Für $\lambda = 1:4{,}5 = 0{,}222$, ist die Massenkraft der hin und her gehenden Teile:

$$P_H = m_{H\,Gesamt} \cdot r \cdot \omega^2 (\cos \alpha + \lambda \cos 2\alpha) .$$

Abb. 95. Aufteilung der Schubstangenmasse.

Es wird diejenige Stellung der Kurbelwelle betrachtet, in der die Kräfte am ungünstigsten wirken. Dieser Fall tritt ein, wenn die beiden mittleren Kröpfungen in der oberen Totlage stehen und Zylinder 3 zündet. Mithin ergeben sich für die gezeichnete Stellung die Massenkräfte der hin und her gehenden Teile zu:

Für Zylinder 3 und 4:
Kurbelwinkel 0°, $P_{H\,0°} = 0{,}00194 \cdot 6{,}5 \cdot 167{,}5^2 \cdot (1 + 0{,}222 \cdot 1) = 432 \; [\text{kg}] .$

Für Zylinder 1, 2, 5, 6:
Kurbelwinkel 120°, 240° $P_{H\,120°} = 0{,}00194 \cdot 6{,}5 \cdot 167{,}5^2 \left(-\tfrac{1}{2} - 0{,}222 \cdot \tfrac{1}{2}\right) = -216 \; [\text{kg}].$

$P_{H\,120°}$ wirkt nach abwärts.

Zusammensetzung der Pleuelstangenkräfte mit den Massenkräften der umlaufenden Massen am Kurbelzapfen. a) *Berechnung der Gaskräfte.* Wenn die Zündfolge der Maschine 1, 5, 3, 6, 2, 4 ist, so befinden sich die Zylinder für die gezeichnete Kurbelstellung in folgenden Arbeitstakten:

1	5	3	6	2	4
Ausschub	Ausdehnung	Zündung	Verdichtung	Ansaugen	Ansaugen

$$\text{Zylinder 3:} \quad P_G = \frac{\pi \cdot D^2}{4} \cdot p_z = \frac{10{,}5^2 \cdot \pi}{4} \cdot 30 = 2600 \; [\text{kg}] .$$

Zylinder 5: Laut Indikatordiagramm ist der Expansionsdruck bei 120° Kurbelwinkel:
$p_{120°} = 3\,\text{kg/cm}^2$ und die Gaskraft:

$$P_{G\,120°} = \frac{10{,}5^2 \cdot \pi}{4} \cdot 3 = 260 \; [\text{kg}] .$$

b) *Bestimmung der am Kurbelzapfen wirkenden resultierenden Kräfte für die einzelnen Zylinder. Zylinder 1 und 2.* Wird der Einfachheit halber angenommen, daß die Gaskräfte beim Ansaugen und Ausschieben vernachlässigt werden, so wirken in diesen Zylindern nur die Massenkräfte $P_{H\,120°} = 216 \; [\text{kg}] = P_{H\,240°} .$

Die Pleuelstangenkraft ist dann:

$$P_{st} = \frac{P_{H\,120°}}{\cos\beta} = \frac{216}{0,981} = 221 \text{ [kg]}.$$

Der Winkel β errechnet sich nach Abb. 96 auf Grund folgender Gleichung:

$$\sin\beta = \frac{x}{l} = \frac{r \cdot \sin 60°}{l} = 0,222 \cdot \frac{1}{2}\sqrt{3} = 0,192; \quad \beta = 11°8'.$$

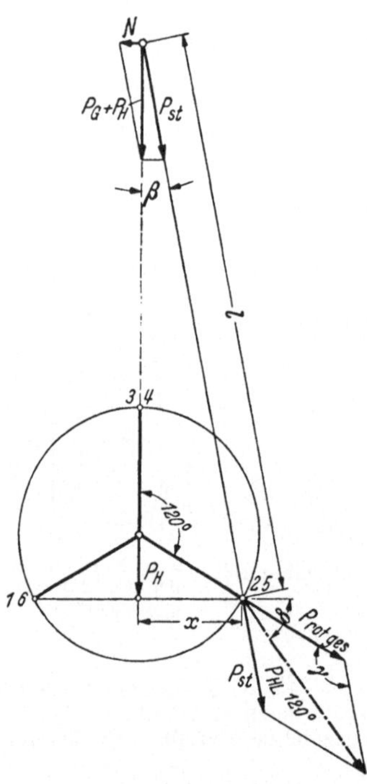

Abb. 96. Bestimmung der
Hauptlagerkraft P_{HL}.

Mithin ergibt sich die Pleuelstangenkraft $P_{st} = 221$ [kg].

Um diese Stangenkraft mit der Massenkraft $P_{R\,gesamt}$ für die gezeichnete Kurbelstellung zusammensetzen zu können, ist es notwendig, Winkel γ der Abb. 96 zu bestimmen. Dieser errechnet sich zu:

$$\gamma = 30° + 90° + \beta = 131°8'.$$

Die resultierende Lagerkraft $P_{HL\,120°,\,240°}$ erhält man aus dem Kräftedreieck.

$$P_{HL\,120°,\,240°} = \sqrt{P_{st}^2 + P_{R\,ges}^2 - 2\,P_{st}\,P_{R\,ges}\,\cos\gamma}.$$

$$P_{HL\,120°,\,240°} = \sqrt{221^2 + 605^2 + 2 \cdot 221 \cdot 605 \cdot 0,6565} = 769 \text{ [kg]}.$$

Bei Zerlegung in eine vertikale und horizontale Komponente ergibt sich (Abb. 97):

$$P_{1v} = P_{HL\,120°} \cdot \sin\delta = 769 \cdot 0,6756 = 519 \text{ [kg]}.$$

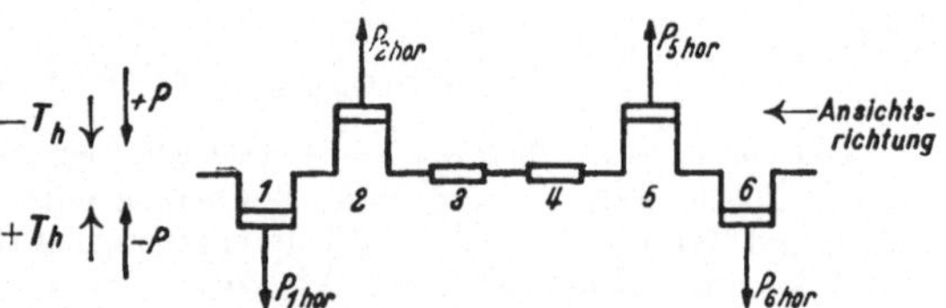

Abb. 97. An der Kurbelwelle wirkende Horizontalkräfte.
Ansicht von oben.

$$P_{1\,horizontal} = P_{HL\,120°} \cdot \cos\delta = 769 \cdot 0,7372 = 567 \text{ [kg]}.$$

Berechnung von Winkel δ:

$$\sin(\delta - 30°) = \frac{P_{st} \cdot \sin\gamma}{P_{HL\,120°}} = \frac{221 \cdot 0,7543}{769} = 0,217; \quad \delta = 42,5°.$$

Zylinder 3: $P_3 = P_G - P_{H\,0°} - P_{R\,gesamt} = 2600 - 432 - 605 = 1563$ [kg].

Zylinder 4: Es wirken nur Massenkräfte und zwar nach aufwärts $(-P_4)$:

$$P_4 = P_{R\,gesamt} + P_{H\,0°} = -(605 + 432) = -1037 \text{ [kg]}.$$

Das Minuszeichen deshalb, weil P_4 entgegengesetzt von P_3 wirkt.

Zylinder 5. Zu den Gaskräften addieren sich die Massenkräfte.
Die Pleuelstangenkraft P_{st} berechnet sich zu:

$$P_{st} = \frac{P_G + P_{H\,120°}}{\cos\beta} = \frac{260 + 216}{0,981} = 485 \text{ [kg]}.$$

Die Resultierende aus der Stangenkraft und der Fliehkraft der umlaufenden Teile ergibt sich zu:

$$P_{HL\,120°} = \sqrt{P_{st}^2 + P_{R\,ges}^2 - 2\,P_{st} \cdot P_{R\,ges} \cdot \cos\gamma},$$

$$P_{HL\,120°} = \sqrt{485^2 + 605^2 + 2 \cdot 485 \cdot 605 \cdot 0,6565} = 993 \text{ [kg]}.$$

Nach Zerlegung in eine horizontale und vertikale Komponente erhält man:

$$P_{5\,vertikal} = P_{HL\,120°} \cdot \sin\delta = 993 \cdot 0{,}6756 = 671 \,[\text{kg}],$$

$$P_{5\,horizontal} = P_{HL\,120°} \cdot \cos\delta = -\,993 \cdot 0{,}7372 = -732 \,[\text{kg}], \;(-)\;\text{weil entgegengesetzt.}$$

Zylinder 6 (wie Zylinder 1). Zylinder 6 hat Verdichtung, die Gas- und Massenkräfte addieren sich, jedoch kann der Kompressionsdruck in dieser Stellung laut Indikatordiagramm unberücksichtigt bleiben. Es ergibt sich demnach:

$$P_{6\,vertikal} \quad = 519 \,[\text{kg}],$$

$$P_{6\,horizontal} \;= 567 \,[\text{kg}].$$

Zusammenstellung der errechneten und zeichnerisch gegebenen Werte für die Drei-Momenten-Gleichung:

Vertikalkräfte	Horizontalkräfte
$P_{1v} = +\;519\,[\text{kg}]$	$P_{1h} = +567\,[\text{kg}]$
$P_{2v} = +\;519\;,,$	$P_{2h} = -567\;,,$
$P_{3v} = +1563\;,,$	$P_{3h} = \quad 0\;,,$
$P_{4v} = -1037\;,,$	$P_{4h} = \quad 0\;,,$
$P_{5v} = +\;671\;,,$	$P_{5h} = -732\;,,$
$P_{6v} = +\;519\;,,$	$P_{6h} = +567\;,,$

$$l_1 = l_2 = l_3 = l_4 = l_5 = l_6 = 11 \,[\text{cm}],$$

$$a_1 = a_1' = a_2 = a_2' = a_3 = a_3' = a_4 = a_4' = a_5 = a_5' = a_6 = a_6' = 5{,}5 \,[\text{cm}].$$

Aufstellung der drei-Momenten-Gleichung und Berechnung der Stützmomente $M_0 \ldots M_6$ für vertikale Belastung. Unter Berücksichtigung von $M_0 = 0$ und $M_6 = 0$ gilt für je zwei Felder:

$$\text{a)} \quad M_0 \cdot l_1 + 2M_1 \cdot (l_1 + l_2) + M_2 \cdot l_2 + \frac{P_1 \cdot a_1' \cdot (l_1^2 - a_1'^2)}{l_1} + \frac{P_2 \cdot a_2 \cdot (l_2^2 - a_2^2)}{l_2} = 0,$$

$$44M_1 + 11 \cdot M_2 + \frac{519 \cdot 5{,}5 \cdot (11^2 - 5{,}5^2)}{11} + \frac{519 \cdot 5{,}5 \cdot (11^2 - 5{,}5^2)}{11} = 0\,;$$

$$\text{b)} \quad M_1 \cdot l_2 + 2M_2 \cdot (l_2 + l_3) + M_3 \cdot l_3 + \frac{P_2 \cdot a_2' \cdot (l_2^2 - a_2'^2)}{l_2} + \frac{P_3 \cdot a_3 \cdot (l_3^2 - a_3^2)}{l_3} = 0,$$

$$11M_1 + 44M_2 + 11M_3 + \frac{519 \cdot 5{,}5 \cdot (11^2 - 5{,}5^2)}{11} + \frac{1563 \cdot 5{,}5 \cdot (11^2 - 5{,}5^2)}{11} = 0\,;$$

$$\text{c)} \quad M_2 \cdot l_3 + 2M_3 \cdot (l_3 + l_4) + M_4 \cdot l_4 + \frac{P_3 \cdot a_3' \cdot (l_3^2 - a_3'^2)}{l_3} + \frac{P_4 \cdot a_4 \cdot (l_4^2 - a_4^2)}{l_4} = 0,$$

$$11M_2 + 44M_3 + 11M_4 + \frac{1563 \cdot 5{,}5 \cdot (11^2 - 5{,}5^2)}{11} - \frac{1037 \cdot 5{,}5 \cdot (11^2 - 5{,}5^2)}{11} = 0\,;$$

$$\text{d)} \quad M_3 \cdot l_4 + 2M_4 \cdot (l_4 + l_5) + M_5 \cdot l_5 + \frac{P_4 \cdot a_4' \cdot (l_4^2 - a_4'^2)}{l_4} + \frac{P_5 \cdot a_5 \cdot (l_5^2 - a_5^2)}{l_5} = 0,$$

$$11M_3 + 44M_4 + 11M_5 - \frac{1037 \cdot 5{,}5 \cdot (11^2 - 5{,}5^2)}{11} + \frac{671 \cdot 5{,}5 \cdot (11^2 - 5{,}5^2)}{11} = 0\,;$$

$$\text{e)} \quad M_4 \cdot l_5 + 2M_5 \cdot (l_5 + l_6) + M_6 \cdot l_6 + \frac{P_5 \cdot a_5' \cdot (l_5^2 - a_5'^2)}{l_5} + \frac{P_6 \cdot a_6 \cdot (l_6^2 - a_6^2)}{l_6} = 0,$$

$$11M_4 + 44M_5 + \frac{671 \cdot 5{,}5 \cdot (11^2 - 5{,}5^2)}{11} + \frac{519 \cdot 5{,}5 \cdot (11^2 - 5{,}5)}{11} = 0.$$

$$\text{a)} \quad 4M_1 + M_2 \qquad\qquad = -\,4287 \,[\text{cm kg}].$$
$$\text{b)} \quad M_1 + 4M_2 + M_3 \;= -\,8599 \,[\text{cm kg}].$$
$$\text{c)} \quad M_2 + 4M_3 + M_4 \;= -\,2063 \,[\text{cm kg}].$$
$$\text{d)} \quad M_3 + 4M_4 + M_5 \;= +\,1512 \,[\text{cm kg}].$$
$$\text{e)} \quad M_4 + 4M_5 \qquad\quad = -\,4915 \,[\text{cm kg}].$$

Es wird nun, von Gl. e) beginnend, in die Gleichung eingesetzt: z. B. $M_5 = -1229 - 0,25\,M_4$ usw. bis zur Lösung der fünf Gleichungen mit fünf Unbekannten. Es ergibt sich für die einzelnen Stützmomente:

$$M_1 = -\ 585\ [\text{cmkg}] \qquad\qquad M_4 = +\ 788\ [\text{cmkg}]$$
$$M_2 = -1947\quad,, \qquad\qquad M_5 = -1414\quad,,$$
$$M_3 = -\ 226\quad,,$$

Berechnung der Auflagerkräfte für vertikale Belastung.

$$T_{1v} = \frac{M_1}{l_1} + \frac{P_1 \cdot (l_1 - a_1')}{l_1}$$
$$= \frac{-585 + 519 \cdot (11 - 5,5)}{11} \qquad\qquad = +206\ [\text{kg}];$$

$$T_{2v} = -M_1 \cdot \left(\frac{1}{l_1} + \frac{1}{l_2}\right) + \frac{M_2}{l_2} + \frac{P_1 \cdot a_1'}{l_1} + \frac{P_2 \cdot a_2}{l_2}$$
$$= +585 \cdot \left(\frac{1}{11} + \frac{1}{11}\right) - \frac{1947}{11} + \frac{519 \cdot 5,5}{11} + \frac{519 \cdot 5,5}{11} \qquad = +449\ [\text{kg}];$$

$$T_{3v} = -M_2 \cdot \left(\frac{1}{l_2} + \frac{1}{l_3}\right) + \frac{M_1}{l_2} + \frac{M_3}{l_3} + \frac{P_2 \cdot a_2'}{l_2} + \frac{P_3 \cdot a_3}{l_3}$$
$$= +1947 \cdot \left(\frac{1}{11} + \frac{1}{11}\right) - \frac{585}{11} - \frac{226}{11} + \frac{519 \cdot 5,5}{11} + \frac{1563 \cdot 5,5}{11} \qquad = +1321\ [\text{kg}];$$

$$T_{4v} = -M_3 \cdot \left(\frac{1}{l_3} + \frac{1}{l_4}\right) + \frac{M_2}{l_3} + \frac{M_4}{l_4} + \frac{P_3 \cdot a_3}{l_3} + \frac{P_4 \cdot a_4}{l_4}$$
$$= +226 \cdot \left(\frac{1}{11} + \frac{1}{11}\right) - \frac{1947}{11} + \frac{788}{11} + \frac{1563 \cdot 5,5}{11} - \frac{1037 \cdot 5,5}{11} \qquad = +199\ [\text{kg}];$$

$$T_{5v} = -M_4 \cdot \left(\frac{1}{l_4} + \frac{1}{l_5}\right) + \frac{M_3}{l_4} + \frac{M_5}{l_5} + \frac{P_4 \cdot a_4'}{l_4} + \frac{P_5 \cdot a_5}{l_5}$$
$$= -788 \cdot \left(\frac{1}{11} + \frac{1}{11}\right) - \frac{226}{11} - \frac{1414}{11} - \frac{1037 \cdot 5,5}{11} + \frac{671 \cdot 5,5}{11} \qquad = -475\ [\text{kg}];$$

$$T_{6v} = -M_5 \cdot \left(\frac{1}{l_5} + \frac{1}{l_6}\right) + \frac{M_4}{l_5} + \frac{P_5 \cdot a_5'}{l_5} + \frac{P_6 \cdot a_6}{l_6}$$
$$= +1414 \cdot \left(\frac{1}{11} + \frac{1}{11}\right) + \frac{788}{11} + \frac{671 \cdot 5,5}{11} + \frac{519 \cdot 5,5}{11} \qquad = +924\ [\text{kg}];$$

$$T_{7v} = +\frac{M_5}{l_6} + \frac{P_6 \cdot (l_6 - a_6)}{l_6}$$
$$= -\frac{1414}{11} + \frac{519 \cdot (11 - 5,5)}{11} \qquad\qquad = +131\ [\text{kg}].$$

Aufstellung der Drei-Momenten-Gleichung für die horizontale Belastung. Unter Benutzung derselben Gleichung erhält man die Stützmomente für die Horizontalkräfte, wenn letztere eingesetzt werden.

$$M_1 = -183\ [\text{cmkg}] \qquad\qquad M_4 = +880\ [\text{cmkg}]$$
$$M_2 = +732\quad,, \qquad\qquad M_5 = -\ 92\quad,,$$
$$M_3 = -403\quad,,$$

Daraus die *Auflagerkräfte für die Horizontalbelastung:*

$$T_{1h} = +267\ [\text{kg}] \qquad\qquad T_{5h} = -571\ [\text{kg}]$$
$$T_{2h} = +\ 99\quad,, \qquad\qquad T_{6h} = +\ 14\quad,,$$
$$T_{3h} = -204\quad,, \qquad\qquad T_{7h} = +275\quad,,$$
$$T_{4h} = +219\quad,,$$

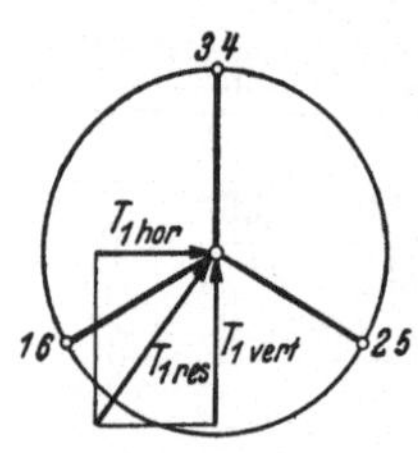

Abb. 98. Zusammensetzung der Hauptlagerkräfte.

Ermittlung der resultierenden Hauptlagerdrücke für die gezeichnete Stellung der Kurbelwelle. Die vertikalen und horizontalen Auflagerkräfte sind nun zu den resultierenden Auflagerdrücken zusammenzusetzen, die dann ihrer Größe und Richtung nach die Berechnungsgrundlage für jedes einzelne Lager bilden (Abb. 98).

Die horizontalen und vertikalen Kräfte addieren sich geometrisch nach der Formel:

$$T_{1\,res} = \sqrt{T_{1\,v}^2 + T_{1\,h}^2} = \sqrt{206^2 + 267^2} = +\,337 \;[\text{kg}] \text{ wirkt von unten links,}$$

$$T_{2\,res} = \sqrt{T_{2\,v}^2 + T_{2\,h}^2} = \sqrt{449^2 + 99^2} \quad = +\,460 \;,, \qquad ,, \qquad ,, \quad \text{unten links,}$$

$$T_{3\,res} = \sqrt{1321^2 + 204^2} \qquad\qquad = +1335 \;,, \qquad ,, \qquad ,, \quad \text{unten rechts,}$$

$$T_{4\,res} = \sqrt{199^2 + 219^2} \qquad\qquad = +\,296 \;,, \qquad ,, \qquad ,, \quad \text{unten links,}$$

$$T_{5\,res} = \sqrt{475^2 + 571^2} \qquad\qquad = -\,743 \;,, \qquad ,, \qquad ,, \quad \text{oben rechts } (-),$$

$$T_{6\,res} = \sqrt{924^2 + 14^2} \qquad\qquad = +\,925 \;,, \qquad ,, \qquad ,, \quad \text{unten links,}$$

$$T_{7\,res} = \sqrt{131^2 + 275^2} \qquad\qquad = +\,304 \;,, \qquad ,, \qquad ,, \quad \text{unten links.}$$

In der betrachteten Stellung der Kurbelwelle ist das Mittellager infolge der entgegengesetzt gerichteten Kräfte P_3 und P_4 verhältnismäßig gering belastet. Hingegen treten im 3. und 5. Lager — von links aus gerechnet — Lagerkräfte von beachtlicher Größe auf. Bei einem Kurbelzapfendurchmesser von 5,2 cm und einer Lagerlänge von z. B. $1 = 2/3 \cdot D = 3,5$ cm ergibt sich ein spezifischer Lagerdruck von $P/F = 1335/5,2 \cdot 3,5 = 73,4 \;[\text{kg/cm}^2]$. Es ist also zweckmäßig, auch bei Sechszylindermaschinen, die durch die 6-Zylinder-Reihenanordnung bereits ausgeglichenen Massenkräfte der umlaufenden Massen, für jede Kröpfung durch Gegengewichte auszugleichen, um die Lagerdrücke in mäßigen Grenzen zu halten.

9. Berechnung der Triebwerkskräfte, des Schwungradgewichtes bzw. Gleichganges für einen Achtzylinder-V-Motor.

Zu untersuchen ist außerdem der Massenausgleich, die Gegengewichte sind zu berechnen wenn vorgeschrieben wird, daß der Massenausgleich einschließlich der Kräfte 2. Ordnung vollkommen sein soll.

Gegeben sind:

Leistung	N_e	$= 90 \;[\text{PS}]$
Zylinderdurchmesser . . .	D	$= 77,5 \;[\text{mm}]$
Hub	s	$= 95 \;[\text{mm}]$
Zylinderzahl	i	$= 8$
Drehzahl	n	$= 3800 \;[\text{Upm}]\;(\omega = 400 \;[\text{1/sec}])$
V-Winkel		$= 90°$
Schubstangenverhältnis . .	λ	$= 1/4$

9.1 Berechnung der indizierten Leistung.

Kolbenfläche: $F = \dfrac{D^2 \cdot \pi}{4} = \dfrac{7,75^2 \cdot \pi}{4} = 47,1 \;[\text{cm}^2]$.

Mittlerer effektiver Druck: $p_{me} = \dfrac{N_e \cdot 60 \cdot 75 \cdot 2}{F \cdot s \cdot n \cdot i} = \dfrac{90 \cdot 60 \cdot 75 \cdot 2 \cdot 100}{47,1 \cdot 9,5 \cdot 3800 \cdot 8} = 5,95 \;[\text{kg/cm}^2]$.

Der mechanische Wirkungsgrad η_m wird mit 0,85 angenommen.

Mittlerer indizierter Druck: $p_{mi} = \dfrac{p_{me}}{\eta_m} = \dfrac{5,95}{0,85} = 7,0 \;[\text{kg/cm}^2]$.

Indizierte Leistung: $N_i = \dfrac{N_e}{\eta_m} = \dfrac{90}{0,85} = 105,8 \;[\text{PS}_i]$.

Der Berechnung wird das Indikatordiagramm einer ähnlichen Maschine zugrunde gelegt (Höhe = 120 mm, Länge = 100 mm) (Abb. 42). Die Fläche des Diagramms wird planimetriert und ergibt einen Flächeninhalt von $f = 3112 \;\text{mm}^2$.

Der Federmaßstab des Indikators errechnet sich zu:

$$\varphi = \frac{F}{l \cdot p_{mi}} = \frac{3112}{100 \cdot 7{,}0} = 4{,}44 \ [\text{mm/at}].$$

Der höchste Zünddruck: $\ p_{max} = \dfrac{h}{\varphi} = \dfrac{12{,}0}{4{,}44} = 27 \ [\text{atü}].$

Die größte durch die Gaskräfte hervorgerufene Kolbenkraft: $\ P_G = F \cdot p_{max} = 47{,}1 \cdot 27$
$= 1275 \ [\text{kg}].$

9.2 Konstruktion des Kolbenkraftdiagramms.

Das Kolbenkraftdiagramm ist mit dem Indikatordiagramm identisch, wenn für das Hubvolumen der Hub s und für den Druck p die jeweilige Kolbenkraft $P_G = p_i \cdot F$ aufgetragen wird (Abb. 42).

9.3 Bestimmung des Gewichtes von Kolben, Pleuelstange und Kurbelwelle an Hand der Konstruktionszeichnung mittels zeichnerischen Verfahrens.
(S. 22, Abb. 16).

9.31 Nach diesem Verfahren ergibt sich das Gewicht für:

a) Kolben + Kolbenbolzen: $G_{Kolben \, + \, Bolzen} = G_B = 0{,}465 \ [\text{kg}].$

(Der Einfachheit halber kann das Gewicht auch einem Katalog der Herstellerfirma entnommen werden.)

b) Pleuelstange: $G_{Pleuel} = 0{,}616 \ [\text{kg}],$

c) Kurbelwelle: $G_{Kurbelwelle} = 25{,}9 \ [\text{kg}].$

$$\Theta_{Kurbelwelle} = 0{,}9624 \ [\text{cmkgsec}^2].$$

9.32 Bestimmung des Schwerpunktes der Pleuelstange.

Der Schwerpunkt wird an Hand des auf S. 22, Abb. 16 gegebenen zeichnerischen Verfahrens ermittelt. Der Schwerpunktsabstand b von Mitte Kurbelzapfen ergibt sich zu: 47,8 mm.

9.33 Aufteilung der Pleuelstangenmasse in einen umlaufenden und einen hin und her gehenden Anteil.

Nach Gl. (75) erhält man für den umlaufenden Anteil $G_{A\,Schubst} = 0{,}461 \ [\text{kg}]$, für den hin und her gehenden Anteil $G_{B\,Schubst} = 0{,}155 \ [\text{kg}].$

9.4 Ermittlung des Massenkraftdiagramms (Abb. 42).

Summe der hin und her gehenden Gewichte G_H: $G_B + G_{B\,Schubst} = 0{,}465 + 0{,}155$
$= 0{,}620 \ [\text{kg}].$
Die Massenkraft im oberen Totpunkt ist:

$$P_I + P_{II} = m_H \cdot r \cdot \omega^2 \, (1 + \lambda) = \frac{0{,}620}{981} \cdot 4{,}75 \cdot 400^2 \, (1 + 0{,}25) = 600 \ [\text{kg}],$$

$$P_I = 480 \ [\text{kg}]; \quad P_{II} = 120 \ [\text{kg}].$$

Im unteren Totpunkt: $P_I - P_{II} = 480 - 120 = 360 \ [\text{kg}].$

Das Massenkraftdiagramm wird an Hand der auf S. 36 beschriebenen Parabelkonstruktion nach Kenntnis der beiden Endordinaten ermittelt.

9.5 Aufzeichnung des resultierenden Drehkraftdiagramms für einen Zylinder.

Gas- und Massenkräfte werden in ihre Tangential- und Radialkomponenten für die verschiedenen Kurbelstellungen zerlegt (S. 45, Abb. 41).

Abb. 42 zeigt die Drehkraftlinie über dem zweimal abgewickelten Kurbelkreis für die Gas- und Massenkräfte allein, sowie den Linienzug der resultierenden Drehkraft für einen Zylinder.

9.6 Resultierendes Drehkraftdiagramm für acht Zylinder (Abb. 43).

Werden die Drehkraftlinien aller acht Zylinder einander überlagert, so erhält man das in Abb. 43 dargestellte Diagramm. Seine Arbeitsüberschuß- und -unterschußflächen werden planimetriert und das Rechteck der mittleren Drehkraft über eine Periode ermittelt.

Die Planimetrierung ergibt eine Fläche von 52,20 cm². Die mittlere Drehkraft T_{rm} errechnet sich daraus unter Berücksichtigung des Maßstabs zu 435 kg.

Kontrolle: Vergleich der mittleren Drehkraft mit dem aus der Leistung *errechneten* Drehmoment:

$$T_{rm} = \frac{71\,620 \cdot N_e}{\eta \cdot n \cdot r} = \frac{71\,620 \cdot 90}{0,85 \cdot 3800 \cdot 4,75} = 420 \ [\mathrm{kg}].$$

Fehler zwischen Rechnung und Zeichnung: 3,2%.

9.7 Bestimmung des Arbeitsüberschusses und näherungsweise Berechnung des Schwungrades aus dem Drehkraftdiagramm.

Für die Schwungradberechnung ist der Arbeitsüberschuß von Fläche $F_2 = 3,85$ [cm²] zugrunde zu legen. Er bestimmt sich durch Planimetrierung und Umrechnung über die Maßstäbe zu: $A_s = 3,85$ [mkg] und daraus die auf den Kurbelradius reduzierte Schwungradmasse, wenn $\delta = 1/200$ und die mittlere Kurbelzapfengeschwindigkeit $v_m = \dfrac{2r \cdot \pi \cdot n}{60} = 19,8$ [m/sec] ist.

$$M_{SR} = \frac{A_s}{\delta \cdot v_m^2} = \frac{3,85}{\dfrac{1}{200} \cdot 18,9^2} = 2,16 \ [\mathrm{kg} \cdot \mathrm{sec}^2/\mathrm{m}].$$

Mithin beträgt nach obiger Rechnung das auf dem Kurbelzapfen reduzierte Gewicht des Schwungrades:

$$G_{SR\,red} = M_{SR} \cdot g = 2,16 \cdot 9,81 = 21,2 \ [\mathrm{kg}].$$

Da an der Trägheitswirkung der umlaufenden Massen außer dem Schwungrad auch die Kurbelwelle und die acht Pleuelstangenanteile beteiligt sind, müssen die Gewichte der umlaufenden Teile vom reduzierten Schwungradgewicht abgezogen werden, wenn dieses der Bemessung des Schwungrades zugrunde gelegt werden soll.

Auf den Kurbelzapfen reduziertes Gewicht der Kurbelwelle $G_{K\,red} = 41,8$ [kg].

$$\text{Reduktion:} \quad G_{K\,red} = \frac{\Theta_K \cdot g}{r^2} = \frac{0,0621 \cdot 081}{4,75^2} = 41,8 \ [\mathrm{kg}].$$

Umlaufender Pleuelanteil:

$$G_{A\,Pl} = 0,461 + 0,078 = 0,539 \ [\mathrm{kg}]$$

$$= G_{A\,Schubst.} + G_{c\,Halbe\,Pleuellagerschale}.$$

Auf den Kurbelradius reduzierte Gewichte aller umlaufenden Teile *außer* Schwungrad:

$$G'_{A\,red} = 41,8 + 8 \cdot 0,539 = 46,11 \ [\mathrm{kg}].$$

Das auszuführende Schwungradgewicht beträgt demnach:

$$G_{SR\,red} = 21,2 - 46,11 = -24,91 \ [\mathrm{kg}].$$

Der Wert ist negativ, d.h. der Ungleichförmigkeitsgrad ist unterschritten; rechnet man mit der Masse M'_A aller umlaufenden Teile *außer* dem Schwungrad, so ist:

$$\delta_v = \frac{A_s \cdot g}{G_{A\,red} \cdot v_m^2} = \frac{3,85 \cdot 9,81}{46,11 \cdot 18,9^2} = \frac{1}{400}.$$

Die Rechnung zeigt, daß das Schwungrad selbst bei einem Ungleichförmigkeitsgrad von 1/400 vollkommen durch die umlaufenden Massen von Kurbelwelle und Pleuel ersetzt wird. Man kann auf seine Ausführung verzichten — allerdings ist bei Fahrzeugmaschinen, z. B. der vorliegenden — auf die Unterbringung der Kupplung Rücksicht zu nehmen. Das aus diesem Grund notwendige aber meistens sehr leichte Schwungrad (Kupplungsgehäuse) verkleinert den Ungleichförmigkeitsgrad noch weiter.

9.8 Berechnung des Schwungradgewichtes mit Hilfe des Massenwuchtdiagramms von WITTENBAUER.

9.81 Aufzeichnung des Arbeitsdiagramms. Abb. 99a stellt das aus dem Kolbenkraftdiagramm nach den Ausführungen auf S. 56 entwickelte Arbeitsdiagramm dar. Die Einheitsstrecke errechnet sich zu:

$$\text{„1"} = \frac{k_1 \cdot k_3}{k_2} = \frac{0{,}1 \cdot 1000}{2{,}5} = 40 \text{ [mm]}.$$

9.82 Umzeichnung des Arbeitsdiagramms über dem Kurbelzapfenweg.

Umzeichnung erfolgt deshalb, um Widerstandslinie bei konstant angenommenem Widerstand und bei im Beharrungszustand befindlicher Maschine als Gerade zu erhalten (Abb. 52 bzw. 99b).

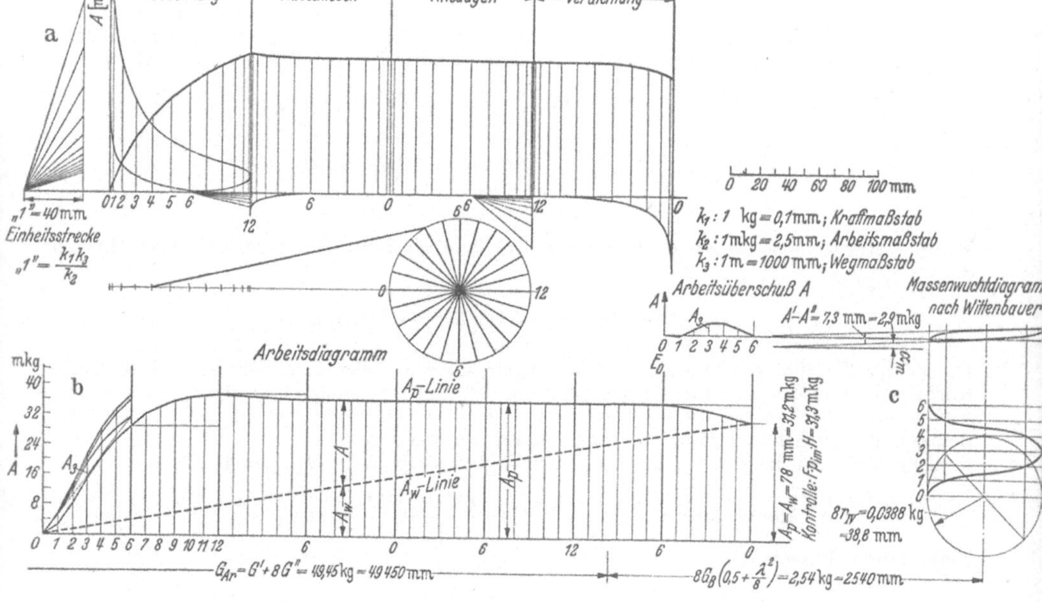

Abb. 99a, b, c. Diagramme zur Bestimmung des Ungleichförmigkeitsgrades nach WITTENBAUER.

9.83 Kontrolle der Endordinate der Widerstandsarbeit.

Sie muß der von der Maschine während der betrachteten Arbeitsperiode aufgebrachten Arbeit gleich sein.

$$A_W = A_P = p_{mi} \cdot F \cdot s = 7{,}0 \cdot 47{,}1 \cdot \frac{9{,}5}{100} = 31{,}30 \text{ [mkg]}.$$

Aus dem *Diagramm* ergibt sich $A_W = A_P = 78$ [mm] und unter Berücksichtigung des Maßstabes $A_W = A_P = 31{,}20$ [kg]. Fehler 0,4%.

9.84 Ermittlung des resultierenden Arbeitsdiagramms für acht Zylinder (Abb. 99b).

Vgl. die Ausführungen auf S. 58 und Abb. 53. Eine Arbeitsperiode vollzieht sich über einem Kurbelweg von 90°. Über diesem Weg muß daher das vollständige Arbeitsüberschußdiagramm erscheinen.

9.85 Aufzeichnung des Arbeitsüberschußdiagramms über dem Kurbelzapfenweg (Abb. 99c).

Die Länge der Ordinaten zwischen A_P- und A_W-Linie werden für die zugehörigen Punkte von einer horizontalen Abszisse aus abgetragen.

9.86 Bestimmung der auf den Kurbelradius reduzierten oszillierenden Gewichte für einen Zylinder.

Die hin und her gehenden Gewichte (Kolben und oszillierender Pleuelanteil) wurden errechnet zu $G_B = 0{,}620$ kg (s. S. 116). Das auf den Kurbelzapfen reduzierte Gewicht G_B wird in die vier Vektoren $r_I \cdots r_{IV}$ zerlegt. Diese sind für einen Zylinder einander zu überlagern und mit den Vektoren der anderen 7 Zylinder unter Berücksichtigung der Phasenverschiebung zusammenzusetzen.

$$(G_B + G_{B\,Schubst}) \cdot \left(\frac{1}{2} + \frac{\lambda^2}{8}\right) = \text{konstanter Wert (Achse der Kosinusschwingungen).}$$

$$(G_B + G_{B\,Schubst}) \cdot \frac{\lambda}{2} = r_I \quad = \text{positiv mit } \alpha \text{ umlaufend.}$$

$$-(G_B + G_{B\,Schubst}) \cdot \frac{1}{2} = r_{II} \quad = \text{negativ mit } 2\,\alpha \text{ umlaufend.}$$

$$-(G_B + G_{B\,Schubst}) \cdot \frac{\lambda}{2} = r_{III} \quad = \text{negativ mit } 3\,\alpha \text{ umlaufend.}$$

$$-(G_B + G_{B\,Schubst}) \cdot \frac{\lambda^2}{8} = r_{IV} \quad = \text{negativ mit } 4\,\alpha \text{ umlaufend.}$$

Diese Drehstrecken gleichen sich, wie Abb. 100 zeigt, bei geometrischer Addition und Überlagerung für 8 Zylinder zum größten Teil aus. Wirksam sind nur die r_{IV}, die sich sämtlich addieren.

Zur Konstruktion des Diagramms der reduzierten Gewichte erhält man:

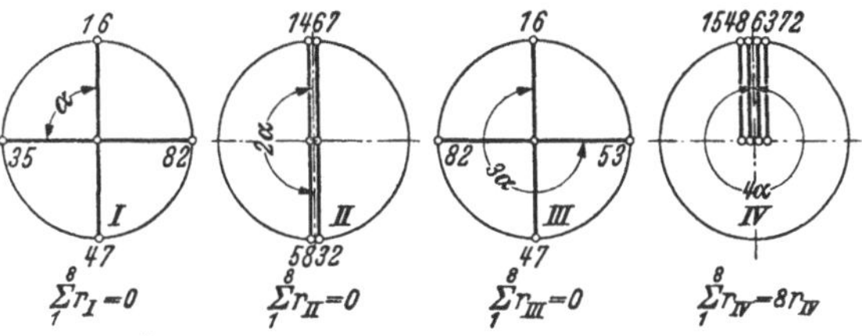

Abb. 100. Kurbelschemata 1. bis 4. Ordnung.

$$8 \text{ konstante Anteile der Gl. (100)} = 8\,(G_B + G_{B\,Schubst}) \cdot \left(\frac{1}{2} + \frac{\lambda^2}{8}\right)$$

$$= 8 \cdot (0{,}465 + 0{,}155) \cdot \left(\frac{1}{2} + \frac{1}{4^2 \cdot 8}\right) = 2{,}52 \; [\text{kg}] - \frac{8 \cdot (0{,}465 + 0{,}155)}{4^2 \cdot 8}$$

$$8\,r_{IV} = -\,8\,(G_B + G_{B\,Schubst}) \cdot \frac{\lambda^2}{8} = -\,0{,}0388 \; [\text{kg}].$$

$$\text{Länge der Umlaufperiode für } r_{IV}: \quad \frac{2\,\pi}{4} = \frac{\pi}{2} = 90°\,.$$

9.87 Aufstellung des Massenwuchtdiagramms nach Wittenbauer.

Abb. 99c zeigt die aus der Vereinigung von Arbeitsüberschuß- und Gewichtsdiagramm gewonnene Massenwuchtkurve.

9.88 Bestimmung der Neigungswinkel $\alpha_{max}, \alpha_{min}, \alpha_m$.

Der Neigungswinkel α_{max} Gl. (108a):

$$\operatorname{tg}\alpha_{max} = \frac{v_m^2}{2\,g} \cdot \left(1 + \frac{\delta}{2}\right)^2 \cdot \frac{k_2}{k_4} = \frac{18{,}9^2}{2 \cdot 9{,}81} \cdot \left(1 + \frac{1}{400}\right)^2 \cdot \frac{2{,}5}{1000} = 0{,}0458; \quad \alpha_{max} = 2° \; 37{,}2',$$

$$k_2 = \text{Arbeitsmaßstab } 1\,\text{mkg} = 2{,}5 \; [\text{mm}],$$

$$k_4 = \text{Gewichtsmaßstab } 1\,\text{kg} = 1000 \; [\text{mm}].$$

Der Neigungswinkel α_{min} ist:

$$\operatorname{tg}\alpha_{min} = \frac{v_m^2}{2\,g} \cdot \left(1 - \frac{\delta}{2}\right)^2 \cdot \frac{k_2}{k_4} = \frac{18{,}9^2}{2\,g} \cdot \left(1 - \frac{1}{400}\right)^2 \cdot \frac{2{,}5}{1000} = 0{,}0450; \quad \alpha_{min} = 2°\,32{,}8'.$$

Der Unterschied zwischen beiden Winkeln ist geringfügig (4,4′), der Wert $A_1' - A_2'$ kann daher mit genügend großer Genauigkeit aus dem mittleren Neigungswinkel α_m bestimmt werden (s. S. 62).

$$\mathrm{tg}\,\alpha_m = \frac{v_m^2}{2\,g} \cdot \frac{k_2}{k_4} = \frac{18,9^2}{2 \cdot 9,81} \cdot \frac{2,5}{1000} = 0,454; \qquad \alpha_m = 2°35'.$$

An die Massenwuchtkurve werden unter diesem Winkel zwei Tangenten gelegt, ihr lotrechter Abstand ergibt den Energiebetrag:

$$A_1' - A_2' = 7,3 \text{ [mm] unter Berücksichtigung des Arbeitsmaßstabes: } \frac{7,3}{2,5} = 2,9 \text{ [mkg]}.$$

9.89 Berechnung des reduzierten Schwungradgewichtes.

Das auf den Kurbelzapfen reduzierte Gewicht der Schwungscheibe erhält man aus Gl. (116) zu:

$$G_{SR\,red} = \frac{A_1' - A_2'}{\dfrac{v_m^2}{g} \cdot \delta} - \underbrace{\left[G_{K\,red} + i \cdot G_{A\,Schubst} + i \cdot G_{H\,red}\left(\frac{1}{2} + \frac{\lambda^2}{8}\right) \right]}_{G_{10}}$$

$$= \frac{2,9 \cdot 200 \cdot 9,81}{18,9^2} - [46,11 + 2,52] = G_{SR\,red} = 15,95 - 48,63 = -32,68 \text{ [kg]}.$$

Das Gewicht ist negativ, der Ungleichförmigkeitsgrad $\delta = 1/200$ ist also durch die rotierenden Triebwerksteile allein (G_0) schon unterschritten.

Berechnung von δ, wenn das Schwungrad fortgelassen wird.

$$\delta_0 = \frac{A_1' - A_2'}{G_0 \cdot \dfrac{v_m^2}{g}} = \frac{2,9 \cdot 9,81}{43,63 \cdot 18,9^2} = \frac{1}{610}.$$

Gesamt-Ungleichförmigkeitsgrad, wenn die konstruktiv notwendige Kupplungsscheibe berücksichtigt wird.

Ihr Trägheitsmoment ist: $\Theta_{Scheibe} = 2,43$ cmkgs². Das auf den Kurbelzapfen reduzierte Gewicht: $G_{red\,Scheibe}$:

$$G_{red\,Scheibe} = \frac{\Theta_{Scheibe} \cdot g}{r^2} = \frac{2,43 \cdot 981}{4,75^2} = 105 \text{ [kg]}.$$

Damit wird der Gesamt-Ungleichförmigkeitsgrad für die ausgeführte Maschine:

$$\delta_{Gesamt} = \frac{A_1' - A_2}{(G_{red\,Scheibe} + G_0)\dfrac{v_m^2}{g}} = \frac{2,9 \cdot 9,81}{(105,4 + 48,63) \cdot 18,9^2} = 0,000517 = \frac{1}{1930}.$$

9.9 Massenausgleich.

9.91 Berechnung der Massenkräfte.

a) Massenkräfte der umlaufenden Massen für einen Zylinder:

$$P_R = \frac{G_A'}{g} \cdot r \cdot \omega^2 = \frac{0,8502}{981} \cdot 4,75 \cdot 400^2 = 662,5 \text{ [kg]}.$$

G_A' setzt sich für einen Zylinder zusammen aus:

½ Kurbelzapfen . . . . . G_a	$= 0,289$	[kg]
Wangenübergang . . . . G_b	$= 0,0222$	,,
½ Pleuellager . . . . . . G_c	$= 0,078$	,,
Umlaufende Pleuelanteil . $G_{A\,Schubst}$	$= 0,461$	,,
	$\overline{0,8502}$	[kg]

b) Massenkräfte der oszillierenden Triebwerksteile:

$P_I = 480$ kg wird wegen der Reserve für das Auswuchten auf 500 [kg] hinaufgesetzt, $P_{II} = 120$ kg.

9.92 Beurteilung der verschiedenen Möglichkeiten des Massenausgleiches.

Nach den Ausführungen auf S. 89 und Abb. 80 sind bei der vorliegenden Maschine

a) vollkommen ausgeglichen: P_{res}, $P_{I\,res}$, $P_{II\,res}$ und $M_{II\,res}$.
b) nicht ausgeglichen: die Momente der umlaufenden Massen $M_{R\,res}$,
      ,,   ,,   der Kräfte I. Ordnung M_I.

Die Massenmomente $M_{R\,res}$ und $M_{I\,res}$ setzen sich für die vier Gabelelemente zu einer, über die ganze Kurbelumdrehung unveränderlichen Resultierenden zusammen (Abb. 80).

Der vollkommene Massenausgleich kann erzielt werden durch:

Methode 1. Der seiner Größe nach bekannte resultierende Momentenvektor für die *ganze* Maschine, also $M_{R\,res} + M_{I\,res}$, wird durch zwei Gegengewichte ausgeglichen, die der jeweiligen Lage des Vektors im Raum um 180° entgegengesetzt wirken und die resultierenden $M_{R\,res} + M_{I\,res}$

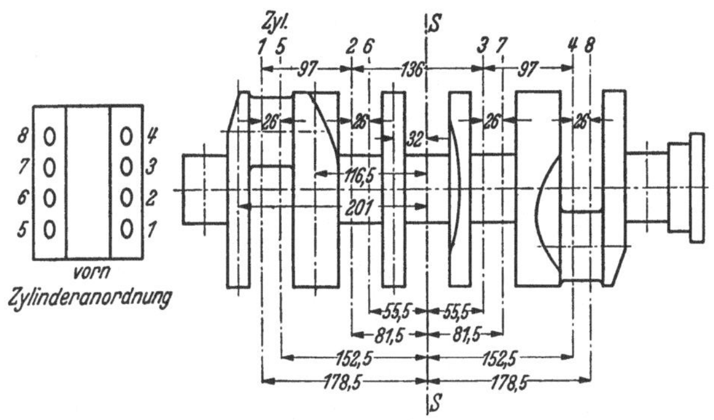

Abb. 101. Kurbelwelle und Zylinderanordnung für V-8-Maschine.

gleichzeitig aufheben. Für die richtige Anbringung der Gegengewichte ist der Voreilwinkel ϑ zwischen Momentenvektor und der betrachteten Zylinderachse zu bestimmen.

Methode 2. An jeder Kröpfung werden zwei Gegengewichte angebracht, deren Fliehkräfte die an dem betreffenden Gabelelement entstehenden Massenkräfte P_R und P_I in jeder Kurbelstellung vollkommen ausgleichen und damit ein Entstehen der Massenmomente verhindern. Im folgenden werden die Gegengewichte nach beiden Methoden berechnet. Vom konstruktiven Standpunkt aus ist es besser, die Ausgleichsgewichte nach der zweiten Methode zu entwerfen.

9.93 Berechnung der Massenmomente für die einzelnen Zylinder.

Momente der umlaufenden Triebwerksteile M_R. Nach Abb. 101 ergeben sich für die einzelnen Zylinder:

Zylinder	Hebelarm in [cm]	P_R in [kg]	M_R in [kgcm]
1	17,85	662,5	11 820
2	8,15	662,5	5 400
3	5,55	662,5	3 680
4	15,25	662,5	10 100
5	15,25	662,5	10 100
6	5,55	662,5	3 680
7	8,15	662,5	5 400
8	17,85	662,5	11 820

Momente der hin und hergehenden Massen erster Ordnung.

Zylinder	Hebelarm in [cm]	P_I in [kg]	M_I in [kgcm]
1	17,85	500	8825
2	8,15	500	4075
3	5,55	500	2775
4	15,25	500	7625
5	15,25	500	7625
6	5,55	500	2775
7	8,15	500	4075
8	17,85	500	8825

Zusammenfassung der Massenmomente für die einzelnen Zylinder. Da bei Berechnung der Massenkräfte P_R für jede Kröpfung nur die Hälfte des umlaufenden Triebwerksgewichtes zugrunde gelegt wurde, müssen die M_R für jedes Gabelelement (z. B. Zylinder 1 und 5) addiert werden.

Die Angriffspunkte (Zylinderachsen) der beiden Momente M_{R1} und M_{R5} für Kröpfung 1 sind verschieden, da die Pleuelstangen nebeneinander arbeiten. Die Massenmomente M_R der vier Zylinder 1, 5, 4, 8 wirken in den Kröpfungen 1 und 4 in der gleichen Ebene und haben gleichen Drehsinn; man kann sie daher ohne weiteres addieren (Abb. 102). Werden z. B. die M_R von Zylinder 1 und Zylinder 4 bzw. Zylinder 5 und Zylinder 8 zu einem teilresultierenden Moment zusammengesetzt, so können diese beiden teilresultierenden Momente in die Mitte von Kröpfung 1 und 4 verschoben werden, da die vier Angriffspunkte der Pleuelstangen zur Schwerebene SS der Maschine symmetrisch liegen. Ebenso ist bei den Kröpfungen 2 und 3 vorzugehen.|

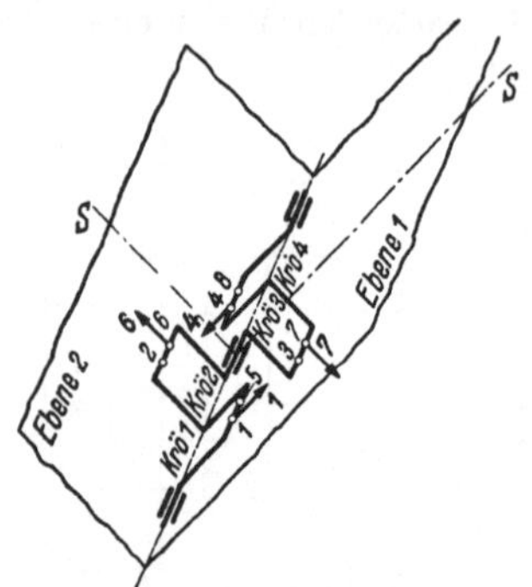

Abb. 102. Berechnung der Massenmomente.

Die Massenmomente erster Ordnung der hin und her gehenden Triebwerksteile wirken für jedes Gabelelement über die ganze Kurbelumdrehung in unveränderlicher Größe, z. B. ist $M_{I1} = P_{I1} \cdot l_1$ ($M_{I5} = 0$ für die in Abb. 102 gezeichnete Stellung). Für die Zusammenfassung der gleichgroßen Momente M_I für Kröpfung 1 und 4 zu einem teilresultierenden Moment, gilt bezüglich der Verschiebung dieses Momentes in die Kröpfungsmitte die oben gemachte Feststellung.

Geometrische Addition der Massenmomente $M_{R1} \ldots M_{R8}$ (vgl. Abb. 80).

Gabelelement 1	2	3	4
M_{R1}:11820	M_{R2}:5400	M_{R3}:3680	M_{R4}:10100 [cmkg]
M_{R5}:10100	M_{R6}:3680	M_{R7}:5400	M_{R8}:11820 „
$M_{R1,5}$:21920	$M_{R2,6}$:9080	$M_{R3,7}$:9080	$M_{R4,8}$:21920 [cmkg]

Da diese Massenmomente in aufeinander senkrechten Ebenen wirken, ist die Addition nach dem Pythagoräischen Lehrsatz vorzunehmen.

Für Kröpfung 1 und 2 bzw. 3 und 4 gilt also:

$$M_{R1526} = \sqrt{M_{R15}^2 + M_{R26}^2} = \sqrt{21920^2 + 9080^2} = 23750 \ [\text{cmkg}]$$

oder die Kröpfungen 1, 2, 3, 4 addiert, ergeben den resultierenden Momentenvektor M_{Rres} für alle acht Zylinder.

$$M_{Rres} = M_{R1526} + M_{R3748} = 23750 + 23750 = 47500 \ [\text{cmkg}].$$

Geometrische Addition der Massenmomente $M_{I1} \ldots M_{I8}$. In jeder Kröpfung wirkt in jeder Stellung das Moment M_I eines Zylinders. Für die in Abb. 102 gezeigte Kurbelstellung wirken für das

Gabelelement 1	2	3	4
M_{I1}:8825	M_{I6}:2775	M_{I7}:4075	M_{I4}:7625 [cmkg].

Die Momente der in gleichen Ebenen liegenden Kröpfungen (1 und 4 bzw. 2 und 3) werden, als gleichsinnig wirkend, addiert.

$$M_{I14} = M_{I1} + M_{I4} = 8825 + 7625 = 16450 \ [\text{cmkg}]$$
$$M_{I67} = M_{I6} + M_{I7} = 2775 + 4075 = 6850 \ [\text{cmkg}].$$

Die geometrische Addition von M_{I14} und M_{I67} ergibt den über die ganze Kurbelstellung unveränderlichen resultierenden Momentenvektor M_{Ires} für die Massenmomente 1. Ordnung.

$$M_{Ires} = \sqrt{M_{I14}^2 + M_{I67}^2}$$
$$= \sqrt{16450^2 + 6850^2} = 17820 \ [\text{cmkg}].$$

9.94 Berechnung der Gegengewichte nach Methode 1.

Das Gegengewichtpaar ist an einem passend zu wählenden Hebelarm l_x anzubringen. Seine Fliehkraftwirkung muß die Momentenvektoren $M_{Rres} + M_{Ires}$ in ihrer Wirkung vollkommen aufheben. Der für die Anbringung der Gegengewichte wichtige Voreilwinkel ϑ beider Momentenvektoren berechnet sich wie folgt:

$$\operatorname{tg} \vartheta = \frac{M_{R26}}{M_{R15}} = \frac{M_{R37}}{M_{R48}} = \frac{M_{I67}}{M_{I14}} = \frac{9080}{21920} = \frac{6850}{16450} = 0,415, \quad \vartheta = 22°32'.$$

Aus konstruktiven Gründen wird man die beiden Gegengewichte zwischen den Kröpfungen 1 und 2 bzw. 3 und 4 unterbringen. Der zur Verfügung stehende Hebelarm beträgt:

$$l_x = 23,3 \,\text{cm},$$

$$M_{Rres} + M_{Ires} = 47500 + 17820 = 65320 \,[\text{kgcm}].$$

Erforderliche Zentrifugalkraft eines Gewichtes:

$$F = \frac{M_{Rres} + M_{Ires}}{l_x} = \frac{65320}{23,3} = 2820 \,[\text{kg}]$$

und daraus das Gegengewicht, wenn es im Abstand des Kurbelradius r wirken soll:

$$G_g = \frac{F \cdot g}{r \cdot \omega^2} = \frac{2820 \cdot 981}{4,75 \cdot 160000} = 3,64 \,[\text{kg}].$$

9.95 Bestimmung der Gegengewichte nach Methode 2.

Die Kräfte P_R und P_I werden in jedem Gabelelement durch zwei Gegengewichte vollkommen ausgeglichen. Mit den Bezeichnungen und Maßen von Abb. 103 a u. b ergibt sich eine resultierende Kraft an der ersten Kröpfung:

$$P_{1,5} = 2 P_{R(1,5)} + P_{H1} = 2 \cdot 662,5 + 500 = 1825 \,[\text{kg}].$$

Kräfte in Ebene 1:

$$P_{1,5} = x + y,$$
$$P_{1\,1,5} \cdot l_1 = x \cdot l_3 + y \cdot l_2.$$

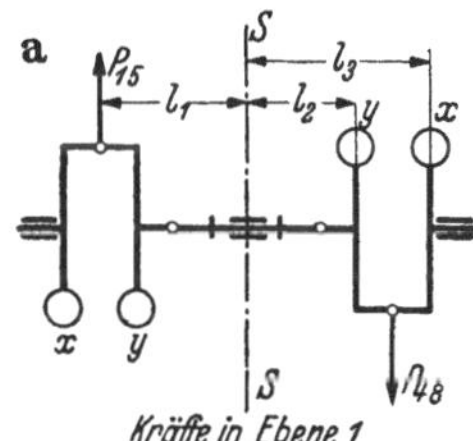

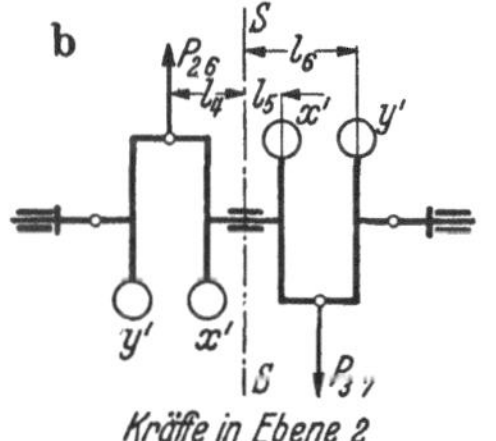

Abb. 103 a, b. Berechnung der Gegengewichte. Abb. 104. Addition der Fliehkräfte.

Daraus errechnen sich die erforderlichen Fliehkräfte x und y zu:

$$x = P_{1,5} \cdot \frac{l_1 - l_2}{l_3 - l_2} = 18265 \cdot \frac{16,5 - 11,65}{20,10 - 11,65} = 1048 \,[\text{kg}],$$

$$y = P_{15} - x \quad = 1825 - 1048 \quad = 777 \,[\text{kg}].$$

Kräfte in Ebene 2:

$$P_{2,6} = P_{1,5} = 1825 \,[\text{kg}],$$
$$P_{2,6} = x' + y',$$
$$P_{2,6} \cdot l_4 = x' \cdot l_5 + y' \cdot l_6.$$

Die erforderlichen Fliehkräfte x' und y' findet man zu:

$$x' = P_{2,6} \cdot \frac{l_4-l_6}{l_5-l_6} = 1825 \cdot \frac{6,8-11,65}{3,2-11,65} = 1048 \; [\text{kg}] \,,$$

$$y' = P_{2,6} - x' \qquad\qquad\qquad = \quad 777 \; [\text{kg}] \,.$$

Die beiden Fliehkräfte y und y' addieren sich geometrisch zu (Abb. 104):

$$y_r = y \cdot \sqrt{2} = 1100 \; [\text{kg}] \,.$$

Werden die Gegengewichte im Abstand des Kurbelradius r angebracht, so errechnet sich deren Größe zu:

$$G_{gx} = \frac{x \cdot g}{r \cdot \omega^2} = \frac{1048 \cdot 981}{4,75 \cdot 400^2} = 1,35 \; [\text{kg}] \,,$$

$$G_{gy} = \frac{y \cdot g}{r \cdot \omega^2} = \frac{777 \cdot 981}{4,75 \cdot 400^2} = 1,005 \; [\text{kg}] \,,$$

$$G_{gyr} = \frac{y_r \cdot g}{r \cdot \omega^2} = \frac{1100 \cdot 981}{4,75 \cdot 400^2} = 1,42 \; [\text{kg}] \,.$$

Schrifttum.

Tolle, M.: Regelung von Kraftmaschinen, 3. Aufl. Berlin: Springer 1921.

Kölsch, O.: Über Zylinderzahl und Zylinderanordnung bei Fahr- und Flugzeugmaschinen. Dissertation T. H. München. Berlin: Springer 1911.

Kamm, W.: Das Kraftfahrzeug. Berlin: Springer 1936.

Sass, F.: Bau und Betrieb von Dieselmaschinen, Bd. I, 2. Aufl. Berlin: Springer 1948.

Lehr, E.: Schwingungstechnik, 1. Band. Berlin: Springer 1930.

Vogel, W.: Der Einfluß des Schubstangenverhältnisses auf die Bewegungsvorgänge beim Kurbeltrieb. Automob.-techn. Z. (1937) S. 336.

Schrön, H.: Kurbelwellen mit kleinsten Massenmomenten für Reihenmotoren. Berlin: Springer 1932.

Riedel, C.: Konstruktion und Berechnung moderner Automobilmotoren, 3. Aufl. Berlin: R. C. Schmidt 1938.

Kraemer, O.: Bau und Berechnung von Verbrennungskraftmaschinen. 3. Aufl. Berlin: Springer 1948.

Dubbel, H.: Taschenbuch für den Maschinenbau, 1. Band, 11. Aufl. Berlin: Springer 1952.

Autenrieth-Ensslin: Technische Mechanik, 3. Aufl. Berlin: Springer 1922.

Bosch: Kraftfahrtechnisches Taschenbuch, 10. Aufl. Stuttgart: Rob. Bosch G. m. b. H. 1950.

Sachverzeichnis.

57 275 4022 1,5 (721/5/51)

Konstruktionsbücher

Herausgeber: Professor Dr.-Ing. E.-A. Cornelius, Hamburg

Dritter Band: Berechnung und Gestaltung von Metallfedern.
Von Dipl.-Ing. **Siegfried Groß,** Sevenoaks, Kent, England. Z w e i t e , verbesserte und erweiterte Auflage. Mit 79 Abbildungen. IV, 95 Seiten. 1951. DM 7,50

I n h a l t s ü b e r s i c h t: Einleitung: Das Wesen und die kennzeichnenden Eigenschaften der Federn. — Baustoffe und Bauarten. — Zweck und Grundbegriffe der Federberechnung. — Die zulässigen Spannungen. E r s t e r T e i l: **Die Biegefedern.** — Stabförmige Biegefedern. — Scheibenförmige Biegungsfedern. — Die gewundenen Biegefedern. — Z w e i t e r T e i l: **Die Drehungsfedern.** — Gerade Drehungsfedern. — Gewundene Drehungsfedern. — Zylindrische Schraubenfedern. — Die Kegelstumpffedern. — D r i t t e r T e i l: **Zug- und Druckfedern.**

Für die Praxis geschrieben, wird das gesamte Gebiet der Federn behandelt und leicht verständlich gemacht. Ingenieure aus Büro und Betrieb finden in diesem Buch alles, was auf dem Gebiet der Federn, handele es sich dabei um Biegungs-, Drehungs-, Zug- oder Druckfedern, an sie herantreten kann.

Besonders wertvoll ist, daß am Anfang, nach einem Überblick über die zur Herstellung der Federn verwendeten Werkstoffe, Dauerfestigkeitswerte unter Berücksichtigung von Fertigungsverfahren und Oberflächengüte angegeben werden. Dies ermöglicht, die Berechnungen praktisch auszuwerten.... Sehr wesentlich für den Praktiker sind die ausführlichen Zahlenbeispiele....
Kurz: ein Buch ohne überflüssige theoretische Abhandlungen, aus der Praxis für die Praxis geschrieben.

(Werkstattstechnik und Werksleiter.)

Fünfter Band: Berechnung und Gestaltung von Schraubenverbindungen. Von Dr.-Ing. habil. **H. Wiegand,** Düsseldorf und Ing. **B. Haas,** Berlin. Z w e i t e Auflage. Mit 71 Abbildungen. V, 68 Seiten. 1951. DM 6,60

I n h a l t s ü b e r s i c h t: **Zur Einführung.** — **Kräfte, Lastverteilung und Spannungen in Schraubenverbindungen:** Kräfte bei reiner Zugbeanspruchung. Lastverteilung bei reiner Zugbeanspruchung. Zusätzliche Beanspruchungen der Schraube. Spannungsverteilung im Gewinde und an Querschnittsübergängen. — **Haltbarkeit von Schraubenverbindungen:** Zügige Haltbarkeit. Haltbarkeit beim Anziehen. Haltbarkeit bei höheren Temperaturen. Dauerhaltbarkeit bei Wechselbeanspruchung. — **Korrosion und Korrosionsschutz von Schraubenverbindungen.** — **Berechnung der Schraubenverbindung:** Rechnungsgang für zügige Belastung, für Dauerstandbelastung, für Dauerwechselbelastung. — Schrifttumsverzeichnis. — Verzeichnis der wichtigsten Formelzeichen.

Unter Berücksichtigung neuester Erkenntnisse in Forschung und Praxis ist hier eine Arbeit geschaffen, die es dem Konstrukteur gestattet, die Gestaltung und Berechnung von Schrauben beanspruchungsgerecht vorzunehmen. Das Heft behandelt Kräfte, Lastverteilung und Spannungen, Haltbarkeit, Korrosion, Korrosionsschutz und die Berechnung von Schraubenverbindungen. Ein umfangreiches Schrifttumsverzeichnis ermöglicht das tiefere Eindringen in die zahlreichen Probleme, die gerade in letzter Zeit wieder aufgegriffen wurden. Die Konstrukteure werden diesem neuen Band der Konstruktionsbücherreihe wertvolle Anregungen entnehmen können.

(Anzeiger für Maschinenwesen.)

Siebenter Band: Gummifedern. Von Dr.-Ing. **E. F. Göbel,** Stuttgart. Mit 68 Abbildungen. IV, 58 Seiten. 1945. DM 6,—

I n h a l t s ü b e r s i c h t: Vorwort. — **Einführung.** — **Gummi als Konstruktionselement:** Elastische und Dämpfungseigenschaften. Haltbarkeitseigenschaften. Einfluß von höheren und tieferen Temperaturen. Einfluß von angreifenden Mitteln. Konstruktionsbeispiele. — **Berechnung einfach gestalteter Gummifedern:** Grundlagen. Berechnung von schubbeanspruchten Scheibenfedern, von schubbeanspruchten Hülsenfedern, von drehbeanspruchten Hülsenfedern, von verdrehbeanspruchten Scheibenfedern, von druckbeanspruchten Federn, von zugbeanspruchten Federn, von radialbeanspruchten Hülsenfedern. — **Verhalten bei wechselnder Beanspruchung:** Dynamische Einheitskraft. Schwingungsprüfeinrichtungen. Dämpfung. Temperatureinflüsse und Dauerbruch. — **Schrifttum.**

Die stetig zunehmende Verwendung des Werkstoffes Gummi auf allen Gebieten technischen Schaffens erfordert, sich näher mit seinen technischen Eigenschaften zu befassen. Die Gummi-Metall-Verbindung bietet viele Anwendungsmöglichkeiten. Daher braucht der Konstrukteur Unterlagen für die Berechnung und Gestaltung von Gummifedern, wenn er mit dem immerhin schwierigen Werkstoff nützlich und einigermaßen sicher arbeiten will. Das vorliegende Buch faßt die im Schrifttum nur verstreut zu findenden Ergebnisse der Forschung und Praxis mit eigenen Untersuchungsergebnissen zusammen.

SPRINGER-VERLAG / BERLIN · GÖTTINGRN · HEIDELBERG

Konstruktionsbücher

Herausgeber: Professor Dr.-Ing. E.-A. Cornelius, Hamburg

Zehnter Band: **Berechnung und Gestaltung von Wellen.** Von Dr.-Ing. **F. Schmidt**, Augsburg. Mit 87 Abbildungen. IV, 79 Seiten. 1951.   DM 9,60

Inhaltsübersicht: Einführung. **Die Grundlagen der Bemessung:** Die Ermittlung der auf die Welle einwirkenden Kräfte und Momente. Die Berechnung der Beanspruchungen. Auswahl des Materials. Die Verformung als Grenze. — **Schwingungs-Berechnung:** Biegungs-Schwingungen. Drehschwingungen. — **Die konstruktive Ausführung:** Die Befestigung von Scheiben, Radkörpern, Kupplungsnaben usw. auf den Wellen. Wälzlager-Sitze. Festlegung in Längsrichtung. Abdichtung nach außen. — **Wellen-Kupplungen.** — **Biegsame Wellen.** — **Kurbelwellen.** — **Einbau und Ausrichtung.**

Die Eigenart dieser kleinen Bände, die als Bausteine in eine bestimmte Reihe passen müssen, erfordert eine starke Beschränkung. Es war daher notwendig, manche mit der Konstruktion von Wellen eng zusammenhängende Gebiete nur zu streifen und, wenn möglich, auf andere Bände hinzuweisen. Trotzdem hat der Verfasser aus der Erfahrung einer 27jährigen Konstruktionspraxis auf dem weitgreifenden Gebiete des Motorenbaues mit Absicht bestimmte rechnerische Grundlagen, die eigentlich zu dem von den technischen Schulen mitgenommenen Rüstzeug gehören, eingeflochten. Erfahrungsgemäß ist das Auffrischen dieser Grundlagen in solchen Büchern sehr wünschenswert, weil das bloße Aufzählen von Formeln gar zu leicht zu falschen Anwendungen führt.

Elfter Band: **Gestaltung gezogener Blechteile.** Von Dr.-Ing. habil. **G. W. Oehler,** Privatdozent an der Technischen Hochschule Hannover. Mit 145 Abbildungen. IV, 120 Seiten. 1951.   DM 8,40

Inhaltsübersicht: **Die Verarbeitung von Tiefziehblechen.** — **Ziehteile mit senkrechter Zarge (= zylindrische Ziehteile).** — **Ziehteile nicht senkrechter Zarge (= unzylindrische Ziehteile).** — **Besonderheiten von Ziehteilen.** — Literatur- und Sachverzeichnis.

Über die Blechverarbeitungsverfahren und Herstellung der dafür erforderlichen Werkzeuge besteht heute ein reichhaltiges Schrifttum. Doch sind diese Bücher auf den Fertigungsingenieur ausgerichtet, während ein für den Konstrukteur bestimmtes Buch bisher fehlte. Jeder Konstrukteur wird seinem Entwurf wirtschaftliche Gesichtspunkte zugrunde legen und muß zu diesem Zweck die Fertigung kennen. In letzter Zeit wurde die wirtschaftliche Bedeutung einer wissenschaftlichen Erschließung dieses Gebietes erkannt. Es wäre aber verfehlt, die in der Forschung gewonnenen Erkenntnisse nur dem Werkzeugbauer oder dem Betriebsingenieur mitzuteilen. Sie nützen dem Werk wenig, wenn ihre vorteilhafte Anwendungsmöglichkeit nicht vom schöpferischen Konstrukteur erkannt wird und bereits beim Entwurf in der Gestaltung des Einzelteiles ihren Ausdruck findet.

In Vorbereitung befinden sich:

Vierter Band: **Gestaltung von Wälzlagerungen.** Von **W. Jürgensmeyer** und **H. v. Bezold.** Zweite Auflage. Mit etwa 135 Abbildungen. Etwa 95 Seiten.

Achter und neunter Band: **Drehschwingungen in Kolbenmaschinenanlagen.** Von **K. Haug.** Mit etwa 135 Abbildungen. Etwa 180 Seiten.

Konstruktion

Werkstoffe. Versuchswesen im Maschinen- und Apparatebau.

Organ der Arbeitsgemeinschaft Deutscher Konstruktionsingenieure (ADKI) im VDI. Herausgeber Professor Dr.-Ing. **F. Sass.** Schriftleitung: Dr.-Ing. **F. zur Nedden** und Dipl.-Ing. **G. Menz.** Monatlich ein Heft im Umfang von 32 Seiten DIN A 4. 4. Jahrgang, 1952.

Vierteljährlich (3 Hefte) DM 9,—; für Studierende DM 7,20

Die Zeitschrift behandelt das Berechnen und Konstruieren von Kraft- und Arbeitsmaschinen, Apparaten und Geräten sowie die dafür erforderlichen wissenschaftlichen Grundlagen. Sie befaßt sich mit den gemeinsamen Gesichtspunkten und den typischen Einzelheiten der Konstruktion auf den verschiedensten Gebieten, und berichtet in einem besonderen Referatenteil laufend über das einschlägige Schrifttum des In- und Auslandes.
